E-Book inside.

Mit folgendem persönlichen Code erhalten Sie die E-Book-Ausgabe dieses Buches zum kostenlosen Download.

9r65p-6wyh0-
01800-841j5

Registrieren Sie sich unter
www.hanser-fachbuch.de/ebookinside
und nutzen Sie das E-Book auf Ihrem Rechner*, Tablet-PC und E-Book-Reader.

* Systemvoraussetzungen:
Internet-Verbindung und Adobe® Reader®

Abts

Kunststoff-Wissen für Einsteiger

Georg Abts

Kunststoff-Wissen für Einsteiger

2., aktualisierte Auflage

HANSER

Der Autor:
Dipl.-Ing. Georg Abts

Bibliografische Information Der Deutschen Bibliothek:
Die Deutsche Bibliothek verzeichnet diese Publikation in der Deutschen Nationalbibliografie; detaillierte bibliografische Daten sind im Internet über <http://dnb.d-nb.de> abrufbar.

ISBN: 978-3-446-43925-2
E-Book-ISBN: 978-3-446-43929-0

Herstellung: Steffen Jörg
Coverconcept: Marc Müller-Bremer, www.rebranding.de, München
Coverrealisierung: Stephan Rönigk
Druck und Bindung: Kösel, Krugzell
Printed in Germany

„Wer Kunststoff kennt, der nimmt Zement.“

(Anonymus)

Vorwort

Synthetische Polymerwerkstoffe stellen im Vergleich zu Metallen und Keramik zwar eine relativ junge Werkstoffklasse dar, haben aber aufgrund ihrer maßgeschneiderten Eigenschaften einen Spitzenplatz unter den Werkstoffen erobert. Kunststoffe besetzen nicht nur die Lücke zwischen natürlichen Werkstoffen wie Holz oder Keramiken einerseits und hochfesten metallischen Werkstoffen andererseits. Sie haben sich in vielen Fällen auch als günstige Alternativen für diese Materialien durchgesetzt. Somit haben sie sich aus der ursprünglich zugedachten Rolle als Ersatzprodukte für edle Naturstoffe wie Elfenbein oder für knapper werdende Rohstoffe wie Naturkautschuk längst zu einer eigenständigen Werkstoffklasse weiterentwickelt, die für die heutige hoch industrialisierte Gesellschaft unverzichtbar geworden ist.

Dieses Buch stellt die verschiedenen Arten synthetischer Werkstoffe vor und erläutert ihre Stellung neben den traditionellen Werkstoffen. Aufgrund ihrer wirtschaftlichen Bedeutung liegt der Schwerpunkt auf den Thermoplasten, jedoch werden auch Elastomere und Duroplaste beschrieben, um das Spektrum der synthetischen Werkstoffe vollständig aufzuzeigen.

Nach einem historischen Rückblick auf die Entwicklung der Werkstoffe werden Kunststoffe von den traditionellen Werkstoffen auf metallischer und keramischer Basis abgegrenzt und ihre Vor- und Nachteile kurz erläutert. Weiterhin werden die verschiedenen Verfahren zur Herstellung synthetischer Polymerwerkstoffe vorgestellt. Die unterschiedlichen Arten von Kunststoffen werden entsprechend ihrer Eigenschaften klassifiziert und typische Unterschiede erläutert. Die wichtigsten Thermoplaste werden jeweils einzeln mit einem kurzen Eigenschaftsprofil vorgestellt. Ein weiteres Kapitel befasst sich mit den am meisten verbreiteten Verarbeitungsverfahren. Außerdem werden einige Prüfverfahren für Thermoplaste vorgestellt, um einen Bezug zu den in Werkstoffbeschreibungen gegebenen Daten zu bieten. Im Anhang werden neben einer Einführung in chemische Grundlagen einige Werkstoffkenngrößen näher erläutert.

Für tatkräftige Unterstützung bei der Erstellung dieses Manuskriptes bin ich folgenden Personen zu Dank verpflichtet: Ralf Hufen und Robert Steinbüchel, die mir mit vielen wertvollen Hinweisen zur Seite standen. Jürgen Weiner danke ich für seine Erläuterungen zum Thema Birkenpech. Ganz besonderer Dank gebührt Dr. Melanie Möthrath für vielfältige Unterstützung. Schließlich danke ich allen Mitarbeiterinnen und Mitarbeitern des Hanser-Verlags, insbesondere Ulrike Wittmann für ihre Geduld und ihre Unterstützung als Lektorin sowie Steffen Jörg für die Umsetzung und Produktion dieses Buches.

Dieses Buch ist Lee Choung-Ja in liebevoller Erinnerung gewidmet.

Januar 2014, Georg Abts

Inhaltsverzeichnis

1 Natürliche und synthetische Werkstoffe

Erdgeschichtlich betrachtet, sind synthetische Polymere eine recht junge Werkstoffklasse. Die meisten wurden erstmalig Anfang bis Mitte des zwanzigsten Jahrhunderts hergestellt. Einige Kunststoffe gab es auch schon im auslaufenden neunzehnten Jahrhundert, ohne dass ihre genaue Zusammensetzung jedoch bekannt war. Im Vergleich dazu sind metallische und keramische Werkstoffe bereits seit Jahrtausenden in Gebrauch.

Definiert man Kunststoffe als nicht natürlich vorkommende, künstlich hergestellte Stoffe, muss man aber auch solche Materialien dazu zählen, die durch Umwandlung aus natürlichen Stoffen hergestellt werden. Dann allerdings reicht die Geschichte der Kunststoffe viele tausend Jahre zurück. Bevor näher auf die Geschichte der polymeren Werkstoffe eingegangen wird, sollen daher zuerst natürliche und synthetische Werkstoffe voneinander abgegrenzt werden.

1.1 Definitionen

Nach Brockhaus sind Werkstoffe „alle Materialien mit technisch nutzbaren Eigenschaften (...). Der Zustand eines Werkstoffes wird durch seinen Aufbau und seine Eigenschaften charakterisiert (...). Der Aufbau eines Werkstoffes ergibt sich aus der chemischen Zusammensetzung (...). Entsprechend der technischen Anwendung werden Werkstoffe nach ihren mechanischen (z. B. Zugfestigkeit, Elastizität, Härte), chemisch-physikalischen (z. B. Schmelzpunkt, Dichte, Korrosionsbeständigkeit), Feld- (magnetischen, elektrischen, elektromagnetischen) oder verarbeitungstechnischen Eigenschaften ausgewählt.

Die Werkstoffe lassen sich in die drei Hauptgruppen Metalle, nichtmetallisch-anorganische Werkstoffe und organische Stoffe unterteilen. Zur Herstellung von Verbundwerkstoffen werden verschiedene Werkstoffe miteinander kombiniert.“ [7]. Eine Einteilung der Werkstoffe nach Zusammensetzung zeigt Bild 1.1.

Natürliche Werkstoffe sind beispielsweise Holz, Pflanzenfasern (Baumwolle, Flachs und Hanf), Metalle, Minerale, Erdöl, Erdgas, Kohle, Asphalt, Harze und Naturkautschuk. Metalle zählen aufgrund ihres Vorkommens (fast ausschließlich Erze) auch zu den Mineralien. Als mineralische Werkstoffe im engeren Sinne sollen hier natürlich vorkommende anorganische (meist silikatische) Verbindungen oder deren chemische Umwandlungsprodukte betrachtet werden. Für ihre weitere Verwendung werden natürliche Werkstoffe mechanisch oder chemisch-thermisch umgewandelt, wobei letzteres oft mit einer deutlichen Änderung von Eigenschaften einhergeht.

Ausgehend von den bekannten Eigenschaften der Rohmaterialien lassen sich die entsprechenden Anwendungsgebiete relativ leicht erschließen. Die aus Eisenerzen gewonnenen Stähle sind wichtige Konstruktionswerkstoffe. Edelmetalle sind neben ihrer Verwendung als Schmuck und Zahlungsmittel unverzichtbare Rohstoffe für die Elektro- und Elektronikindustrie. Holz wird als Bauwerkstoff und Rohstoff für die Papierherstellung verwendet. Pflanzenfasern sind wichtige Rohstoffe für die Textilindustrie. Erdöl, Erdgas und Kohle dienen in überwiegendem Maß als fossile Brennstoffe, daneben bilden sie die Rohstoffbasis der gesamten organischen Chemie. Asphalt, ein Gemisch aus hochmolekularen Kohlenwasserstoffen (Bitumen) und Mineralstoffen, dient als Straßenbelag. Asphalt wird heute zwar meist synthetisch hergestellt, es gibt jedoch noch bedeutende natürliche Vorkommen. Das verwendete Bitumen kann wiederum sowohl aus natürlichen als auch synthetischen Quellen, wie etwa der Erdöldestillation, stammen.

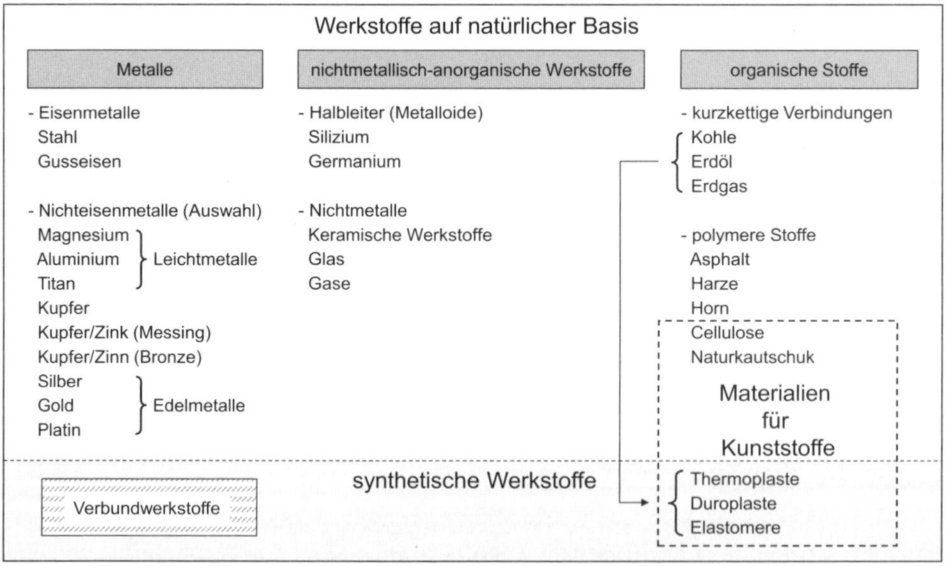

Bild 1.1 Einteilung der Werkstoffe aufgrund ihrer Zusammensetzung

Naturkautschuk, der in riesigen Plantagen angebaut wird, ist ein unverzichtbarer Werkstoff für hoch beanspruchte Elastomererzeugnisse wie beispielsweise Autoreifen. Dagegen haben Harze wie Schellack, Kolophonium oder Bernstein heute nur noch untergeordnete wirtschaftliche Bedeutung und werden hauptsächlich zur Fertigung von Schmuck oder als Pflegemittel für Musikinstrumente (Streichbögen) verwendet.

Die Eigenschaften natürlicher Werkstoffe sind zunächst festgelegt, lassen sich aber in vielen Fällen durch chemisch-thermische Umwandlungen ändern. Dagegen werden synthetische Werkstoffe gezielt hergestellt, um ein bestimmtes Eigenschaftsprofil zu erzielen. Allerdings haben die Bausteine synthetischer Werkstoffe wiederum eine natürliche Basis (Erdöl, Erdgas, Kohle, Minerale), wenn auch oft über den Umweg einer oder mehrerer chemischer Reaktionen.

Die Grenze zwischen natürlichen und synthetischen Werkstoffen verläuft also fließend. Holz ist unbestritten ein natürlicher Werkstoff, die Anwendung als Konstruktionswerkstoff erfordert lediglich mechanische Verfahren, bei denen die grundlegenden Eigenschaften nicht weiter verändert werden. Dagegen erfordert die industrielle Herstellung von Papier aus Holz bereits den Einsatz von Chemikalien. Papier ist demnach also ein umgewandelter Naturstoff.

Naturkautschuk, der feste Bestandteil im Latex des Kautschukbaums, wird erst durch chemische Umwandlung (Vulkanisation in Anwesenheit von Schwefel und Metalloxiden) zu einem technisch wertvollen Material, Gummi. Da dessen Eigenschaften durch geeignete Auswahl der Chemikalien sowie der Reaktionsbedingungen innerhalb bestimmter Grenzen beeinflusst werden, kann man die auf diese Weise erhaltenen Produkte entweder als umgewandelte Naturstoffe oder auch bereits als synthetische Werkstoffe bezeichnen. Auch die Erzeugung von Stahl aus Eisenerz lässt sich sowohl als Umwandlung eines natürlichen Rohstoffs (Eisenerz) als auch zur Herstellung eines synthetischen Werkstoffs (Stahl) mit gewünschten Eigenschaften definieren. Durch Zumischen anderer chemischer Elemente in bestimmten Anteilen (legieren) sowie durch Nachbehandlungen (Glühen, Härten, Anlassen) lassen sich spezielle Eigenschaften, wie etwa höhere Festigkeit, erzielen. So sind Stähle Legierungen aus Eisen mit bis zu 2 % Kohlenstoff sowie weiteren Elementen wie Chrom, Nickel und Vanadium mit bis zu über 5 % Gesamtanteil. Dabei treten zwischen Eisen und den Legierungselementen keine chemischen Reaktionen auf. Lediglich die Entfernung von überschüssigem Kohlenstoff sowie von Begleitelementen des Eisens (Schwefel, Silizium, Phosphor und Mangan) erfolgt über Oxidation (Reaktion mit Sauerstoff).

Thermoplaste (z. B. Polyethylen) oder Duroplaste (z. B. Epoxidharze) wird man zunächst aber kaum als umgewandelte natürliche Werkstoffe bezeichnen, obwohl die zu ihrer Herstellung erforderlichen Rohstoffe durch verschiedene chemische Reaktionen aus Erdöl gewonnen werden. Erdöl ist aber nichts anderes als ein Verrottungsprodukt von Pflanzen. Man kann also die modernen synthetischen polymeren Werkstoffe (Kunststoffe) auch als umgewandelte Naturprodukte betrachten. Da man das Zusammenfügen einzelner Teile zu einem Ganzen allgemein als Synthese bezeichnet, und die Chemie sich im Wesentlichen mit der Herstellung von Produkten aus bestimmten Ausgangsstoffen befasst, kann man alle Produkte, die aus chemischen Reaktionen hervorgehen, als synthetische (künstliche) Stoffe bezeichnen, unabhängig davon, ob die Ausgangsstoffe natürlichen oder künstlichen Ursprungs sind. Hierzu zählen auch alle durch Transformationsprozesse aus natürlichen Stoffen hervorgegangenen Werkstoffe, also auch die durch das Brennen von Ton erhaltenen frühzeitlichen Keramiken.

Im Allgemeinen Sprachgebrauch werden jedoch lediglich synthetische Polymerwerkstoffe als Kunststoffe bezeichnet. Oft wird auch zwischen Kunststoff und Gummi unterschieden, obwohl – wie zuvor beschrieben – selbst Gummi aus Naturkautschuk ein synthetisches Produkt, also ein Kunststoff, ist. Dies gilt dann natürlich besonders für Gummi auf Basis von Synthesekautschuken. Weiterhin wird bei Kunststoffen oft auch nicht zwischen Thermoplasten und Duroplasten unterschieden. Es sollen im Folgenden alle gezielt, also zur Erlangung bestimmter Eigenschaften, hergestellten polymeren Werkstoffe als Kunststoffe definiert werden, unabhängig davon, ob sie auf natürliche oder synthetische Basis zurückgehen.

1.2 Historische Entwicklung

Keramische Materialien galten für lange Zeit als die ältesten künstlich hergestellten Werkstoffe überhaupt. Nur mineralische und biologische Materialien (Steine, Knochen, Elfenbein) waren bereits länger in Gebrauch. Gebrannter Ton war zwar seit etwa 26.000 v. Chr. bekannt, wurde in Gefäßform jedoch schätzungsweise erst gegen 10.000 v. Chr. benutzt. Seit der Erfindung des Porzellans (etwa 700 bis 800 n. Chr. in China, 1694 in Europa) haben keramische Gefäße bis heute ihren festen Platz unter den Gebrauchsgegenständen. Neue keramische Hochleistungswerkstoffe finden heute in der Automobilindustrie sowie in der Luft- und Raumfahrt Verwendung. Das im Gegensatz zu keramischen Werkstoffen transparente Glas ist seit ca. 1.500 v. Chr. bekannt.

Archäologische Funde deuten darauf hin, dass schon bereits etwa 9.000 Jahre vor der Zeitenwende elementares Kupfer bekannt war. Die gezielte Gewinnung durch Reduktion und Schmelzen von Kupfererzen erfolgte vermutlich schon ca. 6.000 v. Chr. in Vorderasien. Aus dieser Region stammen auch die ältesten Nachweise für eine bewusste Legierung von Kupfer zu Bronze (4.000 v. Chr.) sowie der frühen Verarbeitung von Eisen (um 1.400 v. Chr.). Dabei war man in Europa bis zum 14.

Jahrhundert A.D. nicht in der Lage, die zum Gießen erforderliche Temperatur zu erzeugen und musste Werkzeuge durch wiederholtes Erweichen und Hämmern (Schmieden) formen. Das seitdem hergestellte Gusseisen (das in China bereits seit 600 v. Chr. bekannt war) wurde erst ab etwa Mitte des 19. Jahrhunderts in den meisten Anwendungen mehr und mehr von Stahl verdrängt, nachdem neue Verfahren die zum Schmelzen des Eisens erforderlichen Temperaturen ermöglichten. Mit Gusseisen bezeichnet man Eisenlegierungen mit Kohlenstoffanteilen oberhalb von etwa 2 %. Durch den gegenüber Stahl verringerten Schmelzpunkt kann es in einfachen Öfen geschmolzen und in Formen gegossen werden. Die meisten Gusseisensorten zeigen im Gegensatz zu Stahl ein sprödes Bruchverhalten, weisen jedoch eine höhere Verschleißfestigkeit auf. Dies wird auch heute noch im Maschinenbau ausgenutzt. Die Leichtmetalle Aluminium und Titan wurden bereits im Jahr 1825 erstmalig und stark verunreinigt gewonnen. Die industrielle Verwendung in hochreiner Form wurde jedoch erst ab 1854 (Aluminium) und 1938 (Titan) durch verbesserte Verfahren ermöglicht.

Als maßgeblicher Grund für die Suche nach neuen Werkstoffen kann zunächst – leider – die fortschreitende Entwicklung der Waffentechnik gelten. Man kann davon ausgehen, dass neue und bessere Materialien zunächst dem Militär und einer kleinen, begüterten Oberschicht zur Verfügung standen. Später fanden diese Werkstoffe auch zur Herstellung von Gebrauchsartikeln (Kochgeschirr, Schmuck) oder zur Verstärkung hölzerner Gegenstände Verwendung. Damit einher ging auch die Entwicklung geeigneter Verarbeitungsverfahren. So waren bereits in der Römerzeit klassische Schmiedetechniken wie Feuerschweißen und Härten bekannt.

Auch die Suche der Alchimisten nach dem Stein der Weisen und Versuche, Gold herzustellen, mögen ebenso wie aus Neugier durchgeführte Experimente zu neuen Werkstoffen geführt haben. Systematische Forschungen wurden jedoch erst mit der Einführung des Periodensystems und die durch den französischen Chemiker Antoine Laurent Lavoisier Ende des 18. Jahrhunderts beschriebenen Grundlagen ermöglicht. Durch die zunehmende Industrialisierung – insbesondere Westeuropas ab Ende des 18. Jahrhunderts – stieg der Bedarf an Rohstoffen kontinuierlich. Mit höherem Lebensstandard wuchs auch die Nachfrage nach hochwertigeren Kleidungsstücken oder Bedarfsgegenständen. Der rapide steigende Verbrauch an Naturfarben, Kautschuk oder Seide sowie an Luxusgütern wie Elfenbein, Schildpatt und Perlmutt ließ deren Preise beständig steigen. Gleichzeitig befand man sich in der Abhängigkeit der Erzeugerländer oder deren Kolonialherren. Sogar der in großen Mengen in Europa vorhandene Marmor war vor der Erfindung der Eisenbahn im 19. Jahrhundert aufgrund seines hohen Gewichts und dem dadurch bedingten kostspieligen Transport ein Luxusgut.

Die Suche nach entsprechenden Ersatzstoffen (Surrogate), zunächst durch Umwandlung von Naturprodukten, wurde daher zum maßgeblichen Treiber der neu entstandenen chemischen Industrie. Diese hatte sich ab etwa Mitte des 19. Jahr-

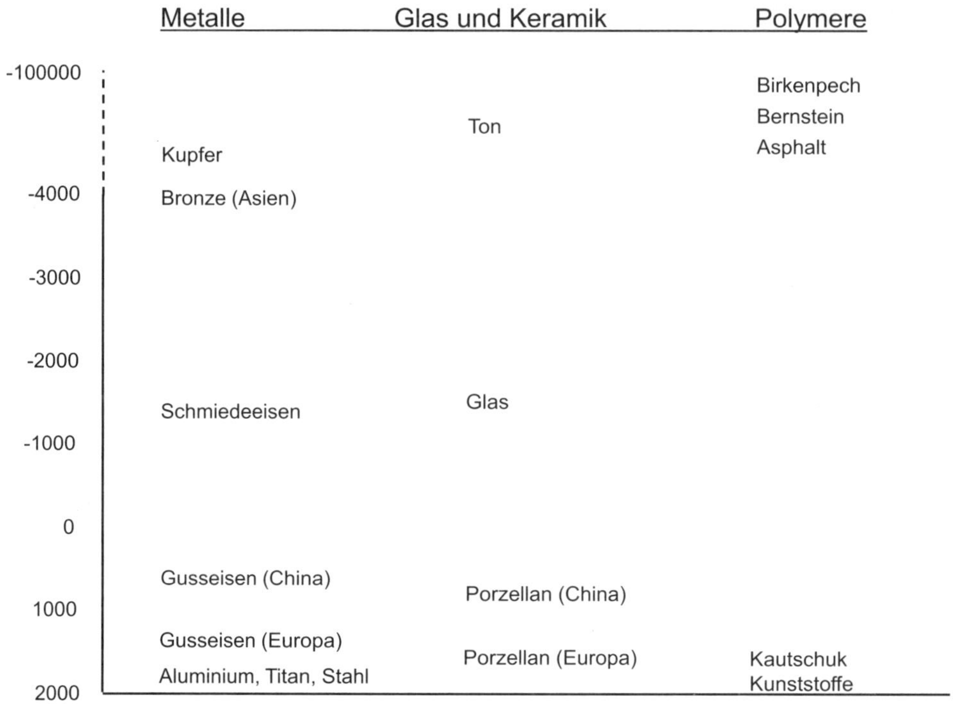

Bild 1.2 Historische Entwicklung der Werkstoffe

hunderts überwiegend mit der Entwicklung von Farbstoffen befasst, um immer teurer werdende Naturprodukte (wie Indigo) zu ersetzen. Dabei bildeten zufällige Entdeckungen bei der Suche nach neuen Farbstoffen die Grundlagen der heutigen pharmazeutischen Chemie. Anfang des 20. Jahrhunderts begann außerdem die gezielte Entwicklung von Synthesekautschuken mit dem Ziel, den immer knapper und gleichzeitig teurer werdenden Naturkautschuk zu ersetzen. Thermoplaste und Duroplaste spielten bis in die ersten Jahrzehnte des zwanzigsten Jahrhunderts nur eine untergeordnete Rolle. Aufbau und Struktur polymerer Werkstoffe wurden erstmals 1920 durch Herrmann Staudinger erklärt. Seine Arbeiten wurden aber erst einige Jahre später nach Vorliegen entsprechender Röntgenstrukturuntersuchungen allgemein anerkannt, was die systematische Entwicklung neuer polymerer Werkstoffe erst ermöglichte. Die bis dahin entwickelten synthetischen Polymere basierten im Grunde genommen auf Vermutungen und experimentellen Erfahrungen. In einigen Fällen führte auch der Zufall zur Entwicklung neuer Polymere (Bild 1.2).

Polymere der Steinzeit – Natur pur?

Natürliche Polymere, wie Asphalt und Bernstein, waren schon seit Jahrtausenden in Gebrauch. Im vorderen Orient wurde Asphalt bereits um 6.500 v. Chr. zum Straßenbau und zur Abdichtung von Gefäßen verwendet. Neuere archäologische Funde zeigten, dass bereits vor mindestens 80.000 Jahren eine thermoplastische Substanz gezielt hergestellt wurde, die damit als ältester Kunststoff der Welt bezeichnet werden kann. Aus der Rinde der Birke wurde durch einen anaeroben Verschwelungsprozess Birkenpech gewonnen, eine schwarze, schwach aromatisch riechende Substanz, die vielfältige Funktionen erfüllte. So wurden damit Pfeilspitzen aus Knochen oder Stein an den Schäften befestigt, aber auch Federn, die den Flug stabilisierten. Daher muss diese Substanz relativ dünnflüssig verarbeitet worden sein. Auch Feuersteine, die damals als Messerklingen fungierten, wurden mittels Birkenpech in Griffen aus Holz befestigt. Weiter liegen auch Hinweise über das Kleben zerbrochener keramischer Gefäße (etwa 5.090 v. Chr.) vor. Birkenpech wurde bis in die Römerzeit verwendet und später durch Holzteer abgelöst.

Aktuelle Versuche zeigten, dass die Herstellung offenbar eine gewisse Erfahrung voraussetzte. Es ist bis heute strittig, wie Birkenpech unter den damaligen Verhältnissen gewonnen wurde. Fest steht jedoch, dass Birkenpech bereits in der Steinzeit häufig verwendet wurde und anscheinend relativ leicht herzustellen war.

Gummi – Von Meuterern, Macs und Monopolen

Der Entdecker Christoph Kolumbus und der Konquistador Hernán Cortez stießen während ihrer Reisen nach Südamerika (1495/1519) erstmals auf elastische Bälle, die bei den dortigen Einwohnen in Verwendung waren, maßen aber ihrer Entdeckung keine weitere Bedeutung bei. In Europa wurde das Interesse an Kautschuk im Jahr 1751 aufgrund von Berichten des Astronomen und Geographen Charles-Marie de La Condamine und des Ingenieurs C. F. Fresneau geweckt. Sie hatten sich mehrere Jahre zur Vermessung von Meridianen in Südamerika aufgehalten und dabei das Zapfen von Kautschukbäumen beobachtet. Aus der Rinde des später von Botanikern *Hevea brasiliensis* genannten Baumes gewannen die Einwohner eine weiße, klebrige Flüssigkeit, die ihnen ermöglichte, verschiedene wasserdichte Gebrauchsgegenstände herzustellen. Aufgrund der äußerlichen Ähnlichkeit zu Milch (lateinisch lac) prägte de La Condamine die Bezeichnung Latex für den Pflanzensaft, der bis zu 40 % Kautschuk enthält. Die einheimische Bezeichnung caao-chu für weinender Baum wurde über das französische Wort caoutchouc zum heutigen Begriff Kautschuk. (In der Literatur finden sich auch weitere hiervon abweichende Schreibweisen.)

Der Verwendung dieses neuen Rohstoffs für die Herstellung wasserdichter Artikel wie Regenplanen oder Stiefel stand jedoch seine geringe Haltbarkeit entgegen. Der durch Zersetzungsprozesse der in Naturlatex enthaltenen Eiweiße entstehende Geruch brachte sicher nicht nur eine Schiffsbesatzung an den Rand einer Meuterei, bis man sich des unbrauchbar gewordenen Materials durch Entsorgung über Bord entledigen und damit auf einen potenziellen Gewinn verzichten musste.

Um dieses Problem zu umgehen, wurde der Latex schließlich unmittelbar nach seiner Gewinnung über offenem Feuer getrocknet. Der Rauch diente dabei auch als Konservierungsmittel. Dieses Verfahren wird auch heute noch in abgewandelter Form bei der Gewinnung von Naturkautschuk angewendet; die erhaltenen Felle nennt man smoked sheets. Der auf diese Weise erhaltene Kautschuk ließ sich zwar verschiffen, war aber für eine weitere Verarbeitung zu zäh. Somit waren Verarbeitung und Anwendung von Latex auf regionale Erzeugnisse beschränkt, oder man musste die zu beschichtenden Gegenstände auf die kostspielige und zeitaufwendige Reise nach Brasilien senden. Getreu der Devise „Wenn der Prophet nicht zum Berg kommt, dann muss der Berg zum Propheten kommen“ ließ beispielsweise der König von Portugal seine Reitstiefel nach Brasilien verschicken, um sie dort wasserfest beschichten zu lassen. Schließlich entdeckten die beiden Wissenschaftler Pierre-Joseph Macquer und L. A. M. Hérrisant 1763 eine Methode, den zähen getrockneten Kautschuk durch Terpentin und Ether wieder löslich zu machen, was nun weitere Anwendungen auch im fernen Europa erschloss. Macquer bestrich Wachsformen mit solchen Kautschuklösungen und konnte (nach Verdunsten des Lösungsmittels) durch Abschmelzen des Wachses die ersten Formartikel wie Schläuche oder Schuhe herstellen. Allerdings waren die Eigenschaften dieser Kautschukerzeugnisse völlig unzureichend, da das Verfahren der Vulkanisation noch nicht bekannt war. Die Produkte waren in der Wärme klebrig und verbreiteten – hauptsächlich durch die bei der Verarbeitung verwendeten Lösungsmittel – besonders im Sommer immer noch einen starken Geruch. Im Winter verhärteten die Produkte durch die einsetzende Kristallisation des Kautschuks. Es war immerhin möglich, die Gasdurchlässigkeit von Textilien durch Kautschukbeschichtungen zu reduzieren. Der Physikprofessor Jacques Alexandre César Charles konstruierte aus mit Kautschuk beschichteter Seide 1783 den ersten Wasserstoffballon.

Der Mechaniker Edward Nairne entdeckte 1770 die Möglichkeit, fehlerhafte Bleistiftzeichnungen durch Reiben mit Kautschuk anstelle des bisher benutzten Brotes zu korrigieren. Dieser Effekt wurde vom Chemiker Joseph Priestley veröffentlicht, der daher für lange Zeit auch als der Erfinder des Radiergummis galt. Nairne vermarktete seine Radierer unter dem Namen Indian Rubber, das Wort rubber (reiben) wird im englischen Sprachgebrauch heute sowohl für unvulkanisierten Kautschuk als auch für Gummi verwendet. Weitere frühe Einsatzgebiete für Naturkautschuk waren elastische Bänder für Hosenträger und Strumpfbänder (1803), Bezüge für Laufräder (Karl Friedrich Christian Ludwig Freiherr Drais von Sauerbronn, 1818) sowie Regenmäntel.

Charles Macintosh umging das Problem der hohen Klebrigkeit durch das erste Sandwichverfahren: ein mit in Benzol gelöstem Kautschuk bestrichenes Baumwollgewebe wurde mit einer zweiten Gewebelage abgedeckt (1823). Allerdings waren auch diese Regenmäntel im Winter immer noch sehr steif und unhandlich und das Problem der Geruchsentwicklung in der Wärme war ebenfalls noch nicht gelöst. Der Name Macintosh prägte aber immerhin den noch heute in der englischen Umgangssprache gebräuchlichen Begriff Mac für Regenmäntel.

Der Siegeszug des Gummis wurde schließlich durch die Entdeckung der Vulkanisation eingeläutet. Die Vulkanisation stellt gleichzeitig die erste chemische Umwandlung eines Naturstoffs durch Zusatz von Chemikalien dar.

Der Ursprung dieser zentralen Entdeckung für die gesamte Kautschuktechnologie beruhte interessanterweise auf Überlegungen zur Verbesserung der Verfahrenstechnik. Nach wie vor bestand das Problem, dass getrockneter Kautschuk äußerst schwierig zu verarbeiten war. Mit Lösungsmitteln behandelter Kautschuk wies dagegen eine hohe Klebrigkeit auf. Thomas Hancock hatte 1824 beobachtet, dass man Kautschukstücke durch Verpressen miteinander verbinden konnte. Mit einer von ihm konstruierten Maschine, dem sogenannten Masticator, sollte der zähe Kautschuk daher zerkleinert werden, um leichter zu verarbeitende Stücke zu erhalten. Es stellte sich jedoch heraus, dass durch die mechanische Bearbeitung die Klebrigkeit noch weiter zunahm. (Ursache ist die Spaltung der Polymerketten durch mechanische Energie, wodurch die Viskosität verringert wird. Dieser Mastikation genannte Prozess ist auch heute noch bei Naturkautschuk üblich, da seine Viskosität naturgegeben ist. Bei den in mehreren Viskositätsstufen verfügbaren Synthesekautschuken entfällt die Mastikation. Die in diesen Produkten enthaltenen Stabilisatoren verhindern außerdem weitgehend Kettenspaltungen bei der Verarbeitung, sie lassen sich also kaum mastizieren.) Man versuchte nun, die Klebrigkeit durch Puderung zu kompensieren, ein damals übliches Pudermittel war Schwefel. 1832 beobachtete F. Lüdersdorf erstmals Wechselwirkungen zwischen Schwefel und Kautschuk. E. Hayward bemerkte 1838, dass die Oberfläche von mit Schwefel gepudertem Naturkautschuk durch Solarisation, also unter Einwirkung von Sonnenlicht, verhärtete, allerdings auf Kosten der Haltbarkeit.

Der amerikanische Erfinder Charles Nelson Goodyear erwarb schließlich von Hayward das entsprechende Patent, erkannte aber ebenso zunächst nicht die Konsequenzen dieser Beobachtung. Versuche, Schwefel mit Terpentin in den Kautschuk einzuarbeiten, scheiterten. Goodyear, der in dieser Zeit oft in bitterer Armut lebte, arbeitete wie besessen daran, die hohe Klebrigkeit des Kautschuks zu eliminieren und haltbare Produkte herzustellen. Er hatte inzwischen erkannt, dass Bleiweiß (basisches Bleioxid, heute üblicherweise durch Zinkoxid ersetzt) die Reaktion des Kautschuks mit Schwefel aktivierte, und dass diese Reaktion durch Wärme begünstigt wurde. Schließlich stellte er 1839 fest, dass durch Erhitzen einer Mischung aus Kautschuk, Schwefel und Bleiweiß die Klebrigkeit der Probe deutlich reduziert worden war, dafür wies sie eine höhere Elastizität als der unbehandelte Naturkautschuk auf. Der klassischen Beschreibung nach soll bei diesen Versuchen eine Mischung aus Kautschuk und Schwefel auf eine heiße Herdplatte gefallen sein. Meistens wird Bleiweiß nicht erwähnt. Allerdings wäre unter diesen Bedingungen die Reaktionszeit für eine vollständige Vernetzung aufgrund der schlechten Wärmeleitfähigkeit des Kautschuks viel zu lang. Goodyear, der kaum genügend Finanzmittel zum Einkauf des teuren Rohstoffs hatte, würde außerdem versucht haben, eine auf die Herdplatte gefallene Probe zügig zu entfernen, denn bei längerer Verweilzeit auf der feuerbeheizten Herdplatte würde Naturkautschuk aufgrund thermischer Überbelastung zunächst erweichen und sich schließlich zersetzen. (Eine Anekdote erzählt, er habe diese Mischung vor seiner Ehefrau sogar im Ofen versteckt.)

Möglicherweise hatte Goodyear versucht, durch moderates Erwärmen, etwa, indem er die Probe in einem gewissen Abstand zur Herdplatte hielt, die Reaktion zwischen Kautschuk, Bleiweiß und Schwefel einzuleiten und damit zumindest eine partielle Vernetzung erzielt. Dieses Phänomen wird in der Kautschukindustrie als Anvulkanisation bezeichnet. Die Klebrigkeit wird hierdurch bereits merklich verringert, die Probe nimmt mehr und mehr gummielastischen Charakter an. Goodyear zog daraus vermutlich die richtigen Schlüsse. Es bedurfte jedoch noch einer Reihe weiterer Experimente, bis Goodyear endlich die für eine vollständige Vernetzung erforderlichen Parameter kannte, um aus dem klebrigen Kautschuk elastischen Gummi herzustellen. Aufgrund der dazu erforderlichen hohen Temperaturen prägte Goodyear den Begriff Vulkanisation. Nun war die Herstellung wesentlich leistungsfähigerer Produkte möglich, die nicht mehr die Nachteile unvulkanisierten Kautschuks aufwiesen. Die ursprüngliche Klebrigkeit war praktisch nicht mehr vorhanden, die Kristallisation in der Kälte deutlich verzögert, dafür waren die Produkte nun jedoch hochelastisch.

Im Jahr 1845 wurde von Robert William Thomson bereits der erste Luftreifen zum Patent angemeldet. Diese Erfindung war jedoch – mangels Fahrzeugen – noch ihrer Zeit weit voraus. Der irische Tierarzt John Boyd Dunlop erfand 1888, zwei Jahre nachdem Benz und Daimler unabhängig voneinander die ersten Motorfahrzeuge konstruiert hatten, einen Luftreifen für das Fahrrad seines Sohnes. Dunlop konnte sich den Reifen nochmals patentieren lassen, da Thomson sich seine Erfindung als elastischen Riemen hatte eintragen lassen. Bis 1894 entwickelten die Gebrüder Édouard und André Michelin, die sich bisher mit der Fabrikation von landwirtschaftlichen Maschinen beschäftigt hatten, den ersten mit vertretbarem Aufwand demontierbaren Autoreifen. Den Anstoß für diese Entwicklung gab ein Radfahrer, der bei den Gebrüdern Michelin, die bereits mit den Vorteilen von vulkanisiertem Kautschuk vertraut waren, nach Hilfsmitteln für eine Reifenreparatur fragte.

Der einsetzende Siegeszug des Gummis führte zu einem erheblichen Preisanstieg seitens des Haupterzeugerlandes Brasilien; der Preis überstieg zeitweilig (1860) sogar den von Silber. Obwohl die Ausfuhr von Samen oder Setzlingen der Hevea brasiliensis bei Todesstrafe verboten war, gelang es dem Abenteurer Henry Wickham im Jahr 1876 etwa 70.000 der immerhin bis zu 3,5 Zentimeter durchmessenden Samen aus Brasilien nach England zu schmuggeln, wovon jedoch aufgrund der unzureichenden klimatischen Bedingungen nur etwa 2.400 aufgingen. Auch dem Botaniker Robert Cross, der für den Fall des Scheiterns von Wickham nach Brasilien gesandt wurde, gelang es, im gleichen Jahr nochmals etwa 1.000 Samen aus Brasilien zu schmuggeln, diese gingen jedoch sämtlich ein. Von den verbliebenen Setzlingen wurden etwa 1900 nach Ceylon (dem heutigen Sri Lanka) verschifft. Im Jahr 1880 zählte man noch etwa 400 lebende Pflanzen. Etwa 50 Samen gingen nach Indien und 22 nach Singapur. Letztere bildeten den Grundstock für ca. 75 % der heutigen Kautschukplantagen in Malaysia, das heute nach Thailand und Indonesien der drittgrößte Produzent von Naturkautschuk ist. Da zwei Baumgenerationen erforderlich waren, bis genügend Samen für eine systematische Plantagenwirtschaft zur Verfügung standen, und man die Bäume erst nach sieben Jahren anzapfen konnte, dauerte es noch etwa 20 Jahre, bis die Plantagen in Südostasien zu einer ernsthaften Konkurrenz für Brasiliens Wildkautschuk herangewachsen waren.

Mit der einsetzenden Motorisierung Anfang des zwanzigsten Jahrhunderts stieg der Bedarf an Naturkautschuk insbesondere für die Herstellung von Luftreifen, aber auch für Schläuche und Riemen enorm an. Lag der Weltkautschukverbrauch 1890 noch bei 2.300 Tonnen, hatte er zehn Jahre später bereits ca. 50.000 Tonnen erreicht. Der brasilianische Wildkautschuk konnte diesen Bedarf langfristig nicht decken, gleichzeitig suchte man nach einem Weg, sich aus der Abhängigkeit des nun in den britischen Kolonien gezüchteten Plantagenkautschuks zu befreien. Dessen Preis hatte mittlerweile eine Schwindel erregende Höhe erreicht. Eine Möglichkeit bestand im Strecken mit billigen anorganischen Füllstoffen wie etwa Kreide oder Ruß. Damit konnte man den steigenden Kautschukpreis zumindest teilweise kompensieren, ohne die elastischen Eigenschaften allzu sehr zu verringern. Anfang des zwanzigsten Jahrhunderts wurde schließlich der verstärkende Effekt von speziellen Rußen, aber auch Kieselsäuren (Silica) gefunden. Durch dosierte Zugabe solcher verstärkenden Füllstoffe ließen sich nun mechanische Eigenschaften wie etwa Zugfestigkeit oder Härte sogar gegenüber ungefüllten Naturkautschuk-Vulkanisaten deutlich erhöhen.

Die chemische Industrie strebte nun danach, durch synthetische Ersatzprodukte eine möglichst vollständige Unabhängigkeit von Naturkautschuk zu erreichen. Allerdings waren auch Ende des 19. Jahrhunderts nähere Einzelheiten zur Polymerstruktur von Naturkautschuk nicht bekannt. Michael Faraday erkannte 1826, dass Naturkautschuk ein Kohlenwasserstoff ist, dessen Kohlenstoff und Wasserstoffatome im Verhältnis 5:8 vorliegen. Greville Williams isolierte im Jahr 1860 diesen Kohlenwasserstoff durch trockene Destillation (Pyrolyse) aus Naturkautschuk und nannte ihn Isopren. Das auf diese Weise gewonnene Isopren wurde 1876 durch Gustave Bouchardat in einem mehrmonatigen Prozess in eine kautschukähnliche

Masse umgewandelt. Bouchardat legte also erste Grundlagen für die Polymerisation. W. A. Tilden wiederholte 1882 diesen Versuch mit aus Terpentin gewonnenem Isopren. Damit wurde erstmals Kautschuk synthetisiert, wenn auch die Eigenschaften bei weitem noch nicht an die von Naturkautschuk heranreichten.

Carl Dietrich Harries erkannte im Jahr 1905 nach Spaltversuchen mit Ozon, dass Naturkautschuk offenbar aus einer langen Kette von Isopreneinheiten besteht. Schließlich setzte die Firma Farbenfabriken vormals Friedrich Bayer & Co, Vorläufer der heutigen Bayer AG, im Jahr 1906 einen Preis von 20.000 Goldmark für ein synthetisches Ersatzprodukt aus. Dem dort angestellten Chemiker Fritz Hofmann gelang es schließlich, innerhalb der für das Preisgeld gesetzten Frist (bis November 1909) ein Verfahren zur Herstellung synthetischen Isoprenkautschuks zu entwickeln. Das Verfahren erwies sich aber als zu kostspielig, daher wurden weitere Versuche mit dem im Vergleich zu Isopren wesentlich leichter verfügbaren Dimethylbutadien als Ausgangsstoff durchgeführt. Der russische Chemiker J. Kondakov hatte auf dieser Basis bereits im Jahr 1900 erste, jedoch noch mit unbefriedigenden Eigenschaften ausgestattete Polymere hergestellt. Der nun erzeugte Methylkautschuk (abgeleitet vom Trivialnamen Methylisopren für Dimethylbutadien) wurde ab dem Jahr 1910 für Luftreifen verwendet. Die Laufleistung eines solchen Reifens lag bei für damalige Verhältnisse unglaublichen 4.000 Kilometern. Sogar der deutsche Kaiser Wilhelm II ließ seine Fahrzeuge mit Reifen aus Methylkautschuk ausrüsten. Im gleichen Jahr entdeckten Harries und unabhängig davon F. E. Matthews und E. H. Strange, dass sich Alkalien, insbesondere Natrium, günstig auf die Reaktionsgeschwindigkeit der Polymerisation auswirkten. Aufgrund der durch den ersten Weltkrieg bedingten mangelnden Verfügbarkeit von Naturkautschuk wurde Methylkautschuk ab 1915 großtechnisch hergestellt. Ab 1918 sanken aber die Preise für den wieder verfügbaren Naturkautschuk so weit, dass sich die Herstellung von synthetischem Kautschuk nicht mehr lohnte.

Hinzu kamen technische Schwierigkeiten. Unvernetzter Methylkautschuk oxidierte relativ schnell, sodass geeignete Stabilisatoren gefunden werden mussten. Walter und Wolfgang Oswald legten bereits 1909 mit aliphatischen und cycloaliphatischen Aminen den Grundstein für die Entwicklung der heutigen Alterungsschutzmittel für Kautschuke. Gleichzeitig suchte man nach Produkten, die die im Vergleich zu Naturkautschuk relativ langsame Vernetzungsgeschwindigkeit von Methylkautschuk erhöhten. Mit der Stoffklasse der Dithiocarbamate wurden 1912 erstmals sogenannte Vulkanisationsbeschleuniger gefunden (K. Delbrück, K. Gottlob), die zwar für Synthesekautschuk entwickelt wurden, aber relativ rasch auch in Naturkautschuk Anwendung fanden. Daraufhin wurden systematisch weitere Verbindungen gesucht, auf denen das weite Feld der heute verwendeten Kautschukchemikalien basiert.

Parallel zu den Syntheseversuchen in Europa suchte der Industrielle und Automobilhersteller Henry Ford nach Möglichkeiten, sich aus der Abhängigkeit der überwiegend britischen Reifenhersteller zu lösen. Diese verfügten mittlerweile über beträchtliche Mengen Naturkautschuk aus den neuen Plantagen in Asien. Ford erwarb ein Stück Urwald am Rio Tapajós im brasilianischen Bundesstaat Pará. Dort ließ er im Jahr 1928 eine Kautschukplantage und eine Kleinstadt nach amerikanischem Muster anlegen, die Fordlandia genannt wurde und in der bis zu 5.000 Kautschukzapfer wohnten. Allerdings scheiterte dieses Projekt aus vielfältigen Gründen, hauptsächlich aufgrund einer verheerenden Pilzerkrankung der zu dicht gepflanzten Kautschukbäume, und wurde im Jahr 1948 aufgegeben. (Eduardo Sguiglia verfasste zu diesem Thema einen auf Tatsachen basierenden Roman). Die Stadt Fordlandia existiert heute noch, allerdings sind die meisten technischen Einrichtungen wie das Elektrizitätswerk nahezu verfallen.

Im Jahr 1923 begann bei der mittlerweile aus fünf großen deutschen Chemiefirmen gebildeten IG Farben die großtechnische Herstellung von Butadienkautschuk. Er wurde aufgrund der Entdeckung von Harries unter dem Namen Buna® (Butadien/Natrium) vermarktet. Der noch preisgünstigere Styrol-Butadien-Kautschuk folgte in Jahr 1929 (Walter Bock). Ein ölbeständiger Acrylnitril-Butadien-Kautschuk (Erich Konrad, Eduard Tschunkur, Helmut Kleiner) wurde im Jahr 1930 entwickelt. Im gleichen Jahr entwickelten Wallace Hume Carothers und Julius Arthur Nieuwland bei DuPont in den USA den gegenüber den bisher bekannten Produkten deutlich ozon- und witterungsbeständigeren Chloroprenkautschuk Neoprene®.

Mittlerweile lagen gesicherte Erkenntnisse über den tatsächlichen Aufbau der Makromoleküle vor. Daher konzentrierte sich die Forschung nicht mehr auf Ersatzstoffe für Naturkautschuk, sondern auf die Entwicklung neuer Polymere, ein schließlich neuer Thermoplaste und Duroplaste, mit bisher nicht vorhandenen Eigenschaften. Auch wenn bereits 1960 insgesamt mehr Synthesekautschuk als Naturkautschuk produziert wurden, stellt Naturkautschuk heute nach wie vor mit etwa 42 % den bei weitem größten Anteil am Gesamtkautschukverbrauch. Die Tabelle 1.1 zeigt die historische Entwicklung der Kautschukindustrie.

Umgewandelte Naturstoffe – Käse, Billard und Schwiegermutterseide

Experimente mit umgewandelten Naturstoffen wurden schon weit vor dem zwanzigsten Jahrhundert durchgeführt. Allerdings waren zu dieser Zeit wesentliche chemische Grundlagen noch nicht bekannt. So berichtete der Mönch Wolfgang Seidel im Jahr 1530 dem Metallhändler Bartholomäus Schobinger von einer Rezeptur zur Herstellung von Kunsthorn aus Casein, dem wichtigsten Milcheiweiß, durch Einlegen in warme Lauge und anschließende Formgebung. Nach der Trocknung war das Material nicht mehr in der Wärme formbar, kann also auch als erster duroplastischer Kunststoff auf Basis von Naturstoffen bezeichnet werden. Aus dem durchsichtigen Material ließen sich viele Gegenstände formen. Es wurde auch als Werkstoff für Intarsien verwendet, wo es das nicht zuletzt durch den relativ hohen Bearbeitungsaufwand teure Rinderhorn ersetzte. Als Surrogat für Ebenholz sowie

Tabelle 1.1 Historische Entwicklung der Kautschukindustrie

1495:	Elastische Bälle bei den Einwohnern Haitis (C. Kolumbus)
1519:	Elastische Bälle bei den Einwohnern Haitis (H. Cortez)
1751:	Zapfen des Latex (C.-M. de La Condamine und C. F. Fresneau)
1763:	Erste Formartikel über ein Lösungsverfahren (P.-J. Macquer und L. A. M. Hérrisant)
1783:	Abdichtung eines Wasserstoffballons aus mit Kautschuk beschichteter Seide (J. A. C. Charles)
1770:	Radiergummi („indian rubber"; E. Nairne; veröffentlicht durch J. Priestley)
1791:	Gummierte Gewebe (S. Peal)
1803:	Hosenträger und Strumpfbänder
1818:	Bezüge für Laufräder (K. F. C. L. Freiherr Drais von Sauerbronn)
1823:	Regenmäntel, Sandwichverfahren (C. Macintosch)
1824:	Mastikator (T. Hancock)
1838:	Verhärtung von Naturkautschuk im Sonnenlicht („Solarisation", E. Hayward)
1839:	Vulkanisation (C. Goodyear)
1845:	Luftreifen (R. W. Thomson)
1846:	Kaltvulkanisation (Parkes-Prozeß) mit Schwefelmonochlorid (A. Parkes)
1867:	Vollgummireifen für Hochräder (R. W. Thomson).
1876:	70.000 Kautschuksamen werden aus Brasilien geschmuggelt (H. Wickham)
1878:	Grundlagen zur Polymerisation von Isopren (G. Bouchardat)
1882:	Synthese von Isopren aus Terpentin (W. A. Tilden)
1884:	Hohlraum-Fahrradreifen (C. Macintosh)
1888:	Luftreifen (J. B. Dunlop)
1894:	demontierbarer Autoreifen (É. und A. Michelin)
1900:	Synthesekautschuk auf Basis von Dimethylbutadien (J. Kondakov)

von Gagat, einem damals beliebten schwarzen Edelstein, wurde der seit 1843 bekannte Ebonit (Thomas Hancock) verwendet. Ebonit (Hartgummi) wird durch Vernetzung von Kautschuk mit relativ hohen Mengen an Schwefel erzeugt und ist nicht elastisch. Er wurde bis weit ins 20. Jahrhundert für Batteriekästen, etwa von U-Booten, verwendet.

Im Jahr 1846 stellte der Chemieprofessor Christian Friedrich Schönbein durch Veresterung von Cellulose mit Salpetersäure zu Cellulosenitrat (Nitrocellulose) die sogenannte Schießbaumwolle her. Sie erhielt ihren Namen durch die Eigenschaft, beim Entzünden schlagartig zu verbrennen. Schönbein hatte verschüttete Nitriersäure (ein Gemisch aus konzentrierter Salpeter- und Schwefelsäure) mit einem Baumwolltuch (angeblich der Küchenschürze seiner Ehefrau) aufgewischt und diese zum Trocknen über den Ofen gehängt, wo sie nach kurzer Zeit verpuffte.

Die Anwendung als fast rauchfreier Sprengstoff mit der dreifachen Sprengkraft des bisher benutzten Schwarzpulvers machte Schießbaumwolle schnell bekannt, allerdings kam es immer wieder zu verheerenden Explosionen in den Herstellbetrieben. Durch Einlegen der Nitrocellulose in Ether und Alkohol und anschließendem Verdunsten der Lösungsmittel erhielt Schönbein eine durchsichtige, klebrige Substanz, die er nach dem griechischen Wort für Leim Kollodium nannte. Zunächst blieben diesem Material jedoch Anwendungen, wie etwa für Lacke, verwehrt. Im Jahr 1856 meldete schließlich Alexander Parkes, der 1846 auch die Kaltvulkanisation von Naturkautschuk mit Schwefelmonochlorid erfunden hatte, zwei Patente auf Basis von Kollodium an. Durch verdickende Zusätze versuchte er, Trägerplatten für die lichtempfindlichen Salze fotografischer Platten herzustellen, um die schweren und zerbrechlichen Glasplatten zu ersetzen. Er konzentrierte sich dann aber auf die Entwicklung eines neuen Kunstharzes, wozu er Kollodium mit Kampfer, einem natürlichen Harz, und Pflanzenöl versetzte. Das als Parkesin vermarktete Produkt wurde für Ornamente, Messergriffe sowie flexible Manschetten und Kragen verwendet und auf der Weltausstellung im Jahr 1862 vorgestellt. Da Parkes allerdings aus wirtschaftlichen Erwägungen für die Herstellung der Nitrocellulose Baumwolle von minderwertiger Qualität verwendete und gleichzeitig die zur Herstellung des Parkesins erforderliche Zeit kürzte, verzogen sich die Endprodukte innerhalb kurzer Zeit und waren daher unbrauchbar. Das später von Parkes' ehemaligem Partner Daniel Spill in leicht modifizierter Form als Xylonit vermarktete Produkt scheiterte an einem Patentstreit mit den Brüdern John Wesley und Isaiah Hyatt. Diese hatten die ursprünglichen Patente Parkes' erworben und konnten im Jahr 1869 durch Einwirkung von Hitze und Druck auf das Gemisch aus Nitrocellulose und Kampfer ein transparentes und beliebig einfärbbares Material herstellen. Das Celluloid genannte Material gilt heute als der erste künstlich hergestellte thermoplastische Werkstoff, obwohl es im Grunde genommen ein umgewandelter Naturstoff ist. Auslöser für die Versuche war ein für damalige Verhältnisse enormes Preisgeld von 10.000 Dollar für die Entwicklung eines alternativen Materials zur Herstellung von Billardkugeln. Diese wurden bis dahin aus dem immer teurer werdenden Elfenbein gefertigt. (Die manchmal erwähnten explodierenden Billardkugeln sind aufgrund der Mischung mit inerten Füllstoffen wie etwa Kreide oder Schwerspat sowie dem prozessbedingt hohen Feuchtigkeitsgehalt des Materials vermutlich erfunden). Die hohe Transparenz und die hervorragende Einfärbbarkeit von Celluloid waren auch die Basis der ersten fotografischen Filme, die im Jahr 1884 von George Eastman zum Patent angemeldet und bis weit in das 20. Jahrhundert benutzt wurden.

Auch ein ursprünglich aus der noch jungen Farbenindustrie stammendes Produkt machte Mitte des neunzehnten Jahrhunderts Karriere. Basierend auf der Beobachtung, dass eintrocknende Farben auf Leinöl-Basis eine gummiartige Schicht bildeten, entwickelte Frederick Edward Walton im Jahr 1863 das für Bodenbeläge benutzte Linoleum. Eine zähe, hauptsächlich aus an Luft voroxidiertem Leinöl sowie aus Kolophonium bestehende Masse wurde abwechselnd mit feinem Korkmehl schichtweise auf Leinen aufgetragen, die oberste Schicht wurde beliebig eingefärbt. Es waren sogar Parkett- oder Teppichmuster in Mode, im Gegensatz zu den wesentlich teureren Originalen waren solche Böden sogar sehr pflegeleicht.

Angeregt durch die Anfrage nach wasserabwaschbaren weißen Schultafeln, auf die im Gegensatz zu den Schiefertafeln mit schwarzer Schrift geschrieben werden sollte, versuchte der Buchbinder Wilhelm Krische Kartons mit Kasein zu beschichten, was jedoch am Aufquellen des Kaseins im Kontakt mit Wasser scheiterte. Durch einen Zufall fand Krische heraus, dass sich durch Zusatz von Formaldehyd ein neuer Stoff gebildet hatte, der später aufgrund seiner milchigen Farbe Galalith genannt wurde. Krische meldete zusammen mit dem hinzugezogenen Chemiker Adolf Spitteler das Verfahren im Jahr 1897 zum Patent an. Galalith entstand durch Polykondensation von Kasein mit Formaldehyd und war damit im Gegensatz zu Celluloid kein Thermoplast, sondern duroplastisch.

Cellulose ist auch der Ausgangsstoff für transparente Cellulosehydrat-Folien, die als Cellophan oder Zellglas bekannt wurden und im Jahr 1908 von Jaques E. Brandenberger erstmals hergestellt wurden. Arthur Eichengrün hatte bereits 1905 reines Celluloseacetat hergestellt, das im Vergleich zu dem von Schützenberger hergestellten Material plastifizierbar und löslich war. Es wurde ab 1911 im Gemisch mit Campher unter dem Namen Cellon vermarktet. Das transparente, schwer brennbare Material wurde unter anderem als Beschichtung für die zur damaligen Zeit noch häufigen Bespannstoffe von Flugzeugtragflächen und Luftschiffen verwendet.

In Amylacetat gelöste Nitrocellulose war auch Basis der bis in die 40er Jahre des zwanzigsten Jahrhunderts gebräuchlichen hochbrennbaren Nitrolacke.

Auch die Textilindustrie profitierte von den neu entwickelten Materialien. Da natürliche Seide ebenfalls immer kostspieliger wurde, sollte ein synthetischer Ersatzstoff auch den weniger begüterten Schichten das Tragen von Kleidern mit ähnlicher Eleganz ermöglichen. Georges Audemars hatte sich bereits 1855 ein Verfahren zur Herstellung von Fäden aus Nitrocellulose patentieren lassen. Aufgrund der extremen Brennbarkeit konnten sich daraus hergestellte Kleider jedoch zunächst nicht durchsetzen. Das Tragen von Kleidern der damaligen Mode mit ihren üppig verwendeten Stoffen war in den noch vorwiegend von offenem Gaslicht beleuchteten Räumen nicht ganz risikofrei, man sprach gerne von Schwiegermutterseide. Die für die hohe Brennbarkeit verantwortlichen Nitrogruppen der Schießbaumwolle konnten durch Joseph Wilson Swan im Jahr 1883 erstmals teilweise durch Umsetzung mit Natriumsulfid deaktiviert werden, allerdings wurde auch die mechanische Festigkeit reduziert. Die erste Kunstseidenfabrik, anfangs noch auf Basis reiner Nitrocellulose, wurde von dem französischen Chemiker Hilaire Bernigaud Graf von Chardonnet de Grange im Jahr 1894 gegründet, die Produkte wurden als Chardonnet-Seide weltberühmt. Im Jahr 1897 gelang es H. Pauly auf Basis von Vorarbeiten durch Ed. Schweizer (1857), durch Lösen von Cellulose in ammoniaka-

Tabelle 1.2 Historische Entwicklung umgewandelter Naturstoffe

80.000 v. Chr.:	thermoplastisches Harz aus Birkenpech
1530:	Kunsthorn aus Casein (wahrscheinlich W. Seidel)
1839:	Vernetzung von Naturkautschuk mit Schwefel – erste chemische Umsetzung eines Naturproduktes (C. Goodyear)
1843:	Hartgummi (Ebonit) durch gezieltes „Übervernetzen" von Naturkautschuk (T. Hancock)
1846:	Cellulosenitrat („Nitrozellulose", „Schießbaumwolle"); Kollodium (C. F. Schönbein)
1855:	Fäden aus Nitrocellulose (G. Audemars)
1856:	Mischung aus Nitrocellulose und Kampfer („Parkesin"; A. Parkes)
1863:	Oxidiertes Leinöl („Linoleum"; F. E. Walton)
1865:	„Acetatseide" auf Basis Celluloseacetat (P. Schützenberger)
1869:	„Celluloid", erster thermoplastischer Kunststoff (J. Wesley und I. Hyatt)
1891:	Kunstseide aus Cellulosexanthogenat („Vicose", später „Reyon"; C. F. Cross, E. J. Bevan, C. Beadle)
1894:	„Chardonnet-Seide", zunächst aus reiner, später aus modifizierter Nitrocellulose (H. B. Graf von Chardonnet de Grange)
1897:	Kunsthorn („Galalith") aus Kasein und Formaldehyd (W. Krische und A. Spitteler)
1897:	Kunstseide auf Basis von in ammoniakalischen Kupfer(II)-hydroxidlösungen gelöster Cellulose („Kupferkunstseide", „Bembergseide", „Glanzstoff"; H. Pauly)
1905:	Plastifizierbares und lösliches Celluloseacetat (A. Eichengrün)
1908:	Transparente Viskosefolien („Cellophan", „Zellglas"; J. E. Brandenberger)

lischen Kupfer(II)-hydroxidlösungen (Kupferoxidammonik, Schweizer Reagenz) und anschließendes Einleiten in verdünnte Schwefelsäure eine Kunstseide mit wesentlich höherer Festigkeit als Chardonnetseide herzustellen. Aufgrund ihres hohen Glanzes, der sogar den von Naturseide übertraf, wurde der Name Glanzstoff geprägt. Vom Herstellungsverfahren abgeleitet ist der Name Kupferkunstseide. Sie wurde später auch als Bembergseide bekannt. Charles Frederick Cross und Edward John Bevan hatten bereits 1882 durch Behandlung von Cellulose mit Natronlauge und Schwefelkohlenstoff Cellulosexanthogenat gewonnen. Gemeinsam mit Clayton Beadle stellten sie 1891 ihre neue Kunstseide als Viscose vor. Sie ersetzte nach etwa 1914 die bisherige Kunstseide und wurde ab 1924 unter dem Begriff Reyon vermarktet. Eine bereits im Jahr 1865 von Paul Schützenberger auf Basis Celluloseacetat hergestellte Acetatseide wurde ab 1919 technisch genutzt. Die Tabelle 1.2 zeigt eine chronologische Entwicklung der Umwandlung natürlicher Stoffe.

Vollsynthetische Kunststoffe – die Natur stand Pate

Als erste vollsynthetische Kunststoffe gelten Harze auf Basis Phenol und Formaldehyd, die unter dem Begriff Phenoplaste zusammengefasst werden. Auch hier war der Wunsch nach Ersatzstoffen für natürliche Materialien ausschlaggebend. So diente Schellack, ein Ausscheidungsprodukt der Lackschildlaus, als Rohmaterial für Lacke, Polituren, Leim, aber auch zur Herstellung von Schallplatten (1888). Der mit wachsendem Bedarf steigende Preis forcierte wiederum die Suche nach Alternativmaterialien. Obwohl Adolf Ritter von Baeyer, als Chemieprofessor Nachfolger von Justus von Liebig, bereits im Jahr 1872 die Kondensationsreaktion von Phenol und Formaldehyd beobachtete, maß er den daraus resultierenden Produkten, vermutlich aufgrund ihrer hohen Klebrigkeit, keine praktische Bedeutung bei. (Dafür hatte er weitaus mehr Erfolg mit synthetischen Farbstoffen. So gelang ihm 1880 die erste Synthese des blauen Indigos. 1905 erhielt er für seine Verdienste um organische Farbstoffe den Nobelpreis für Chemie). Carl Heinrich Meyer entwickelte auf gleicher Basis einen Schellack-Ersatz, der im Jahr 1902 unter dem Namen Laccain als Möbelüberzug vorgestellt wurde, sich allerdings aufgrund seines Geruchs und der allmählichen Verdunkelung nicht durchsetzen konnte.

Fritz Raschig beschäftigte sich von 1905 bis 1907 mit der Entwicklung von gießbaren Phenol-Formaldehyd-Harzen. Aufgrund ihrer gelblichen Eigenfarbe dienten sie zunächst als Ersatz für Bernstein, später wurden eingefärbte Produkte vor allem als Billardkugeln verwendet. Durch systematische Experimente, die auf den Arbeiten von Baeyers aufbauten, gelang es dem belgischen Chemiker Leo Hendrik Baekeland im Jahr 1907 schließlich, den ersten wirtschaftlich verwertbaren, vollsynthetischen, unlöslichen und nicht schmelzbaren Kunststoff auf Basis von Phenol und Formaldehyd zu entwickeln, den er Bakelit nannte. Die ersten Versuche zeigten, dass das Material zwar eine hohe Zugfestigkeit aufwies, jedoch – wie für Duroplaste nicht ungewöhnlich – sehr spröde war. Nach weiteren Versuchen wurde die Sprödigkeit durch Zusatz von Asbest oder Holzmehl deutlich reduziert. Bakelit wurde insbesondere für die Elektrotechnik unentbehrlich, ließen sich doch daraus hitzebeständige Isolatoren, Fassungen für Glühlampen oder für die damals noch in Gebrauch befindlichen Radioröhren herstellen. Bald wurde es Mode, Gehäuse für Radiogeräte in ausgefallenen Designs aus Bakelit herzustellen, die zudem durch die relativ preiswerte Pressformtechnik wesentlich günstiger als die bisherigen handgefertigten Gehäuse aus Holz waren und somit auch für die breite Bevölkerung erschwinglich wurden. Nachdem sich die im Vergleich zu thermoplastischen Materialien neuartige Verfahrensweise etabliert hatte (für Formgebung und Aushärtung brauchte man höhere Drücke und Temperaturen), wurde Bakelit für weitere Artikel wie Aschenbecher, Gehäuse, Knöpfe, Schmuckdosen, Schalter und Stecker verwendet, sogar Damenhandtaschen wurden aus Bakelit gefertigt. Erst in den 50er Jahren des zwanzigsten Jahrhunderts wurde Bakelit nach und nach durch modernere Kunststoffe ersetzt. Phenol-Formaldehyd-Harze finden sich jedoch heute noch in extrem beanspruchten Artikeln wie Bremsbelägen, Verdichterrädern von Turboladern, Raketenteilen, aber auch in Griffen von Kochtöpfen sowie in Elektronikplatinen.

Im Jahr 1918 ließ sich Hanns John den ersten Aminoplast auf Basis von Harnstoff und Formaldehyd patentieren. Vorausgegangen waren Arbeiten von K. Hölzer

(1884), C. Goldschmidt (1896), B. Tollens (1896) sowie A. Einhorn und A. Hamburger (1908). Darauf aufbauend entwickelte Fritz Pollack 1923 erste industriell verwertbare Aminoplaste auf Basis von Harnstoff oder Thioharnstoff und Formaldehyd in Gegenwart von Ammoniak. W. Hentrich und R. Köhler entwickelten 1930 bei Henkel & Cie. GmbH die als Melaminharze bezeichneten Kondensationsprodukte aus Melamin und Formaldehyd. Melamin war zwar bereits 1834 von Justus von Liebig analysenrein hergestellt worden, es war aber erst ab 1935 durch die Entwicklung neuer Verfahren in größeren Mengen verfügbar. C. Ellis entdeckte 1936 die Aushärtung ungesättigter Polyesterharze mit Styrol in Anwesenheit von Peroxiden. In Kombination mit Glasfasermatten wurden ab 1942 die ersten glasfaserverstärkten Kunststoffe hergestellt. Schließlich entwickelte Pierre Castan 1936 die Epoxidharze auf Basis von Bisphenol A und Epichlorhydrin, zunächst als Material für Zahnprothesen. Er erkannte aber, dass sich das zukünftige Einsatzgebiet weit darüber hinaus erstrecken würde, und ließ 1938 auch die Anwendung für Gieß- und Pressmassen in der Elektrotechnik patentieren, die heute das Haupteinsatzgebiet darstellen.

Theoretische Grundlagen – Wissen ist Macht

Die bisher sporadisch hergestellten Kunststoffe resultierten im Wesentlichen aus empirischen Versuchen, ohne dass ihr genauer Aufbau bekannt war. Der englische Physiker und Chemiker Michael Faraday hatte bereits im Jahr 1826 einen Kohlenwasserstoff als Basisbaustein des Naturkautschuks identifiziert. Der schwedische Chemiker Jöns Jakob Berzelius definierte im Jahr 1833 das Wort Polymerie, aus dem sich der heutige Begriff Polymer ableitet. Greville Williams, der im Jahr 1860 Isopren aus Naturkautschuk isoliert hatte, veröffentlichte im gleichen Jahr eine Arbeit, in der erstmalig der Aufbau eines hochpolymeren Stoffes aus gleichen Grundeinheiten vermutet wurde. Der Begriff Monomer war zu dieser Zeit noch nicht bekannt.

Marcelin Pierre Eugène Berthelot entwickelte im Jahr 1866 eine erste, jedoch noch ungenaue Theorie der Polymerisation, die er durch gezielte Versuche mit Styrol untermauerte. Im Jahr 1910 führte Richard Escales, der sich bis dahin offenbar auch mit verschiedenen Sprengstoffen beschäftigte, den Begriff Kunststoff ein und gründete mit der Zeitschrift Kunststoffe die erste, bis heute erscheinende Publikationsreihe für die neuen Werkstoffe. Samuel Pickles veröffentlichte bereits im Jahr 1910 eine erste, relativ exakte Darstellung der Polyisopren-Makromoleküle in Naturkautschuk, ging aber von der falschen Annahme aus, dass sich diese an ihren Enden zu großen Ringen verbinden müssten. Fritz Raschig gab 1912 die ersten Strukturformeln von Phenol-Formaldehyd-Harzen bekannt. Der Grundstein für die heutige makromolekulare (griechisch: makros = groß) Chemie wurde aber erst im Jahr 1920 durch Hermann Staudinger gelegt, der sich seit 1910 mit der Synthese von Kautschuken beschäftigte. Bis zu diesem Zeitpunkt war die Mehrheit der Chemiker davon überzeugt, dass sich Kunststoffe aus Zusammenballungen sehr vieler kleiner Moleküle zusammensetzten, den sogenannten Micellen. Welche Art Bindungskräfte aber diese Micellen zusammenhalten sollten, konnte niemand erklären. Staudinger formulierte dagegen die Existenz langkettiger Polymerstrukturen, die er Makromoleküle nannte, und stieß auf heftigen Widerstand. Etliche Wissenschaftler der damaligen Zeit waren davon überzeugt, dass Molmassen über 5.000 g/mol nicht möglich seien. Riesenmoleküle aus Tausenden von identischen Bausteinen wurden somit nicht akzeptiert. Es dauerte daher noch fast bis zum Ende des Jahrzehnts, bis Staudingers Theorie durch Röntgenstrukturuntersuchungen, erstmals durch Hermann Mark (1926), belegt wurden. Staudinger erhielt 1953 für seine Arbeiten den Nobelpreis. Allerdings akzeptierte Staudinger nie die heute allgemein gültige Theorie von Kurt Hans Meyer, dass die hohe Elastizität von gedehntem Kautschuk auf einer Streckung von im Ruhezustand aufgerollten Makromolekülen beruht. Staudinger war der Ansicht, alle Makromoleküle beständen aus steifen Kettensegmenten.

Moderne Kunststoffe – vom Zufall zu maßgeschneiderten Werkstoffen

Nachdem Staudingers Theorie der Makromoleküle allgemein anerkannt war, gestaltete sich die Entwicklung der modernen Kunststoffe meist weit weniger spektakulär als in der Anfangszeit der Polymerchemie, obwohl auch später immer wieder zufällige Entdeckungen den entscheidenden Fingerzeig gaben. Einige Beispiele werden im Folgenden genannt.

So beobachtete Henri Victor Regnault, ein Student Justus von Liebigs, im Jahr 1835 die Entstehung eines weißen Pulvers bei der Einwirkung von Sonnenlicht auf eine Mischung aus alkoholischer Kalilauge und Dichlorethylen. Wie sich später herausstellte, handelte es sich um Polyvinylidenchlorid, und nicht um Polyvinylchlorid, wie von Regnault vermutet. 1872 konnte E. Baumann erstmals Vinylchlorid durch Einwirkung von Sonnenlicht polymerisieren.

Erst im Jahr 1912 gelang es Fritz Klatte und E. Zacharias, aus dem zu dieser Zeit reichlich vorhandenen Acetylen und dem Überschussprodukt Chlorwasserstoff PVC zu synthetisieren. Die ersten Produkte waren jedoch für eine thermoplastische Verarbeitung ungeeignet, da sie vor Erreichen des Schmelzpunktes Chlorwasserstoff abspalteten und sich rötlich verfärbten. Auch gestaltete sich die Verarbeitung auf den damals verfügbaren Maschinen als extrem schwierig. Erst 1930 war es möglich, PVC großtechnisch herzustellen. Die bisherigen Schwachpunkte wurden durch Zusatz von Stabilisatoren auf Basis von Schwermetallen, Verarbeitungshilfsmitteln und Weichmachern gelöst. Klatte hatte ebenfalls 1912 im Labor die Polymerisation von Vinylestern an Licht beobachtet. Er füllte große Glasballons mit Vinylacetat und setzte sie dem Sonnenlicht aus. Durch Zerschlagen der Glasbehälter mit einem Hammer gewann er später das von ihm Mowilith genannte Polyvinylacetat, das jedoch erst ab 1928 produziert wurde.

Im Jahr 1839 gewann der Apotheker Eduard Simon durch Wasserdampfdestillation aus Styrax-Balsam eine ätherische, ölige Flüssigkeit, der er den Namen Styrol gab. Sie verfestigte sich innerhalb weniger Tage zu einer gallertartigen Masse, Simon nannte diese Styroloxid. 1845 untersuchten A. W. Hofmann und J. Blyth diese Substanz und kamen zu dem Schluss, dass ihre Zusammensetzung nach wie vor mit Styrol identisch sei. Experimentell bewiesen sie, dass sich das flüssige Styrol ohne Zusatz anderer Stoffe durch Erhitzen in eine feste Masse umwandelt. Ohne es zu ahnen, hatten Hofmann und Blyth wie zuvor Simon die Polymerisation von Styrol beobachtet. Die theoretischen Zusammenhänge wurden erstmals von Staudinger 1920 bei seinem bahnbrechenden Vortrag über Makromoleküle beschrieben. Staudinger hatte Polystyrol als Modellsubstanz gewählt. Die industrielle Produktion gelang jedoch erst 1936 nach Überwindung verschiedener technischer Probleme. Ursprünglich sollte das transparente Polystyrol das wesentlich teurere Plexiglas® ersetzen. Seine Schlagfestigkeit erwies sich allerdings als viel zu gering. Trotzdem setzte es sich nach und nach für preiswerte und transparente Haushaltsartikel durch. Wesentlich bedeutender war jedoch zunächst die Copolymerisation mit Butadien zum Styrol-Butadienkautschuk (ab 1929), der Autoreifen sogar eine längere Lebensdauer als Naturkautschuk verlieh.

In den zwanziger und dreißiger Jahren des zwanzigsten Jahrhunderts lag, wie bereits erwähnt, einer der Schwerpunkte der industriellen Chemie auf der Entwicklung von Ersatzprodukten für den immer teurer werdenden Naturkautschuk. Interessanterweise führte aber das Bestreben, neue synthetische Kautschuke herzustellen, auch zu bedeutenden neuen Thermoplasten. So versuchte Otto Röhm, synthetischen Kautschuk auf Basis von Acrylsäureestern zu gewinnen. Die ersten Ergebnisse führten zu einem transparenten Estergummi, der sich jedoch wie ein biegsames Glas verhielt. Obwohl Röhm im Jahr 1912 ein Patent für die Vulkanisation dieses Materials erteilt wurde, blieb es ohne praktische Bedeutung. Mittlerweile hatte sich allerdings Butadienkautschuk als preiswerter und leistungsfähiger Synthesekautschuk etabliert, so dass Röhm diese Entwicklungsrichtung auch nicht mehr weiter verfolgte. Ab etwa 1928 verzeichneten die als Acrylharze bezeichneten Verbindungen erste Erfolge als Klebstoffe für Verbundgläser und lösten die bisher dazu verwendete und zur Vergilbung neigende Nitrocellulose ab. Im Jahr 1932 stellte man bei einem Versuch mit Methacrylsäuremethylester anstelle der bisher verwendeten Acrylsäureester überraschend fest, dass die Glasscheiben durch das dazwischen befindliche Produkt nicht wie beabsichtigt zusammenklebten. Vielmehr war der Ester zu Polymethylmethacrylat polymerisiert, das unter dem Namen Plexiglas® bekannt wurde.

Bei der ICI erforschte man stattdessen das Verhalten verschiedener Stoffe unter extremen Drücken bis über 2.000 bar. Versuche mit Flüssigkeiten führten zu keinen nennenswerten Ergebnissen, daher wandte man sich Gasen zu, die im Gegensatz zu Flüssigkeiten komprimierbar sind und dabei ihr Verhalten oft drastisch ändern. Bei Versuchen mit Ethylen entdeckten Reginald Oswald Gibson, Eric William Fawcett, M. W. Persin, I. G. Patton und E. G. Williams im Jahr 1933, dass dieses Gas bei einem Druck von 2.000 bar und einer Temperatur von 170 °C zu einer weißen festen Substanz polymerisiert. Es dauerte jedoch noch einige Jahre, um dieses relativ gefährliche Verfahren zu einem beherrschbaren Prozess auszubauen.

Wallace Hume Carothers (DuPont), der bereits im Jahr 1930 gemeinsam mit Arthur Nieuwland den Chloroprenkautschuk erfunden hatte, beschäftigte sich mittlerweile mit endlosen Versuchsreihen zur Herstellung einer Kunstfaser. Im Jahr 1935 gelang es ihm, ein Polykondensationsprodukt aus Adipinsäure und Hexamethylendiamin erfolgreich herzustellen, dass unter dem Namen Nylon® (chemisch: Polyamid 6.6) Weltruhm erlangte. Natürlich begannen nun in vielen Chemielaboratorien Versuche, die Patente Carothers' zu umgehen, um selbst die lukrative Produktion von Synthesefasern aufzunehmen.

Die dafür erforderlichen Makromoleküle sollten sich nach Vorstellung von Otto Bayer (Bayer AG, die Namensgleichheit war rein zufällig) durch Zusammenfügen von nur zwei niedermolekularen Verbindungen und ohne Spaltprodukte wie bei der bereits bekannten Polykondensation erzeugen lassen. Obwohl er mit dieser Idee anfänglich auf wenig Gegenliebe stieß, gelang Bayer 1937 die Polyaddition von Alkoholen und Isocyanaten zu einer neuen Stoffklasse, den Polyurethanen. Aufgrund des für die Herstellung der Isocyanate benötigten giftigen Phosgens fanden die ersten Polyurethane jedoch kaum Interesse, man hielt die Produktion größerer Mengen nicht für realisierbar. Schließlich wurden bei einem fehlgeschlagenen Versuch stark poröse Reaktionsprodukte erhalten. A. Höchtlen, W. Droste und W. Bunge erkannten 1941, dass sich die Größe und Menge der Gasblasen durch Wasser steuern ließ, das mit den Isocyanaten unter Abspaltung von Kohlendioxid reagierte. Nun war man in der Lage, Schaumstoffe mit definierter Schaumstruktur zu erzeugen, sodass man Schäume mit unterschiedlicher Dichte und Härtegrade erhielt.

Auch Paul Schlack (Bayer AG) versuchte, Kunstfasern auf Basis von Polyamiden herzustellen. Er arbeitete aber mit dem leichter zugänglichen Caprolactam, das Carothers als unbrauchbar bezeichnet hatte. Trotzdem gelang es Schlack im Jahr 1938, auf dieser Basis das als Perlon® bezeichnete Polyamid 6 erstmals herzustellen. Im gleichen Jahr fanden Roy J. Plunkett und J. Rebok (DuPont) in einer über längere Zeit gelagerten Gasflasche, die ursprünglich das Kühlmittel Tetrafluorethylen enthalten hatte, eine weiße Substanz.

Das neu gebildete Polymer Polytetrafluorethylen wies eine hervorragende Temperatur- und Chemikalienbeständigkeit auf und wurde unter dem Namen Teflon® vermarktet. F. Schloffer und O. Scherer (Hoechst) hatten zwar 1934 schon ein Patent zur Herstellung von Polytrifluorchlorethylen erhalten. Es war jedoch – genau wie Polytetrafluorethylen – mit den damals üblichen Verfahren nicht zu verarbeiten und erforderte die Entwicklung spezieller Techniken.

Fritz Stastny, der bis 1939 auch an der Entwicklung synthetischer Kautschuke und von Hartgummischäumen gearbeitet hatte, entdeckte im Jahr 1949 zusammen mit Rudolf Gäth und Karl Buchholz erstmals ein Verfahren zum Schäumen von Polystyrol, womit sich ausgezeichnete Dämmmaterialien erzeugen ließen, die unter dem Handelsnamen Styropor® bekannt wurden. Die vermutlich spektakulärste Anwendung war jedoch die Hebung eines 1964 im Hafen von Kuwait gesunkenen Schiffes durch Einblasen von Styroporkugeln. Nach der erfolgreichen Aktion versuchte die Bergungsfirma, sich dieses Verfahren patentieren zu lassen, scheiterte jedoch, da diese Idee prinzipiell bereits im Jahr 1949 in einem Comic von Walt Disney beschrieben worden war.

Auch J. R. Whinfield und J. T. Dickson beschäftigten sich um 1940 mit der Herstellung von Kunstfasern. Obwohl Carothers bereits Polyester aufgrund ihrer niedrigen Schmelztemperaturen als ungeeignet bezeichnet hatte, und sie sich bei Einwirkung von Lösungsmitteln zersetzten, konstruierten Whinfield und Dickson auf rein theoretischer Basis ein Polyestermakromolekül auf Basis von Terephthalsäure und Glykolen, anstelle – wie bisher üblich – etliche Substanzen in verschiedenen Variationen und mit großen Versuchsreihen zu prüfen. Tatsächlich konnte im nachfolgenden Experiment eine Substanz mit den gewünschten hohen Schmelztemperaturen erhalten werden. 1946 schlug auf Basis dieser Arbeiten die Geburtsstunde des Polyethylenterephthalats.

Hochdruckpolyethylen war seit dem Jahr 1933 bekannt. Karl Ziegler (Max Planck Institut) gelang im Jahr 1953 die erste Niederdruckpolymerisation von Ethylen. Ausschlaggebend waren winzige Spuren von metallischen Verunreinigungen, die die Polymerisation unterdrückten. Durch systematische Prüfung der Einflüsse verschiedenster Metallverbindungen wurden schließlich geeignete Katalysatoren gefunden, die sich auch zur Herstellung anderer Polyolefine eigneten. Zur selben Zeit beschäftigte sich auch Giulio Natta bei Montecatini mit diesem Thema. Man einigte sich auf eine Zusammenarbeit, jedoch ließ sich Natta die Polymerisation des Propylens im Jahr 1954 patentieren, ohne sich mit Ziegler abzusprechen. Natta gelang im Jahr 1959 auf Basis der Ziegler-Katalysatoren auch die Herstellung von Ethylen-Propylen-Kautschuk. Ziegler und Natta teilten sich 1963 den Nobelpreis für Chemie.

Carothers und Natta beschäftigten sich auch mit der Polykondensation aliphatischer Polycarbonate. Die relativ niedrig schmelzenden Produkte waren jedoch technisch nicht interessant. Dagegen zeigten aromatische Polycarbonate, die Hermann Schnell (Bayer AG) und D. W. Fox (General Electric Co.) unabhängig voneinander im Jahr 1953 auf Basis Phosgen und Bisphenol A herstellten, eine hohe Wärmebeständigkeit, Transparenz und Schlagfestigkeit. Auch A. Einhorn hatte bereits im Jahr 1898 Kondensationsprodukte aus Phosgen und Diphenolen hergestellt; sie erwiesen sich aber aufgrund ihrer niedrigen Molmasse und unzureichender Reinheit als nicht brauchbar. Das neue Polymer wurde unter dem Namen Makrolon® (Bayer AG) bzw. Lexan® (General Electric) bekannt. Zudem waren auf dieser Basis auch Folien mit hervorragenden Isolationseigenschaften verfügbar.

In der Anfangszeit der makromolekularen Chemie führten also oft mehr oder weniger zufällige Entdeckungen zu neuen Produkten, deren Anwendungen oft noch erschlossen werden mussten. Erst die durch Staudinger gewonnenen Erkenntnisse erlaubten eine gezielte Forschung mit dem Ziel, maßgeschneiderte Polymere für spezifische Anwendungen herzustellen. Die Tabelle 1.3 zeigt eine Auswahl der Entwicklung synthetischer Werkstoffe.

Tabelle 1.3 Historische Entwicklung der synthetischen Werkstoffe (Auswahl)

1835:	Beobachtung der Synthese und Polymerisation von Vinylchlorid (H. V. Regnault)
1839:	Beobachtung der Polymerisation von pflanzlich gewonnenem Styrol (E. Simon)
1845:	Polymerisation von Styrol ohne Zusatz weiterer Chemikalien (A.W. Hofmann und J. Blyth)
1872:	Polymerisation von Vinylchlorid durch Sonnenlicht (E. Baumann), Umsetzung von Phenol und Formaldehyd (A. Ritter von Baeyer)
1898:	Niedermolekulare Kondensationsprodukte aus Phosgen und Diphenolen (A. Einhorn)
1900:	Entdeckung der Silikone (F. S. Kipping), Synthesekautschuk auf Basis von Dimethylbutadien (J. Kondakov)
1902:	Phenol-Formaldehyd-Harze als Schellack-Ersatz für Möbelpolituren („Laccain“; C. H. Meyer)
1907:	Gießbare Phenol-Formaldehyd-Harze (F. Raschig), Phenol-Formaldehyd-Harze mit technisch brauchbaren Eigenschaften („Bakelit“; L. H. Baekeland)
1909:	Synthese von Polyisopren (F. Hofmann)
1910:	„Methylkautschuk“ aus Dimethylbutadien, Synthesekautschuk aus konjugierten Diolefinen, Katalyse der Polymerisation durch Alkalien, insbesondere Natrium, Vorläufer des ab 1923 hergestellten „Buna“ (Butadien-Natrium)-Kautschuks (C. D. Harries sowie F. E. Matthews und E. H. Strange)
1912:	Erste PVC-Synthese aus Acetylen und Chlorwasserstoff (F. Klatte, E. Zacharias), Polyvinylacetat („Mowilith“; F. Klatte), „Estergummi“ auf Basis von Acrylsäureestern (O. Röhm)
1918:	Aminoplaste auf Basis Harnstoff und Formaldehyd (H. John)
1923:	Erste industriell verwertbare Aminoplaste auf Basis Harnstoff oder Thioharnstoff und-Formaldehyd in Gegenwart von Ammoniak (F. Pollack)
1926:	Weichmachen von PVC
1929:	Styrol-Butadien-Kautschuk (W. Bock)
1930:	Acrylnitril-Butadien-Kautschuk (E. Konrad, E. Tschunkur, H. Kleiner), Chloroprenkautschuk (W. H. Carothers, J. A. Nieuwland), Großtechnische Synthese von stabilisiertem und weichgemachtem PVC, Melaminharze aus Melamin und Formaldehyd (W. Hentrich, R. Köhler)

1932:	Polymethylmethacrylat (O. Röhm)
1933:	Hochdruckverfahren zur Herstellung von Polyethylen (R. O. Gibson, E. W. Fawcett, M. W. Persin, I. G. Patton, E. G. Williams)
1934:	Erste Fluorkunststoffe auf Basis Polytrifluorchlorethylen (F. Schloffer und O. Scherer)
1935:	Polyamid-Kunstfaser aus Adipinsäure und Hexamethylendiamin, PA66 (W. H. Carothers)
1936:	Industrielle Herstellung von Polystyrol, Aushärtung ungesättigter Polyesterharze mit Styrol in Anwesenheit von Peroxiden (C. Ellis)
1936:	Styrol-Acrylnitril-Copolymere, Epoxidharze auf Basis von Bisphenol A und Epichlorhydrin (P. Castan)
1937:	Polyurethane aus Isocyanaten und Alkoholen (O. Bayer)
1938:	Polyamid aus Caprolactam (P. Schlack), Polytetrafluorethylen (R. J. Plunkett, J. Rebok)
1940:	Synthese von Silikonen (E. C. Rochow)
1941:	Polyurethanschaumstoffe (A. Höchtlen, W. Droste, W. Bunge), Polyacrylnitrilfaser
1942:	Glasfaserverstärkte Polyesterharze, Siliconkautschuk
1943:	Butylkautschuk
1946:	Acrylnitril-Butadien-Styrol-Kunststoffe, Polyesterfasern auf Basis Polyethylenterephthalat (J. R. Whinfield und J. T. Dickson)
1947:	Polyoxymethylen
1948:	Polystyrol-Butadien-Blends (HIPS), Fluorkautschuk
1949:	Schäumen von Polystyrol (F. Stastny, R. Gäth, K. Buchholz), Acrylatkautschuk
1953:	Polycarbonat (H. Schnell sowie D.W. Fox), Niederdruckpolyethylen (K. Ziegler), chlorsulfoniertes Polyethylen
1954:	Polypropylen (G. Natta), cis-1,4-Polyisopren, identische Struktur wie Naturkautschuk
1959:	Ethylen-Propylen-Kautschuk (G. Natta, G. Crespie)
1961:	Ethylen-Vinylacetat-Kautschuk (H. Bartl, J. Peter)
1962:	Styrol-Butadien-Block-Copolymere (SBS) als erste thermoplastische Elastomere, Polyimide, Polyetherketone
1965:	Epichlorhydrinkautschuk
1965:	Aramidfaser (S. L. Kwolek, H. Blades), Polybutylenterephthalat, Polysulfone, Chlor- und Epichlorhydrinkautschuk

Tabelle 1.3 Historische Entwicklung der synthetischen Werkstoffe (Auswahl) (Fortsetzung)

1969:	Thermoplastisches Polyurethan (TPE-U)
1971:	Polyphenylensulfid
1974:	Elektrisch leitfähiger Polyacetalfilm (H. Shirakawa, A. G. Diarmid, A. J. Heeger)
1975:	Polynorbornenkautschuk
1976:	Polymerblend aus Polycarbonat und Acrylnitril-Butadien-Styrol
1978:	Ethylen-Acrylatkautschuk
1979:	Polyetheretherketon, thermoplastische Elastomere auf Basis von Verschnitten aus vernetztem Ethylen-Propylen-Kautschuk und Polyolefinen (TPE-O), hydrierter Nitrilkautschuk
1981:	Polytetrafluorethylen-Polyolefin-Blends
1982:	Polyetherimid
1987:	Thermoplastische Polyether-Polyamid-Block-Copolymeren (TPE-A)
1988:	Flüssigkristalline Polymere
1989:	Copolymer aus Ethylen und chlorsulfoniertem Polyethylen
1990:	Licht-emittierende Polymere auf Basis von Poly-*p*-Phenylenvinylen (R. H. Friend, A. B. Holmes)

1.3 Abgrenzung der Kunststoffe von Metallen und keramischen Werkstoffen

Aufgrund ihrer deutlich geringeren Dichte und der Möglichkeit, auch Teile mit komplizierter Geometrie in einem Arbeitsgang und relativ preiswert herzustellen, haben Kunststoffe in vielen Anwendungen Metalle ersetzt. Allerdings sind dabei grundlegende Unterschiede zwischen den verschiedenen Werkstoffen zu berücksichtigen. Kunststoffe besitzen eine deutlich geringere Steifigkeit und Festigkeit als Metalle, was nicht in allen Fällen durch entsprechende Formteilgestaltung ausgeglichen werden kann. Aufgrund ihrer besonderen Molekularstruktur kriechen Kunststoffe bei fortwährender Belastung, was sie erheblich von Metallen und keramischen Werkstoffen unterscheidet. Bei dynamischer Beanspruchung erlauben Keramiken und Metalle weit höhere Kräfte und Frequenzen, aber geringere Auslenkungen als Kunststoffe, von denen wiederum Elastomere die größte dynamische Beständigkeit aufweisen.

Im Gegensatz zur Schmelztemperatur von Metallen oder keramischen Werkstoffen liegt die Glastemperatur von Kunststoffen viel näher an ihrer Gebrauchstemperatur, was deutliche Einflüsse auf Elastizitätsmodul und Festigkeit hat. Auch hinsichtlich elektrischer Leitfähigkeit und Wärmeleitfähigkeit unterscheiden sich Kunststoffe meist deutlich von anderen Werkstoffen.

1.3.1 Aufbau

Kunststoffe bestehen aus polymerisierten Kohlenwasserstoffen, also zum größten Teil aus den chemischen Elementen Kohlenstoff und Wasserstoff. Die Makromoleküle der Kunststoffe liegen nebeneinander mehr oder weniger verknäuelt vor und sind untereinander entweder nicht vernetzt (Thermoplaste), schwach vernetzt (Elastomere) oder stark vernetzt (Duroplaste). Als Modellbeispiel kann hier ein Knäuel aus langen Schnürsenkeln dienen. Solange diese nicht miteinander verbunden sind, kann man einzelne Schnürsenkel relativ problemlos gegeneinander bewegen oder aus dem Knäuel herausziehen (Thermoplaste). Feste Gegenstände lassen sich relativ leicht durch dieses Knäuel durchdrücken, da die einzelnen Schnürsenkel sich leicht gegeneinander verschieben lassen. Werden die Schnürsenkel an einigen wenigen Stellen miteinander verknotet, lassen sie sich zwar nicht mehr einzeln trennen, jedoch lässt sich das Knäuel insgesamt noch in Grenzen, die durch die Anzahl der Verknotungen bestimmt werden, strecken (Elastomere). Auch feste Gegenstände lassen sich noch mit einiger Kraft durch die meisten der durch die Knoten gebildeten Maschen hindurchdrücken. Sind aber die Schnürsenkel in dichten Abständen miteinander verknotet, kann das hierdurch gebildete engmaschige Netz nur noch als Ganzes bewegt werden (Duroplaste). Feste Gegenstände vermögen es nicht mehr zu durchdringen.

Bei Thermoplasten unterscheidet man zwischen solchen mit völlig ungeordneten Strukturen (amorphe Thermoplaste; amorph = gestaltlos) und solchen mit teilweise parallel angeordneten Makromolekülen (teilkristalline Thermoplaste). Die hier auftretenden starken physikalischen Wechselwirkungen tragen zur Versteifung bei. Teilkristalline Thermoplaste schmelzen daher erst nach Überschreiten der Kristallit-Schmelztemperatur, bei der sich die parallelen Stränge voneinander lösen. Amorphe Polymere schmelzen dagegen bereits bei Erreichen ihrer Glasübergangstemperatur.

Da die Makromoleküle von Thermoplasten und Elastomeren verknäuelt vorliegen, lassen sie sich bei Zugbelastung leichter und deutlich weiter dehnen als die kristallin aufgebauten Metalle. Die Polymerketten gleiten relativ leicht voneinander ab, wodurch plastische Verformung auftritt. Dabei wird die Beweglichkeit der Makromoleküle durch die Vernetzungsdichte (Anzahl an vernetzten Monomerbausteinen bezogen auf ihre gesamte Anzahl) und den Kristallisationsgrad (Anteil an kristallinen Bereichen) bestimmt. Die dicht vernetzten Duroplaste verhalten sich hier ähnlich wie keramische Werkstoffe und lassen sich nicht merklich dehnen.

Metalle besitzen eine Gitterstruktur aus dicht gepackten Metallatomen. Ihre Elektronen sind nicht vollständig an die Atomkerne gebunden, sondern vermögen sich im gesamten Gitter zu bewegen. Man spricht hier auch von einem Elektronengas. Es verleiht den Atomkernen eine gewisse Bewegungsfreiheit bei mechanischer Beanspruchung, was die plastische Verformung von Metallen erst ermöglicht. Gleichzeitig ist die enorme Beweglichkeit der Elektronen die Ursache für die hohe elektrische und thermische Leitfähigkeit der Metalle.

Basis der meisten metallischen Konstruktionswerkstoffe ist Eisen (fast ausschließlich legiert, also Stahl oder Gusseisen). Weitere wichtige Metalle sind Aluminium (Fahrzeugtechnik, Hochspannungsfreileitungen), Kupfer (Elektrotechnik) und seine als Konstruktionswerkstoffe verwendeten Legierungen mit Zink (Messing) und Zinn (Bronze), daneben Titan (chemische Industrie, Luft- und Raumfahrt) sowie Silber und Gold (Elektronik, Schmuck).

Keramische Werkstoffe bestehen hauptsächlich aus Silikaten der Elemente Kalium, Natrium, Calcium, Magnesium und Aluminium und einiger anderer Elemente sowie Carbonaten (überwiegend des Calciums). Ihre Kristallgitter sind entweder über kovalente Bindungen oder ionisch aufgebaut. Bei kovalenten Bindungen sind die jeweiligen Elektronen auf die beteiligten Atome fixiert, die Bindungen wirken daher wie Verstrebungen, wodurch die Bewegungsfreiheit des Kristallgitters im Vergleich zu Metallen erheblich reduziert wird. Ionengitter werden durch starke elektromagnetische Kräfte stabilisiert.

Die deutlich geringere Bewegungsfreiheit ist der Grund für die im Vergleich zu Metallen wesentlich höhere Festigkeit der keramischen Kristallgitter. Auf der anderen Seite ist die extrem hohe Gitterfestigkeit auch für das spröde Verhalten von Keramiken verantwortlich.

Einen Sonderfall stellt der Diamant dar; hier ist jedes Kohlenstoffatom mit jeweils vier anderen über kovalente Bindungen verbunden. Die Kohlenstoffatome bilden dabei das Zentrum eines Tetraeders und die Bindungen sind in die vier Ecken des Tetraeders ausgerichtet. Diamant stellt also ein vollkommen vernetztes Gebilde aus reinem Kohlenstoff dar. Er hat die höchste Härte und den höchsten Elastizitätsmodul aller Feststoffe. In jüngerer Zeit haben neue, nichtoxidische Hochleistungskeramiken wie Carbide und Nitride zunehmende Bedeutung erlangt, die ähnliche Strukturen und damit ähnliche Festigkeiten wie Diamant aufweisen. (Oxide sind Umsetzungsprodukte mit Sauerstoff, nichtoxidische Verbindungen enthalten also keinen Sauerstoff).

Gläser sind Gemische von Siliziumdioxid (SiO_2) und Natriumoxid (Na_2O, für Standardgläser) oder Boroxid (B_2O_3, für Gläser mit höherer Temperaturbeständigkeit) Reines SiO_2 wird aufgrund seiner hohen Erweichungstemperatur (etwa 1.500 °C) nur für spezielle Anwendungen eingesetzt (Quarzglas). Gläser sollen im Folgenden gemeinsam mit den Keramiken betrachtet werden.

1.3.2 Dichte

Obwohl Polymere bis zu mehrere Millionen einzelne Atome umfassen, haben sie im Vergleich zu anderen Werkstoffen eine geringe Dichte. Polyethylen und Polypropylen haben mit Werten um 900 bis 950 kg/m³ sogar eine geringere Dichte als Wasser (998 kg/m³ bei Raumtemperatur). Die meisten anderen Kunststoffe haben

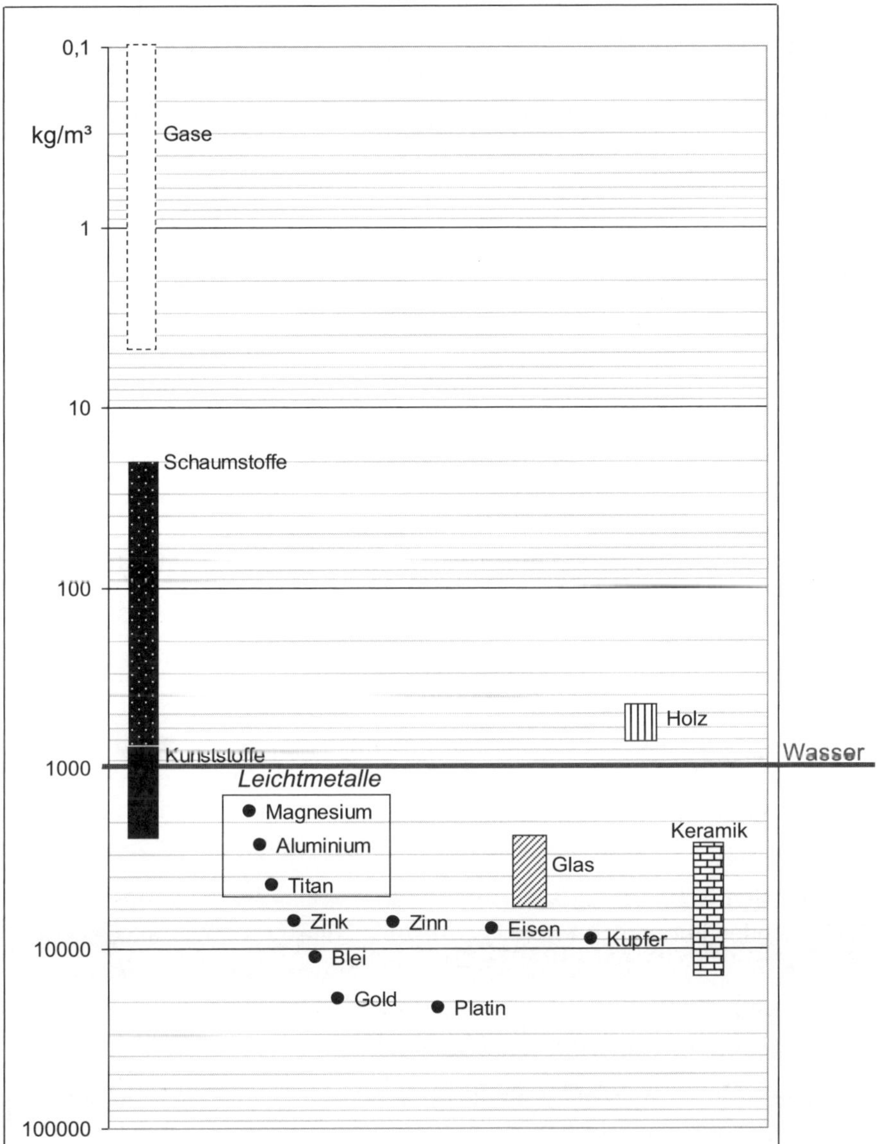

Bild 1.3 Dichte verschiedener Stoffe in kg/m³. Zur besseren Veranschaulichung (leichter/ schwerer als Wasser) wurde die Dichte, abweichend von der üblichen Darstellungsweise, mit steigendem Wert von oben nach unten aufgetragen.

Dichten zwischen 1.040 und 1.200 kg/m³. PBT, PET, PEEK, PES, POM und PI liegen im Bereich zwischen 1.300 und 1.430 kg/m³. Halogenhaltige Kunststoffe wie PVC und PTFE erreichen noch höhere Dichten (1.550 kg/m³ und 2.200 kg/m³). Auf der anderen Seite haben Schaumstoffe Dichten bis zu 20 kg/m³.

Die geringe Dichte der Kunststoffe ermöglicht die Herstellung leichter Artikel, die beispielsweise bei Fahrzeugen zur Reduktion des Energieverbrauchs beitragen.

Nur sehr wenige Metalle erreichen Werte ähnlicher Größenordnung, etwa Magnesium (1.741 kg/m³) und Beryllium (1.860 kg/m³). Gemeinsam mit den Konstruktionswerkstoffen Aluminium (2.698 kg/m³) und Titan (4.505 kg/m³) zählen sie zu den Leichtmetallen. Eisen hat eine Dichte von 7.870 kg/m³, bei Stahl kann sich dieser Wert je nach Art und Anteil an Legierungselementen merklich ändern. Zu den schwersten Metallen zählen Gold (19.300 kg/m³) und Platin (21.500 kg/m³).

Die meisten keramischen Werkstoffe haben aufgrund ihrer Zusammensetzung Dichten zwischen der von SiO_2 (2.660 kg/m³) und Al_2O_3 (3.970 kg/m³). Durch Verwendung poröser Materialien wie dem Vulkangestein Bims oder durch gezieltes Aufblähen (Porenbeton) lassen sich jedoch auch Dichten bis deutlich unter 1.000 kg/m³ erreichen. Diese geringen Dichten entstehen, da das Porenvolumen im Gesamtvolumen mit enthalten ist.

Bei Lochziegeln dienen gezielt eingebrachte Hohlräume zur verbesserten Wärmedämmung, insgesamt kann die Dichte dadurch bis auf etwa 500 kg/m³ verringert werden. Umgekehrt lassen sich etwa durch Zugabe von Schwerspat ($BaSO_4$, 4.480 kg/m³) zur Herstellung von Schwerbeton auch Dichten bis über 4.000 kg/m³ erzielen.

Die Dichte der meisten Gläser bewegt sich um 2.200 bis 2.500 kg/m³, Bleiglas erreicht bis zu 6.000 kg/m³. Bei Steinzeug und Porzellan werden Dichten zwischen 2.100 und 2.600 kg/m³ gemessen.

Das Bild 1.3 zeigt einen Vergleich der Dichten verschiedener Werkstoffe. Die Dichte sinkt mit steigender Temperatur (Ausnahme: Wasser, höchste Dichte bei 4 °C), die angegebenen Werte beziehen sich auf Raumtemperatur.

1.3.3 Mechanische Eigenschaften

1.3.3.1 Allgemeine Betrachtungen

Abhängig von ihrem Aufbau verhalten sich verschiedene Werkstoffe unterschiedlich gegenüber den auf sie einwirkenden Kräften, wie Zug, Druck oder Schlag. Wichtige Kennwerte zur Abschätzung des mechanischen Verhaltens werden dabei aus der im Zugversuch ermittelten Spannungs-Dehnungs-Kurve gewonnen. Hier wirkt eine Zugkraft F auf eine Probe mit definierter Querschnittsfläche A, der Quotient ergibt die Spannung $\sigma = F/A$.

Durch genügend hohe Zugspannung werden Werkstoffe gedehnt. Für steife Werkstoffe mit hohem Elastizitätsmodul, beispielsweise Stahl, ist für die gleiche Längenänderung eine wesentlich höhere Zugspannung σ erforderlich als für nachgiebige Werkstoffe mit vergleichsweise geringem Elastizitätsmodul wie Thermoplaste oder gar Elastomere. So beträgt der Elastizitätsmodul von Stahl etwa das 100-fache dessen von Polyethylen. Bei der Substitution von Metallen durch Thermoplaste muss also deren geringere Steifigkeit ausgeglichen werden. Dies erfolgt beispielsweise durch größere Wanddicken oder über andere konstruktive Maßnahmen, wie etwa Rippen.

Die auftretende Dehnung ε ist als Quotient aus Längenänderung Δl und Ausgangslänge l_0 definiert: $\varepsilon = \Delta l / l_0$.

Bei sehr kleinen Dehnungen verhalten sich fast alle Festkörper energieelastisch. Durch die Deformation werden bei kristallinen Werkstoffen zunächst Atomabstände verschoben und Bindungswinkel verändert. Polymere Werkstoffe reagieren auf eine Zugbelastung mit einer Ausrichtung und Dehnung ihrer Makromoleküle. Die durch eine Zugspannung verursachte Längenänderung ist mit einer Verringerung des Querschnitts verbunden, allerdings ist das Volumen im energieelastischen Bereich nicht konstant, es nimmt bei Zugbelastung sogar zu.

Das Verhältnis von Längenzunahme und Querschnittsabnahme wird als Querkontraktion μ bezeichnet. Für die meisten Metalle kann ein Wert $\mu = 0{,}3$ angenommen werden, Kunststoffe liegen zwischen etwa 0,35 und 0,45. Gummielastische Werkstoffe zeigen kein energieelastisches, sondern entropieelastisches Verhalten. Beim Dehnen bleibt ihr Volumen konstant, für Elastomere beträgt $\mu = 0{,}5$.

Nach Entlastung gehen energieelastische Verformungen wieder vollständig zurück. Die gesamte Deformationsenergie wird hier also vom Atomverbund aufgenommen und nach Entlastung als Wärme wieder freigesetzt. Aufgrund der geringen Reichweite der atomaren Bindungen ist energieelastisches Verhalten aber nur bei kleinen Dehnungen möglich, bei Metallen in der Größenordnung von etwa 0,1 – 0,5 %.

Das mechanische Verhalten von Kunststoffen unterscheidet sich wegen der grundsätzlich verschiedenen molekularen Struktur – Makromoleküle anstelle von Kristallen oder kovalenten beziehungsweise Ionengittern – beträchtlich von dem der meisten anderen Werkstoffe. So verlaufen die Spannungs-Dehnungs-Kurven von Thermoplasten und Elastomeren nicht linear. Im Gegensatz zu Metallen kehren vor allem Thermoplaste bei Entlastung nach energieelastischer Dehnung auch nicht unmittelbar in den Ausgangszustand zurück. Grundsätzlich zeigen Kunststoffe eine ausgeprägte Abhängigkeit ihres Spannungs-Dehnungs-Verhaltens von der Dauer und Geschwindigkeit der Verformung sowie der Temperatur.

Zum besseren Verständnis erscheint es daher sinnvoll, zunächst das Verhalten klassischer Materialien, also der Metalle und der keramischen Werkstoffe, weiter zu betrachten, bevor auf die Besonderheiten bei Kunststoffen eingegangen wird.

1.3.3.2 Metalle

Bei linear-elastischen Werkstoffen, wozu die meisten Metalle zählen, verhalten sich Spannung und Dehnung im energieelastischen Bereich proportional (Hooke'sches Gesetz). Wird die Spannung verdoppelt, verdoppelt sich auch die Dehnung. Die Spannungs-Dehnungs-Kurve verläuft hier also linear. Aus dem Quotient von Spannung σ und der daraus resultierenden Dehnung ε lässt sich der Elastizitätsmodul als $E = \sigma/\varepsilon$ berechnen. Der Elastizitätsmodul ist damit ein Maß für

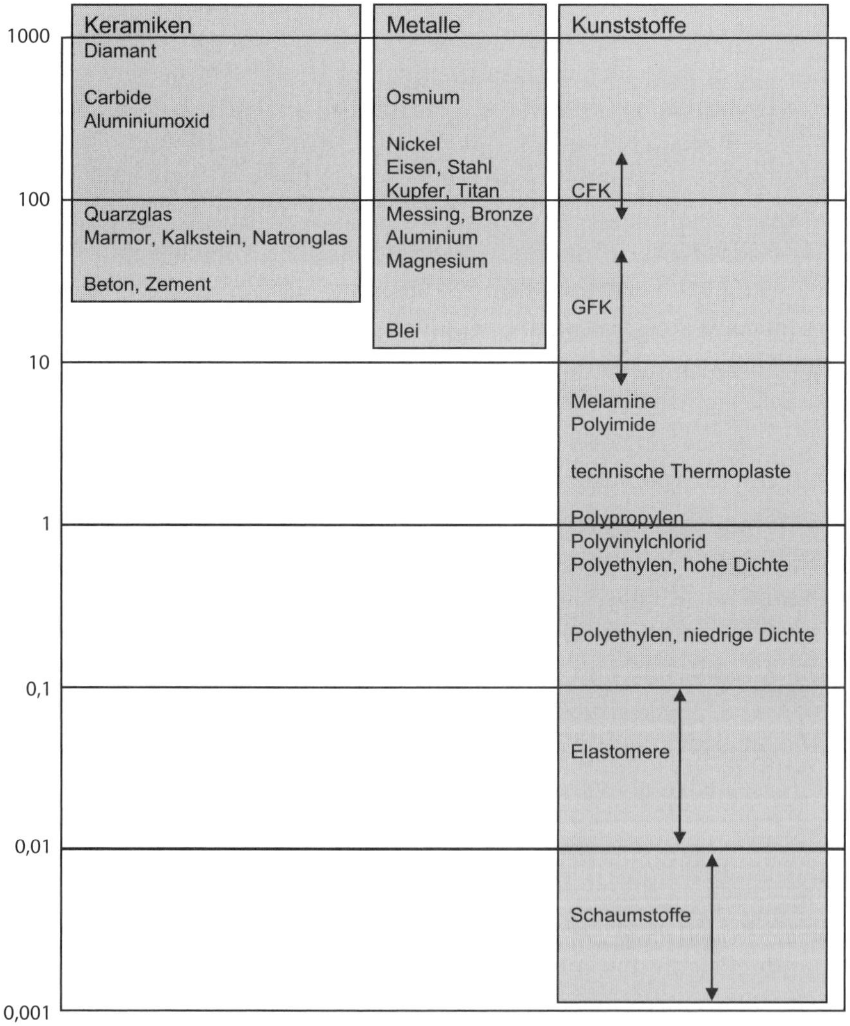

Bild 1.4 Elastizitätsmoduln verschiedener Materialien in GPa, nach [2]

den Widerstand gegenüber einer elastischen Verformung. Er ist die wichtigste Kenngröße für die Steifigkeit und damit für die mechanische Belastbarkeit eines Werkstoffs. Der Elastizitätsmodul bestimmt nicht nur die Dehnung bei gegebener Spannung, sondern auch die Querkontraktion, also die durch Zugbelastung hervorgerufene Einschnürung des Querschnitts einer Probe. Das Bild 1.4 zeigt einen Vergleich der Elastizitätsmoduln verschiedener Materialien.

Wird ein Werkstoff über den energieelastischen Bereich hinaus gedehnt, führen die jetzt einsetzenden Strukturveränderungen zu irreversibler plastischer Verformung. Bei Metallen findet hier eine sprunghafte Verschiebung einzelner Atomlagen statt.

Da durch solche Platzwechselvorgänge das Volumen konstant bleibt, beginnt sich der Werkstoff mit zunehmender bleibender Dehnung einzuschnüren. Der Querschnitt, der die Verformungskraft aufnehmen muss, wird also immer kleiner, bis der Werkstoff schließlich bricht. Die Spannungs-Dehnungs-Kurve verläuft deshalb oberhalb des energieelastischen Bereichs nicht mehr linear. Die zur weiteren Dehnung erforderliche Spannung nimmt oft sogar ab. In der Regel handelt es sich dabei um einen geometrischen Effekt: obwohl für höhere Dehnungen eine steigende Zugkraft erforderlich ist, nimmt die Zugspannung aufgrund von $\sigma = F/A$ bei einer sich verringernden Querschnittsfläche ab. Das Bild 1.5 zeigt den typischen Verlauf der Spannungs-Dehnungs-Kurve von Metallen am Beispiel eines Stahls.

Der Endpunkt des energieelastischen Bereichs ist als Elastizitätsgrenze oder Proportionalitätsgrenze definiert. Wird die Spannung weiter erhöht, verbleibt der die Elastizitätsgrenze übersteigende Betrag nach Entlastung als dauerhafte Dehnung, es tritt also eine plastische Verformung auf. Wenn Werkstoffe außer ihrem Eigen-

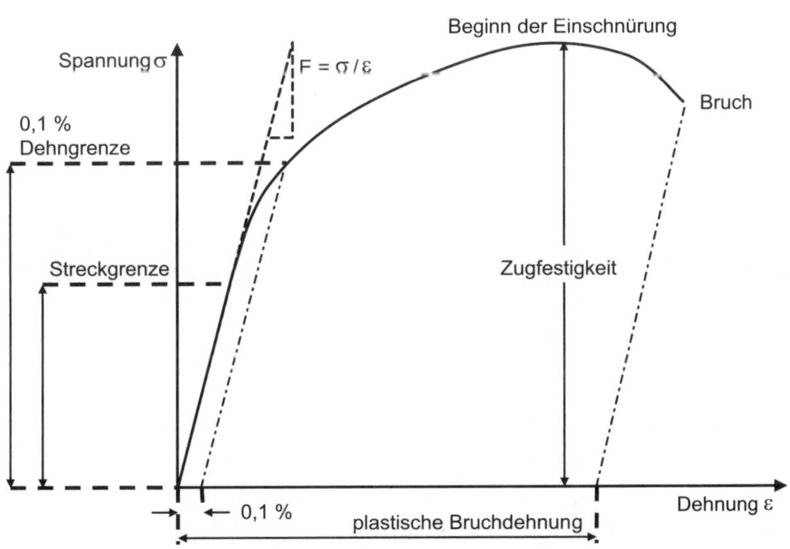

Bild 1.5 Typische Spannungs-Dehnungs-Kurve für Stahl, nach [2]

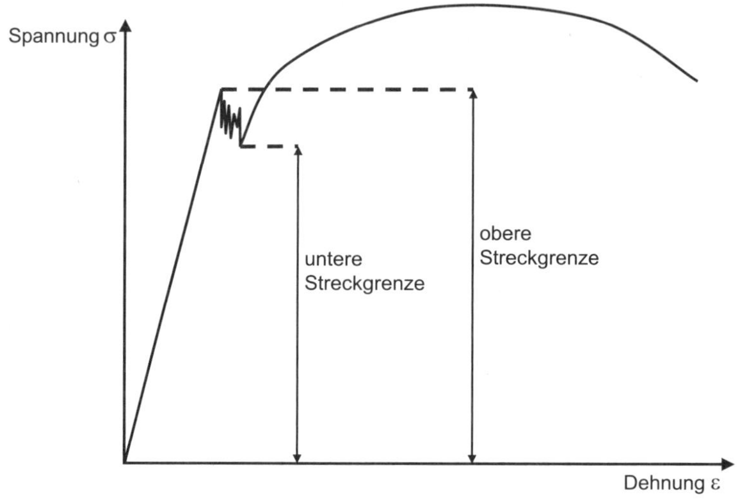

Bild 1.6 Spannungs-Dehnungs-Kurve eines Werkstoffs mit ausgeprägter Streckgrenze, nach [4]

gewicht (das bei größeren Artikeln je nach Werkstoff und Geometrie schon eine Rolle spielen kann) Lasten oder Verformungen aufnehmen sollen, darf ihre Elastizitätsgrenze also nicht überschritten werden, da ansonsten plastische Verformung einsetzt. Allerdings wird die Elastizitätsgrenze wegen ihrer starken Abhängigkeit von der Messgenauigkeit nicht als Werkstoffkennwert angegeben.

Der Übergang von der elastischen zu einer messbaren plastischen Verformung wird als Fließen bezeichnet. Die beim Fließen auftretende Spannung kennzeichnet die Streckgrenze und wird daher als Streckspannung bezeichnet. Das Fließen drückt sich bei weichen Stählen und anderen weichen Metallen wie etwa Kupfer und Aluminium sowie bei Thermoplasten, in einer Unstetigkeit der Spannungs-Dehnungs-Kurve aus. Die zur weiteren Erhöhung der Dehnung erforderliche Spannung bleibt oberhalb der Streckgrenze zunächst konstant oder nimmt sogar ab. Bei merklichem Spannungsabfall wird eine obere und eine untere Streckgrenze definiert (Bild 1.6).

Der Fließbereich ist nicht nur von Werkstoff zu Werkstoff verschieden, er wird auch von Art und Menge potenzieller Beimischungen (Legierungselemente bei Metallen, Füllstoffe und Fasern bei Thermoplasten) beeinflusst. Auch durch Wärmebehandlungen wie etwa dem Vergüten von Stahl, kann die Streckgrenze erhöht werden.

Die Streckdehnung, also diejenige Dehnung, bei der die Streckgrenze erreicht wird, liegt bei vielen Stählen im Bereich von 0,1 bis 0,2 %. Hochlegierte Stähle erreichen bis zu etwa 0,5 % und liegen damit im gleichen Bereich wie weiche Metalle, etwa Kupfer oder Aluminium. Allerdings neigen diese Materialien (wie Thermoplaste) zum Fließen.

Viele Werkstoffe zeigen in der Spannungs-Dehnungs-Kurve jedoch keine ausgeprägte Streckgrenze, sie geben bei Belastung allmählich nach. Hier wird stattdessen die technische Dehngrenze angegeben, dies ist die bei vorgegebenen plastischen Dehnungen (üblicherweise 0,1 oder 0,2 %) auftretende Spannung.

1.3.3.3 Keramische Werkstoffe

Keramische Werkstoffe, insbesondere Carbide, aber auch Aluminiumoxid (Al_2O_3), übertreffen hinsichtlich ihrer Elastizitätsmoduln sogar Stahl bei weitem, was sich in einem steileren Verlauf der Geraden im Spannungs-Dehnungs-Diagramm ausdrückt. Diamant hat den höchsten Elastizitätsmodul und die höchste Streckgrenze aller Werkstoffe, allerdings beträgt auch seine Streckdehnung wie bei anderen Keramiken praktisch Null.

Obwohl mit steigendem Elastizitätsmodul auch die Streckgrenze steigt, zeigen keramische Werkstoffe bereits bei sehr kleinen Dehnungen sprödes Bruchverhalten. Ursache sind Fehlstellen wie mikroskopisch kleine Risse, die in jedem realen Werkstoff - nicht nur in keramischen - vorhanden sind. Werden keramische Werkstoffe einer Zugbelastung ausgesetzt, verhindert die hohe Gitterstabilität ein Gleiten von Atomlagen wie bei Metallen oder ein Strecken wie bei den Makromolekülen polymerer Werkstoffe. Dadurch kann die Zugspannung lokal, also an der Rissspitze, weit höhere Werte annehmen als es der Zugfestigkeit des Werkstoffs entspricht. Dies führt durch sogenannte instabile Rissausbreitung zu einer Trennung zwischen Atomebenen, die sich rasch fortsetzt. Sprödbrüche zeigen deshalb typischerweise glatte Bruchflächen.

Die hierzu erforderliche Energie ist wesentlich geringer als die zur plastischen Verformung zäher Werkstoffe und führt, vor allem bei Beanspruchung durch Stoß oder Schlag, nahezu unmittelbar zum Sprödbruch. Keramische Werkstoffe besitzen also einen deutlich geringeren Widerstand gegenüber dem Fortschreiten von Rissen (die sogenannte Risszähigkeit) als metallische und polymere Werkstoffe. Dagegen ist die Druckfestigkeit von keramischen Werkstoffen etwa 15-mal größer als ihre Zugfestigkeit. Bei Metallen sind Zugfestigkeit und Druckfestigkeit etwa gleich groß.

Ursache für dieses Verhalten ist die unterschiedliche Rissausbreitung. Werden keramische Werkstoffe auf Zug belastet, geht der Bruch von der größten Fehlstelle aus; es führt also ein einzelner sich schnell vergrößernder Riss zum Bruch. Dagegen breiten sich bei Druckbelastung mehrere Risse nur langsam aus, die einwirkende Kraft wird also auf mehrere Stellen verteilt. Der Bruch erfolgt schließlich bei einer wesentlich höheren Belastung gegenüber Zugbelastung. Das Bild 1.7 zeigt den typischen Verlauf von Spannungs-Dehnungs-Kurven für verschiedene Werkstoffe.

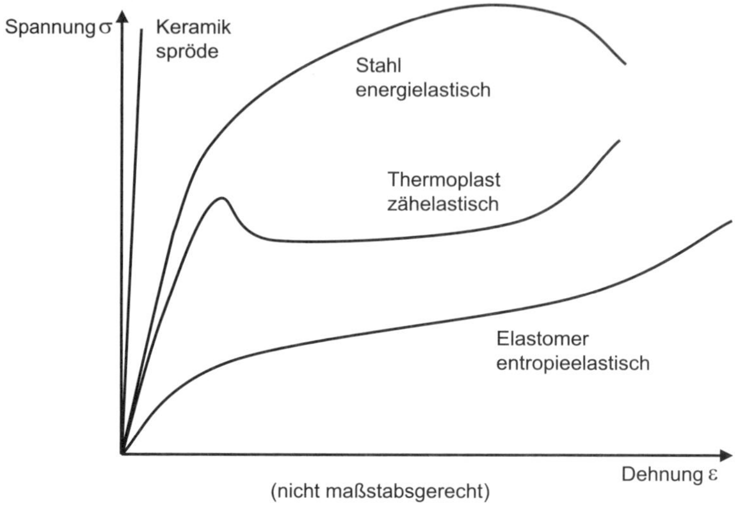

Bild 1.7 Spannungs-Dehnungs-Kurven für verschiedene Werkstoffe

1.3.3.4 Spezifisches Verhalten von Thermoplasten

Das mechanische Verhalten von Thermoplasten ist im Gegensatz zu den meisten anderen Werkstoffen nicht nur von der Höhe, sondern auch von der Dauer und der Geschwindigkeit der Belastung abhängig. Darüber hinaus zeigen Thermoplaste aufgrund der vergleichsweise geringen Distanz zwischen Gebrauchs- und Glastemperatur eine ausgeprägte Abhängigkeit des mechanischen Verhaltens von der Temperatur. Hier muss auch die Erwärmung durch das Strecken berücksichtigt werden.

Die Schmelztemperatur von Metallen liegt in der Regel weit über ihrem Gebrauchstemperaturbereich, daher kann das mechanische Verhalten von Metallen im Gebrauchstemperaturbereich in erster Näherung als unabhängig von der Temperatur angenommen werden.

Aus strukturellen Gründen (Dehnung von Makromolekülen anstelle der Verschiebung von Atomen) sind Spannung und Dehnung bei Thermoplasten grundsätzlich nicht proportional, die Spannungs-Dehnungs-Kurve verläuft also nicht linear. Eine Verdoppelung der Spannung führt zu einer mehr als doppelt so hohen Deformation. Umgekehrt tritt bei einer Verdoppelung der Deformation weniger als die doppelte Spannung auf. Streng genommen haben Thermoplaste damit keinen Elastizitätsmodul, da dieser lineares Verhalten voraussetzt. Ersatzweise wird daher die Steigung im Bereich zwischen 0,05 und 0,25 % Dehnung berechnet und als Elastizitätsmodul definiert.

Die Eigenschaft von Makromolekülen, sich unter Zug zu dehnen, führt bei Thermoplasten zu einem im Vergleich zu Metallen ausgeprägten Fließen. Thermoplaste zeigen also einen gleitenden Übergang zwischen energieelastischer und plastischer Verformung, die bereits vor der Streckgrenze auftritt. Diese ist dadurch charakterisiert, dass trotz zunehmender Dehnung zunächst keine weitere Spannungszunahme auftritt. Spröde Thermoplaste, die sich nicht weiter verstrecken lassen, brechen hier, und zeigen damit einen ähnlichen Verlauf wie keramische Werkstoffe oder Duroplaste.

Messgrößen beim Zugversuch sind Zugkraft und Längenänderung. Die Querschnittsfläche kann aufgrund der Einschnürung nur geschätzt werden; daher lässt sich die Zugspannung nie ganz genau bestimmen. Aufgrund des geometrischen Effekts durch die merkliche Einschnürung von Thermoplasten im Zugversuch wird die wahre Spannungs-Dehnungs-Kurve also immer etwas oberhalb der gemessenen Kurve verlaufen.

Verhalten bei geringen Verformungsgeschwindigkeiten

Wirkt eine konstante Kraft über eine bestimmte Zeit auf einen Thermoplast ein, wird sich dieser allmählich verformen (Bild 1.8). Dieser Vorgang wird Kriechen oder Retardieren genannt (manchmal auch kaltes Fließen) und beruht auf der Streckung der Makromoleküle. Da diese nicht miteinander verbunden (vernetzt) sind, beginnen sie schließlich, voneinander abzugleiten.

Auf der anderen Seite nimmt durch solche Fließvorgänge bei konstant gehaltener Verformung die auftretende Spannung mit der Zeit ab (Erholen oder Relaxieren). Weiterhin verstreicht im Gegensatz zu Metallen eine bestimmte Zeit, bis gedehnte Makromoleküle, insbesondere von Thermoplasten, nach Entlastung wieder in ihren Ausgangszustand zurückkehren. Thermoplaste zeigen also gleichzeitig zähes

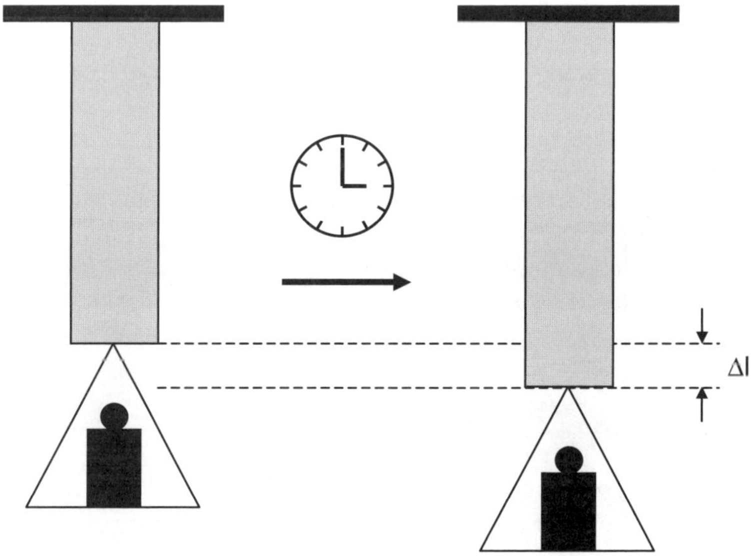

Bild 1.8 Kriechen von Thermoplasten

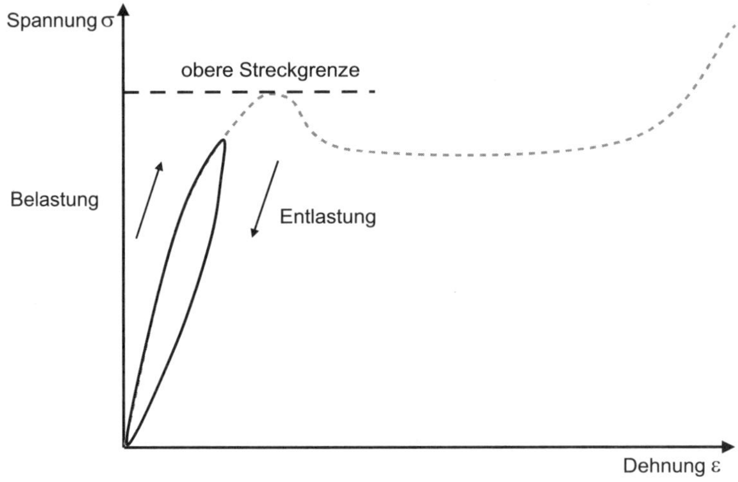

Bild 1.9 Viskoelastisches Verhalten von Thermoplasten

(viskoses) und elastisches Verhalten. Diese als viskoelastisch bezeichnete Eigenschaft von Thermoplasten ist am unterschiedlichen Verlauf der Spannungs-Dehnungs-Kurve bei Belastung und Entlastung erkennbar (Hysterese, Bild 1.9).

Da die plastische Verformung von Thermoplasten bereits vor der Streckgrenze auftritt, muss die maximal zulässige Dehnung - also bevor bleibende plastische Verformung eintritt - experimentell bestimmt werden. Hierfür ist der Hysteresezugversuch (Bild 1.10) besonders gut geeignet. Mit jedem Zyklus wird die Belastung immer weiter erhöht, bis auch nach Verstreichen einer bestimmten Zeit nach Entlastung keine vollständige Rückverformung mehr beobachtet wird.

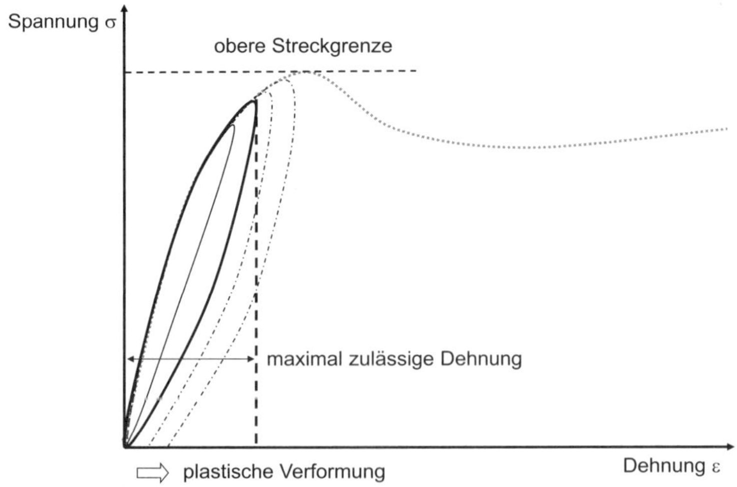

Bild 1.10 Hysteresezugversuch, nach [6]

Die Streckgrenze von Kunststoffen liegt aufgrund der wesentlich geringeren erforderlichen Kräfte deutlich unter der von Metallen, allerdings erlauben Thermoplaste (und insbesondere Elastomere) wesentlich höhere Streckdehnungen. Sie reichen von etwa 1,5 % (PS) bis etwa 7 % (PC, PET, PBT). Bei PE-LD, PP und POM sind je nach Typ Werte bis etwa 20 % möglich.

Wie bereits erwähnt, ist die maximal zulässige Dehnung jedoch deutlich geringer. Im Zusammenhang mit der Auslegung von Schnappverbindungen werden in der Literatur [25] für die maximale kurzzeitige Dehnung folgende grobe Schätzwerte für einmalige Belastung angegeben: etwa 70 % der Streckdehnung bei amorphen Thermoplasten, nahezu die Streckdehnung bei teilkristallinen Thermoplasten und etwa die Hälfte der Bruchdehnung bei glasfaserverstärkten Thermoplasten. Dabei ist diese aufgrund der steifen Glasfasern gegenüber der von unverstärkten Thermoplasten schon deutlich reduziert. Bei mehrfacher kurzzeitiger Belastung müssen diese Werte nochmals um etwa 40 % reduziert werden.

Obwohl Kunststoffe im Vergleich zu Metallen niedrigere Streckgrenzen besitzen, lassen sich durch Verstärkung mit Glasfasern Zugfestigkeiten in der Größenordnung von Aluminium erzielen, kohlefaserverstärkte Kunststoffe liegen noch darüber. Auch durch die Einschnürung bei plastischer Verformung lassen sich einige Thermoplaste, wie etwa PP, PE und PA, verfestigen, da durch die parallele Anordnung der Makromoleküle Bereiche hoher Kristallinität (bis zu etwa 85 %) entstehen.

Verhalten bei hohen Verformungsgeschwindigkeiten

Werden Thermoplaste rasch verformt, ist es den Makromolekülen kaum noch möglich, die entstehenden Spannungen durch Fließen abzubauen. Hier überwiegt elastisches Verhalten, sodass die maximal zulässige Dehnung fast bis zur Streckgrenze reicht. Mit immer höherer Verformungsgeschwindigkeit steigen auch Streckspannung und Elastizitätsmodul, allerdings nimmt die Bruchdehnung immer weiter ab. Je nach Polymer, Temperatur und einwirkender Kraft werden hohe Verformungsgeschwindigkeiten, wie sie etwa im Schlagbiegeversuch oder beim Durchstoßversuch auftreten, entweder mit plastischer Verformung bis hin zum Teilbruch (Verformungsbruch, duktiles Verhalten) aufgefangen oder führen zum Sprödbruch.

Einfluss der Temperatur

Mit steigender Temperatur nimmt der plastische Charakter zu, da die Makromoleküle eine immer höhere Bewegungsfreiheit erhalten. Die Streckspannung verringert sich, die Streckdehnung steigt, daher verringert sich der Elastizitätsmodul mit steigender Temperatur. Auf der anderen Seite werden Thermoplaste bei sinkenden Temperaturen immer empfindlicher gegenüber Schlag- und Kerbschlagbiegebeanspruchung, da bereits unterhalb etwa $^{3}/_{4}$ der Glastemperatur die Versprödung deutlich zunimmt. Dies ist besonders bei Geometrien mit sprunghaften Änderungen von Querschnitten oder Kerben, die etwa von nicht einwandfreien Stanzwerkzeugen oder Bohrungen stammen, aber auch bei Rissen zu beachten, da sich hier immer lokale Spannungsspitzen ausbilden. Daher brechen sowohl bei hohen Verformungsgeschwindigkeiten als auch bei tiefen Temperaturen viele Thermoplaste spröde und glasartig, auch wenn sie sich bei langsamer Verformung oder moderaten Temperaturen duktil verhalten.

1.3.3.5 Spezifisches Verhalten von Elastomeren

Elastomere besitzen im unbelasteten Zustand weitmaschig vernetzte, verknäuelte Makromoleküle. Sie lassen sich durch Zugbelastung strecken, ihre Beweglichkeit wird schließlich aber durch die Vernetzungsstellen zwischen den Makromolekülketten eingeschränkt. Aufgrund der Vernetzung entwickeln gedehnte Elastomere extrem hohe Rückstellkräfte, sie streben also danach, sich wieder in den ungedehnten, verknäuelten Zustand zurückzuversetzen. Diese sogenannte Entropieelastizität (Entropie = Maß für Unordnung) ist die Ursache für das gummielastische Verhalten. Elastomere erreichen je nach zugrunde liegendem Kautschuk, Mischungsaufbau und Vernetzungssystem fast vollständig reversible Dehnungen von bis zu 400 oder 500 %, in Ausnahmefällen auch mehr. Üblicherweise beträgt die bleibende Dehnung technischer Elastomere nach Streckung um 100 % weniger als 2 %, sodass praktisch von einer vollständig reversiblen Dehnung ausgegangen werden kann. Zwar lassen sich auch einige Thermoplaste (besonders PE und PP) bis zum Bruch um mehrere hundert Prozent dehnen, diese Längenänderung ist aber irreversibel.

Elastomere zeigen wie Thermoplaste ein nicht-lineares Verhalten der Spannungs-Dehnungs-Kurve, allerdings hängt ihr Verlauf sehr stark vom Füllstoffsystem ab. Ungefüllte Elastomere zeigen eine charakteristische S-Form. Sie verläuft bei den typischerweise mit Ruß gefüllten Elastomeren in der Regel steiler als bei solchen mit mineralischen Füllstoffen, in besonderen Fällen kann sie sich sogar an eine Gerade annähern. Auch wenn Elastomere bis zum Bruch nahezu reversibel dehnbar sind, ist es aufgrund des uneinheitlichen Kurvenverlaufs nicht möglich, einen Elastizitätsmodul zu bestimmen. Ersatzweise werden als Haltepunkte die Spannungswerte bei verschiedenen Dehnungen (z. B. bei 100, 200 oder 300 %) angegeben. Leider werden diese Spannungswerte immer wieder fälschlicherweise als Moduln bezeichnet. Die maximale Spannung tritt beim Bruch auf und ist als Zugfestigkeit definiert.

Elastomere sind zwar aufgrund ihrer Gummielastizität grundsätzlich für die Aufnahme von Schlagbelastungen prädestiniert, bei tiefen Temperaturen in der Nähe oder unterhalb der Glasübergangstemperatur brechen aber auch Elastomere bei genügend hoher mechanischer Beanspruchung aufgrund der zunehmenden Versprödung. Dies ist insofern von Bedeutung, da einige Elastomere Glasübergangstemperaturen in der Nähe des Gefrierpunkts von Wasser aufweisen. Hier werden, soweit möglich, spezielle Polymermodifikationen oder Weichmacher verwendet, um die Glasübergangstemperatur abzusenken.

1.3.3.6 Spezifisches Verhalten von Duroplasten

Duroplaste haben wie keramische Werkstoffe oft recht hohe Elastizitätsmoduln, brechen aber aufgrund ihrer sehr kurzen Bruchdehnung, insbesondere bei stoßartiger Beanspruchung, spröde vor Erreichen der Streckgrenze. Die engmaschigen kovalenten Vernetzungen von Duroplasten bilden eine Art Pseudogitterstruktur, die den Makromolekülen so gut wie keine Bewegungsfreiheit mehr erlaubt. Wie bei keramischen Werkstoffen liegt die Ursache für das spröde Bruchverhalten von Duroplasten in ihrer geringen Risszähigkeit.

1.3.3.7 Betrachtung weiterer mechanischer Kennwerte

Im Gegensatz zum Elastizitätsmodul sind Zugfestigkeit und Bruchdehnung für die meisten Werkstoffe zunächst von sekundärer Bedeutung, da sie erst nach Überschreiten der Streckgrenze erreicht werden und der Werkstoff hier bereits irreversibel verformt ist. Üblicherweise soll die Belastung von Werkstoffen möglichst deutlich unterhalb der Streckgrenze bleiben. Zugfestigkeit und Bruchdehnung dienen daher bei Kunststoffen oft nur zur Charakterisierung oder zum Vergleich verschiedener Materialien. Allerdings ist die gesamte Fläche unterhalb der Spannungs-Dehnungs-Kurve ein Maß für die bis zum Bruch aufgenommene Energie. Dies ist von großer Bedeutung für Energie absorbierende Teile, etwa bei Sicherheitselementen in Fahrzeugen.

Die Bruchdehnung von Thermoplasten ist auch ein wichtiges Kriterium für den Einsatz als Schnappverbindung. Diese Befestigungselemente dienen zur Fixierung von Kunststoffteilen und stehen im eingerasteten Zustand üblicherweise nicht unter Dehnung. Lediglich beim Ein- und Aushaken werden sie auf Dehnung beansprucht. Nur in Ausnahmefällen sind Schnappverbindungen auch im eingehakten Zustand gedehnt, da der Thermoplast mit zunehmender Einsatzdauer zu fließen beginnt und sich die Verbindung dadurch auf Dauer lockert.

Thermoplaste sind für Schnappverbindungen ideal geeignet, da sich diese an Formteilen relativ leicht durch entsprechende Werkzeuggeometrie beim Spritzgießen anbringen lassen. Außerdem zeigen Thermoplaste im Vergleich zu Metallen deutlich höhere Streckdehnungen, sodass kurzzeitig auch größere Dehnungen ohne bleibende Verformung möglich sind. Enthalten Thermoplaste aber beispielsweise Glasfasern zur Erhöhung von Steifigkeit und Zugfestigkeit, beträgt ihre Bruchdehnung nur noch etwa 5 % oder weniger. Die maximal zulässige Dehnung ist dann für die Anwendung als Schnappverbindung in der Regel zu gering.

Zugfestigkeit und Bruchdehnung sind allerdings wichtige Kenngrößen für Elastomere, da diese bis zum Bruch nahezu reversibel dehnbar sind. Sie lassen sich über Art und Menge von Füllstoffen und Weichmacher in weiten Grenzen einstellen, wodurch sich selbst bei gleichem Basiskautschuk Elastomere mit deutlich voneinander abweichenden mechanischen Eigenschaften erhalten lassen. Die Bruchdehnung von Elastomeren liegt typischerweise bei mehreren hundert Prozent. Spröde Werkstoffe, z.B. solche auf keramischer Basis, aber auch Duroplaste, brechen vor Erreichen der Streckgrenze und weisen daher keine nennenswerte Bruchdehnung auf.

Die bei Metallen und Elastomeren wichtige Kenngröße der Härte stellt den Widerstand gegen das Eindringen eines Gegenstands in die Oberfläche der Probe dar. Aufgrund der unterschiedlichen Beschaffenheit der verschiedenen Werkstoffarten sind die Messwerte der jeweils spezifischen Prüfverfahren nicht ineinander umrechenbar; bei Thermoplasten und Duroplasten wird die Härte üblicherweise auch nicht gemessen. Generell kann jedoch gesagt werden, dass die Härte, also der Widerstand gegen Deformation, in der Reihenfolge Elastomere, Thermoplaste, Duroplaste, Metalle, keramische Werkstoffe steigt, wobei sich die Grenzbereiche überlappen.

Abrieb oder Verschleiß sind Folgen der Reibung beim Bewegen zweier in Kontakt stehender Körper. Die Reibung (genauer: der Haft- und der Gleitreibungskoeffizient) hängt von Oberflächenbeschaffenheit, Anpressdruck, Geschwindigkeit der Bewegung und Temperatur ab; sie kann durch geeignete Schmiermittel reduziert werden. Reale Werkstoffe besitzen immer eine gewisse Oberflächenrauhigkeit, und die Berührung zweier Körper findet immer an den jeweiligen Erhebungen statt. Dadurch ist die eigentliche Berührungsfläche A sehr klein. Bei gegebener Kraft F, die die Oberflächen zusammendrückt (im einfachsten Fall die Gewichtskraft) entstehen über $\sigma = F/A$ also sehr hohe Spannungen. Dies kann zu plastischer Verformung der Erhebungen und schließlich zum Herausreißen von Partikeln führen (Bild 1.11). Übrigens beruhen Verfahren zur Glättung von Oberflächen (Schleifen, Polieren) genau auf diesem Prinzip.

Technische Funktionsteile wie etwa Zahnräder sollen also für eine lange Lebensdauer einen möglichst hohen Widerstand gegen Abrieb oder Verschleiß aufweisen. Die Abriebprüfung erfolgt anwendungsspezifisch. Es sind innerhalb der verschiedenen Werkstoffklassen unterschiedliche, nicht direkt miteinander vergleichbare

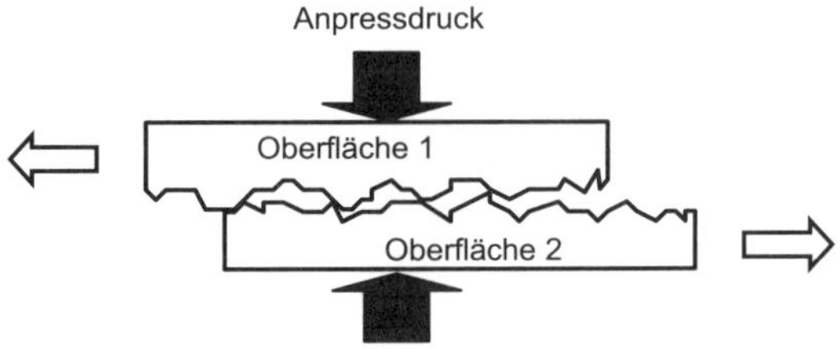

Bild 1.11 Abrieb aufgrund der Oberflächenrauhigkeit von Werkstoffen

Prüfverfahren in Verwendung. Der Abriebwiderstand hängt jedoch von der Härte des Werkstoffs ab, er steigt also in der Reihenfolge Elastomere, Thermoplaste, Duroplaste, Metalle und keramische Werkstoffe an.

1.3.3.8 Verhalten unter dynamischer Belastung

Bisher wurden nur mechanische Eigenschaften unter statischer, also gleich bleibender oder gleich gerichteter Belastung betrachtet. Bei zyklisch wechselnder Beanspruchung, also dynamischer Belastung, liegen andere Verhältnisse vor. Hier werden die Werkstoffe in relativ kurzer Zeit mehrfach deformiert und entlastet. Dynamische Belastungen sind die häufigste Ursache für das Versagen von Formteilen, vor allem bei Bauteilen mit Kerben, Bindenähten oder Anisotropien (Orientierung von Makromolekülen oder Fasern in bestimmte Richtungen, vorzugsweise in Fließrichtung), aber auch bei gleichzeitigem Kontakt mit Chemikalien, vor allem solchen, die Spannungsrisse auslösen. Neben der Zusammensetzung des Werkstoffs sind Amplitude (Unterschied zwischen Maximal- und Minimalauslenkung) und Frequenz (Lastwechsel pro Zeiteinheit, auch als Schwingspielzahl bezeichnet) der Belastung sowie eine mögliche Vorspannung entscheidende Parameter. In Bild 1.12 sind Einflussgrößen auf das Ermüdungsverhalten von Kunststoffen zusammengefasst.

Die bei statischer Belastung oder unter stetiger Last- oder Verformungssteigerung (wie im Zugversuch) ermittelten Festigkeitswerte dürfen bei dynamischer Belastung nicht zugrunde gelegt werden. Wiederholte Beanspruchungen oder Vibrationen führen schon bei Spannungen oder Verformungen, die deutlich unterhalb der Streckgrenze liegen, zum Versagen von Bauteilen. Ursache sind die in allen realen

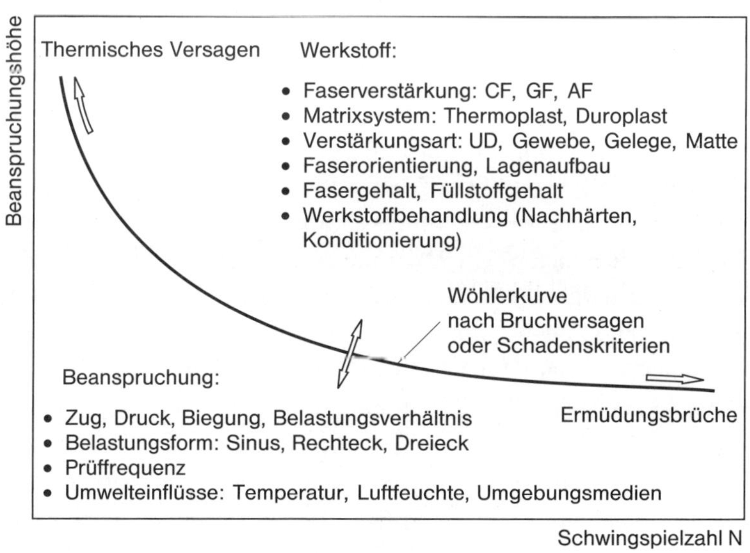

Bild 1.12 Einflussgrößen auf das Ermüdungsverhalten [14]

Bauteilen vorhandenen Fehlstellen oder mikroskopische Risse, die sich bei dynamischer Belastung ausweiten und schließlich zum Bruch führen.

Kunststoffe weisen, wie schon erwähnt, einen im Gegensatz zu Metallen und keramischen Werkstoffen wesentlich niedrigeren Elastizitätsmodul auf. Sie dürfen daher nur mit erheblich geringeren Kräften beansprucht werden, erlauben aufgrund der größeren Streckdehnungen aber höhere Auslenkungen (besonders Elastomere). Allerdings wird durch die relativ hohe mechanische Dämpfung der Kunststoffe die zugeführte Deformationsenergie absorbiert, was zu einer Temperaturerhöhung führt. Aufgrund der geringen Wärmeleitfähigkeit von Kunststoffen findet ein nur langsamer Temperaturausgleich mit der Umgebung statt. Insbesondere bei hohen Deformationsgeschwindigkeiten und wiederholter Belastung wird die entstehende Wärmemenge also im Werkstoff akkumuliert. Da Streckspannung und Elastizitätsmodul bei höheren Temperaturen reduziert werden, ist bei steigender Belastung und Frequenz mit immer früherem Versagen zu rechnen.

Keramische Werkstoffe haben höhere Elastizitätsmoduln als Metalle, ihre niedrige Risszähigkeit bedingt jedoch nur sehr kleine Bruchdehnungen und damit nur sehr geringe Auslenkungen. Trotzdem werden keramische Werkstoffe auch in Anwendungen mit dynamischer Belastung eingesetzt, z. B. für piezoelektrische Elemente.

Dynamische Belastungen sind die klassische Domäne der Elastomere. Aufgrund ihrer besonderen Struktur sind sie wie kein anderer Werkstoff zur Aufnahme mechanischer Wechselbeanspruchung, insbesondere mit größeren Auslenkungen, geeignet. (Dies gilt natürlich nur für massive Werkstücke. Sonderformen wie etwa metallische Spiralfedern erlauben ebenfalls große Auslenkungen und sind Elastomeren hinsichtlich der dynamischen Beständigkeit aufgrund des deutlich höheren Elastizitätsmoduls überlegen. Bei sehr großen Auslenkungen, etwa in Gasdruckdämpfern, macht man sich die Kompressibilität von Gasen zu Nutze).

Die Bruchdehnungen der Thermoplaste PE und PP betragen mehrere hundert Prozent und erreichen damit das Niveau von Elastomeren. Trotzdem liegen Wechselbelastungen weitab von den mit Elastomeren erzielbaren Möglichkeiten. So werden zwar Filmscharniere häufig auf Basis PP realisiert, die Belastung erfolgt jedoch mit relativ langsamer Geschwindigkeit und nicht kontinuierlich. Bei schneller Verformung ist es aber auch den Makromolekülen von hoch dehnbaren Thermoplasten nicht mehr möglich, die hierdurch aufgebrachten Spannungen durch Fließen abzubauen, sodass auch schon bei kurzzeitiger dynamischer Belastung Versagen durch Fließen und schließlich Bruch auftreten kann.

Auch Elastomere erwärmen sich durch dynamische Beanspruchung. Sie sind aber aufgrund ihrer besonderen Struktur wesentlich besser als Thermoplaste zur Aufnahme zyklischer Belastungen geeignet. Hinzu kommt, dass sie als vernetzte Materialien nicht erweichen. Eine wesentliche Rolle spielen wiederum die Wahl des Kautschuks und der Mischungsaufbau. So zeigen Elastomere auf Basis von Naturkautschuk die geringste Erwärmung durch dynamische Belastung (heat-build-up), sind aber nicht sehr temperaturbeständig. Bei Anwendungen mit besonders hoher dynamischer Belastung kann daher die Wärmeleitfähigkeit zunächst durch Zusatz hoher Mengen Zinkoxid erhöht werden, um die auftretende Wärme rasch abzuführen. Das Vernetzungssystem muss natürlich ebenfalls für dynamische Beanspruchung optimiert sein. Erst wenn diese Maßnahmen nicht mehr greifen, wird man zu Elastomeren mit höherer Hitzebeständigkeit wechseln, muss aber dann in Kauf nehmen, dass sie sich bei gleicher Belastung auch rascher erwärmen. Allerdings erfordern Elastomere mit besonders guter Hitzebeständigkeit die Vernetzung mit Peroxiden, was sich im Gegensatz zur Vernetzung mit Schwefel ungünstig auf die dynamischen Eigenschaften auswirkt.

1.3.4 Gebrauchstemperatur

Nur wenige Kunststoffe lassen sich dauerhaft über 200 °C einsetzen, bis auf Ausnahmen handelt es sich dabei um Duroplaste wie Polyimide oder Epoxidharze (vgl. Tabelle 8.3). Der Thermoplast mit der niedrigsten Dauergebrauchstemperatur ist Weich-PVC (55 °C).

Die Dauergebrauchstemperatur von Thermoplasten lässt sich durch Zusatz von Glas- oder Mineralfasern in gewissen Grenzen erhöhen. Sie hängt neben der Struktur des Polymeren von verschiedenen Faktoren wie Höhe und Dauer der mechanischen Belastung ab. Bei Überschreiten der maximalen Gebrauchstemperatur tritt zunächst eine lastabhängige Verformung auf. Bei Erreichen der Glasübergangstemperatur (amorphe Thermoplaste) oder der Kristallit-Schmelztemperatur (teilkristalline Thermoplaste, oberhalb der Glasübergangstemperatur) beginnt der Thermoplast zu erweichen und bei weiterer Temperaturerhöhung schließlich zu schmelzen. Die zur Verarbeitung erforderliche niedrige Schmelzeviskosität wird jedoch erst bei Temperaturen weit über der Glasübergangstemperatur erreicht. Wird ein Thermoplast zu lange auf dieser sogenannten Massetemperatur gehalten oder wird diese deutlich überschritten, setzt in der Regel thermische Alterung bis hin zur Zersetzung ein.

Im Gegensatz zu Thermoplasten liegt die Glasübergangstemperatur von Thermoplasten und thermoplastischen Elastomeren deutlich unterhalb ihrer Gebrauchstemperatur. Diese liegt meist im Bereich zwischen 100 und 150 °C, spezielle Elastomere auf Basis Fluorkautschuk ermöglichen jedoch auch Gebrauchstemperaturen bis über 200 °C. Elastomere auf Basis Naturkautschuk erreichen dagegen nur etwa 70 – 80 °C Gebrauchstemperatur.

Unverstärkte Duroplaste erreichen Dauergebrauchstemperaturen von 150 – 200 °C, glasfaserverstärkte Materialien erreichen bis zu 300 °C, Spezialprodukte sogar noch mehr.

Aufgrund des hohen Schmelzpunkts von Eisen (1536 °C) liegt die Vermutung nahe, dass Stähle Kunststoffen prinzipiell hinsichtlich ihrer Betriebstemperaturen überlegen sind. Bei Metallen findet darüber hinaus keine thermische Zersetzung bei Temperaturen oberhalb des Schmelzpunktes statt. Allerdings treten auch bei den kristallin aufgebauten Metallen mit höheren Temperaturen Änderungen auf. Metalle bestehen aus einem Verband von Einzelkristallen (auch: Kristalliten), dem sogenannten Gefüge. Bei Legierungen besteht das Gefüge aus Mischkristallen der Legierungselemente. Daher ist es möglich, durch geeignete Art und Menge der Legierungselemente die mechanischen und thermischen Eigenschaften insbesondere von Stahl in einem weiten Bereich zu ändern. Durch Temperatureinwirkung kann die Anordnung der Kristallite innerhalb des Gefüges geändert werden. Bei Legierungen ist diese Temperaturabhängigkeit besonders ausgeprägt, da sich die Zusammensetzung der Mischkristalle aus den Legierungselementen mit steigender Temperatur ändern kann. Art und Menge der verwendeten Legierungselemente bestimmen daher die maximale Beanspruchungstemperatur von Stahl. Sie kann im Bereich von etwa 200 bis über 700 °C liegen. Gusseisen schmilzt zwischen 1150 und 1250 °C; es kann je nach Zusammensetzung bis etwa 850 °C eingesetzt werden. Aluminium, das mit 660 °C einen wesentlich niedrigeren Schmelzpunkt als Stahl hat, wird sowohl rein als auch in Form von Legierungen fast ausschließlich bei normalen Umgebungstemperaturen verwendet. Grund dafür ist die im Vergleich zu Stahl ohnehin geringere Festigkeit, die grundsätzlich bei allen Werkstoffen mit steigender Temperatur abnimmt. Für den Einsatz bei hohen Temperaturen, etwa für Kochtöpfe, werden spezielle Legierungen verwendet.

Glas kann je nach Zusammensetzung bis etwa 900 °C verwendet werden. Spezielle keramische Werkstoffe erreichen eine noch höhere Temperaturbeständigkeit (bis mehrere Tausend Grad Celsius) und werden daher beispielsweise als Hitzeschutzschild für Raumfahrzeuge eingesetzt. Dabei ist zu beachten, dass keramische Werkstoffe empfindlich gegenüber raschen Temperaturwechseln reagieren und spröde brechen. Der Vorteil vieler Metalle und keramischer Werkstoffe ist jedoch, dass ihre Schmelztemperaturen wesentlich über denen von Kunststoffen liegen. Damit zeigen die mechanischen Eigenschaften der Metalle und keramischer Werkstoffe, wenn sie im gleichen Temperaturbereich wie Kunststoffe eingesetzt werden, eine wesentlich geringere Abhängigkeit von der Temperatur. Das Bild 1.13 zeigt die Schmelztemperaturen verschiedener Werkstoffe.

1.3.5 Wärmeausdehnung und Wärmeleitfähigkeit

Unterliegen Werkstoffe Temperaturänderungen, so ist damit auch eine Änderung der Dimensionen verbunden. Die unterschiedliche Ausdehnung in Folge einer Erwärmung wird durch den Wärmeausdehnungskoeffizienten angegeben, der für je-

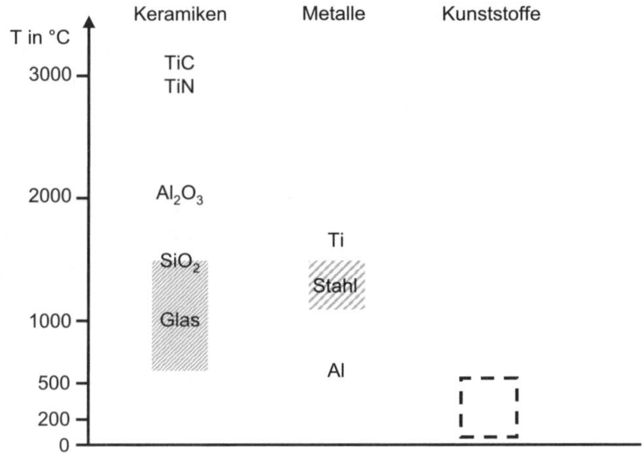

Bild 1.13 Schmelztemperaturen verschiedener Werkstoffe

des Material spezifisch ist. Obwohl Kunststoffe fast ausschließlich aus Kohlenwasserstoffen bestehen, zeigen sich doch spezifische Unterschiede hinsichtlich ihrer Wärmeausdehnung, die mit 50 • 10^{-6}/K bis 250 • 10^{-6}/K etwa fünf- bis zwanzigmal so groß wie die von Stahl ist. Ursache für die vergleichsweise hohe Wärmeausdehnung ist die große Beweglichkeit der Makromoleküle, insbesondere von Thermoplasten. Polymere mit komplexen oder vernetzten Makromolekülen zeigen daher eine geringere Wärmeausdehnung als einfache, hauptsächlich linear aufgebaute Thermoplaste. Beispielsweise erreichen Polyurethane mit 10 • 10^{-6}/K bis 20 • 10^{-6}/K nur eine Wärmeausdehnung in der Größenordnung von Eisen (12 • 10^{-6}/K) oder Aluminium (24 • 10^{-6}/K). Aufgrund ihrer hohen Gitterfestigkeit weisen keramische Werkstoffe die geringste Wärmeausdehnung (Glas: 8,5 • 10^{-6}/K, Porzellan: 3 • 10^{-6}/K bis 5 • 10^{-6}/K) auf, allerdings sind sie auch wesentlich empfindlicher gegenüber raschen Temperaturwechseln.

Die unterschiedliche Wärmeausdehnung muss z. B. bei der Konstruktion von Kunststoff-/Metallverbundstoffen berücksichtigt werden, um den Aufbau von Spannungen zu vermeiden. Durch Zusatz von Glasfasern oder mineralischen Füllstoffen lässt sich der Ausdehnungskoeffizient von Kunststoffen bis in die Größenordnung von Metallen reduzieren.

Der Kristallgitterverbund der Metalle mit seinen delokalisierten (frei beweglichen, nicht einem speziellen Atomkern zugeordneten) Elektronen verleiht den Metallen erheblich höhere Wärme- und elektrische Leitfähigkeit im Vergleich zu Kunststoffen. So beträgt die Wärmeleitfähigkeit von Eisen 73,3 W/mK und die von Aluminium 230 W/mK, Kupfer erreicht 394 W/mK und Silber 410,3 W/mK. Dagegen sind Kunststoffe sehr schlechte Wärmeleiter. Die meisten erreichen nur eine Wärmeleitfähigkeit um 0,25 W/mK, Polyvinylchlorid sogar nur etwa 0,15 W/mK. Hochdruckpolyethylen und Polyurethane erreichen etwas höhere Werte (bis zu

0,5 W/mK). Die entsprechenden Werte keramischer Werkstoffe reichen von 0,13 bis 0,33 W/mK für Lochziegel und 0,46 bis 0,69 W/mK für Vollziegel über 0,7 bis 1,2 W/mK für Glas bis hin zu 1,25 bis 1,93 W/mK für Steinzeug. Diamant hat allerdings die höchste Wärmeleitfähigkeit aller Feststoffe (über 1.800 W/mK). Die Wirkungsweise eines Glaskeramikkochfelds beruht also nicht auf der Wärmeleitung, sondern auf der hohen Transparenz für die infrarote Wärmestrahlung.

Damit liegen Kunststoffe hinsichtlich ihrer Wärmeleitfähigkeit in derselben Größenordnung wie keramische Werkstoffe. Es sei speziell darauf hingewiesen, dass sich die üblichen geschäumten Wärmedämmstoffe aus Kunststoff der äußerst geringen Wärmeleitfähigkeit von Luft (0,026 W/mK) oder anderen Gasen, mit denen sie geschäumt wurden, bedienen. Wärmeausdehnung und Wärmeleitfähigkeit sind temperaturabhängig, die angegebenen Werte beziehen sich auf Raumtemperatur.

1.3.6 Elektrische Leitfähigkeit

Die schlechte Wärmeleitfähigkeit der Kunststoffe korreliert mit ihrer ebenfalls geringen elektrischen Leitfähigkeit. Grundsätzlich sind elektrische Leiter (wie Metalle) auch gute Wärmeleiter, da hier der gleiche Mechanismus (über frei bewegliche Elektronen) zugrunde liegt. Der Umkehrschluss ist jedoch nicht zulässig, denn in festen Nichtleitern ist Wärmeleitung aufgrund von Gitterschwingungen möglich. So besitzt Diamant mit mehr als 1.800 W/mK die fünffache Wärmeleitfähigkeit von Kupfer, aber einen hohen elektrischen Widerstand von etwa 10^{16} Ω cm. Der sogenannte Durchgangswiderstand von Kunststoffen liegt bis auf wenige Ausnahmen im Bereich zwischen 10^{15} und 10^{17} Ω cm, Polyvinylchlorid und Duroplaste liegen bei etwa 10^{11} bis 10^{13} Ω cm. Allerdings neigen Nichtleiter zu elektrostatischer Aufladung. Reiben Werkstoffe aneinander, nehmen sie in unterschiedlichem Maße voneinander Elektronen auf. Dies kann auch schon aus vorbei streichender Luft oder bei der Entnahme aus dem Spritzgießwerkzeug erfolgen. Die Reibung führt also dazu, dass die Oberflächen unterschiedliche elektrische Ladungen aufweisen. Während bei leitenden Werkstoffen ein schneller Ladungsausgleich mit der Erde erfolgt, sammeln sich die Ladungen auf der Oberfläche von Nichtleitern an.

Besonders bei transparenten Kunststoffen wie PMMA oder PC wirkt sich die dadurch auftretende Staubanziehung ungünstig auf das äußere Erscheinungsbild der Fertigteile aus. Weitaus dramatischer ist jedoch, dass elektrostatisch aufgeladene Teile sich bei Kontakt mit geerdeten Teilen schlagartig entladen (ESD – electrostatic discharge). Durch die hierbei entstehenden Entladungsblitze besteht in Anwesenheit von Dämpfen brennbarer Flüssigkeiten Explosionsgefahr. Dies erfordert besondere Vorsichtsmaßnahmen beim Abfüllen brennbarer Flüssigkeiten in

Kunststoffgefäße. Bereits durch die Reibung der Flüssigkeitsmoleküle aneinander sowie an den Gefäßwänden kann elektrostatische Aufladung erfolgen. Zur Ableitung der Ladungen wird üblicherweise eine geerdete Metallkette in den Stutzen des Gefäßes gehängt, an der entlang die Flüssigkeit eingefüllt wird.

Um die statische Aufladung zu reduzieren, werden bei dunkel eingefärbten Artikeln sogenannte Leitruße als Additive eingearbeitet. Bei transparenten Artikeln lässt sich die elektrostatische Aufladung zumindest teilweise mit sogenannten Leitlacken verhindern. Allerdings kann auf diese Weise keine elektrische Leitfähigkeit im Sinne von Stromleitung wie bei einem Metall erreicht werden, hierzu ist ein spezieller Polymeraufbau erforderlich.

Metalle sind dagegen mehr oder weniger gute elektrische Leiter. Eisen hat einen Durchgangswiderstand von $9{,}5 \cdot 10^{-6}\,\Omega\,\text{cm}$, Aluminium erreicht $2{,}65 \cdot 10^{-6}\,\Omega\,\text{cm}$, Kupfer $1{,}72 \cdot 10^{-6}\,\Omega\,\text{cm}$ und Silber $1{,}63 \cdot 10^{-6}\,\Omega\,\text{cm}$. Keramische Werkstoffe wie Glas oder Porzellan sind Nichtleiter und erreichen Werte bis zu $10^{18}\,\Omega\,\text{cm}$. Glas, Porzellan und andere keramische Werkstoffe sind daher als Isolationsmaterial in der Elektrotechnik, etwa für Freileitungsisolatoren bei Hochspannungsleitungen, oder etwa (auch aufgrund der hohen Temperaturbeständigkeit) für Anschlussklemmen, die hoher Temperatur ausgesetzt sind, z. B. bei Halogenleuchten, immer noch weit verbreitet.

1.3.7 Optische Eigenschaften

Aufgrund ihrer ungleichmäßigen räumlichen Verteilung der Polymerketten sind amorphe Polymere in der Regel transparent. Polystyrol, Polymethylmethacrylat oder Polycarbonat sind hochtransparent und ähneln diesbezüglich anorganischen Gläsern. Die Tabelle 8.4 gibt einen Überblick über Eigenschaften verschiedener transparenter Polymere.

Bei teilkristallinen Polymeren wird Licht an den kristallinen Strukturen gestreut, sodass diese meist undurchsichtig (opak) oder trübe (transluzent) sind.

Enthalten transparente Polymere Füllstoffe wie z. B. Glasfasern oder andere mineralische Füllstoffe, geht die Transparenz ebenfalls verloren. Dies erscheint zunächst widersprüchlich, da das amorphe Glas transparent ist. Glasfasern sind jedoch mit einer mittleren Faserlänge von wenigen 100 µm sehr klein. Das auftreffende Licht wird an der Oberfläche der einzelnen Faserstückchen bis zur endgültigen Absorption gestreut. Auch durch hohe Anteile an Additiven, wie etwa Flammschutzmitteln, aber auch Weichmachern, werden transparente Kunststoffe eingetrübt. Ursachen sind die unterschiedlichen Brechzahlen von Kunststoffen und Additiven.

Bei transparenten Polymeren tritt an den Übergangsflächen (z.B. Polymer/Luft) Lichtbrechung auf; dies ist z.B. wichtig für die Verwendung als optische Linsen. In Abhängigkeit von der Materialdicke (und natürlich vom Polymer) wird auch ein Teil des durchdringenden Lichtes absorbiert.

Metalle und keramische Stoffe sind aufgrund ihres kristallinen Aufbaus nicht transparent, lediglich Glas bildet aufgrund seiner amorphen Struktur eine Ausnahme.

1.3.8 Akustische Eigenschaften

Das akustische Verhalten von Werkstoffen, also Schallleitung oder -dämmung, ist vom Elastizitätsmodul E und von der Dichte ρ abhängig. So zeigt Diamant mit dem höchsten Elastizitätsmodul aller Werkstoffe (E = 1.050 GPa, ρ = 3.514 kg/m^3) auch die höchste Schallgeschwindigkeit aller Feststoffe mit etwa 17.500 m/s. Metalle wie Aluminium, Eisen und Kupfer sowie keramische Werkstoffe wie Porzellan oder Glas zeigen mit Werten in der Größenordnung von 4.000 bis 5.000 m/s eine 10 bis 15-fache Schallgeschwindigkeit als Luft (344 m/s). Kunststoffe haben deutlich geringere Elastizitätsmoduln als Metalle, dafür aber auch geringere Dichten; die Schallgeschwindigkeit liegt in der Größenordnung von etwa 2.000 m/s, bei Elastomeren im Bereich von 10 bis 400 m/s. Die Schallgeschwindigkeit ist temperaturabhängig, Werte beziehen sich auf Raumtemperatur.

Grundsätzlich sind zur Schalldämmung durch Absorption Materialien mit hoher Dichte vorteilhaft, kompakte Kunststoffe erscheinen also zunächst wenig geeignet. Bekanntlich lassen sich jedoch porenhaltige Werkstoffe wie Weichschaumstoffe, sowie einige Elastomere, insbesondere Butylkautschuk, hervorragend zur Schalldämmung verwenden. Die viskoelastischen (Thermoplaste) beziehungsweise energieelastischen (Elastomere) Eigenschaften bewirken eine hohe Dämpfung, da ein Teil der Schallenergie in Wärme umgewandelt wird. Wesentlich verbreiteter ist jedoch die Schalldämmung durch poröse Werkstoffe, bei denen die mechanische Energie der Schallwellen durch Reibung der in den Poren befindlichen Luft absorbiert wird.

1.3.9 Verhalten gegenüber Chemikalien und Umwelteinflüssen

Die chemische Beständigkeit von Kunststoffen hängt neben ihrer Zusammensetzung auch von der Konzentration der Chemikalien und der Temperatur ab, bei Thermoplasten auch vom Spannungshaushalt. Dabei kann die Einwirkung von Chemikalien auf Kunststoffe sowohl physikalisch als auch chemisch erfolgen.

Zu den physikalischen Einwirkungen zählen Quellung und Spannungsrisskorrosion. Die Quellung ist eine Volumenzunahme aufgrund der Migration (Wanderung) kleiner Moleküle, beispielsweise von organischen Lösungsmitteln, zwischen die Polymerketten, insbesondere bei Thermoplasten und Elastomeren. Da Lösungsmittel außerdem die Oberflächenspannung reduzieren, nimmt die Benetzung der Polymerketten noch weiter zu (Tensidwirkung), was die Quellung begünstigt. Bei den unvernetzten Thermoplasten werden zudem die zwischenmolekularen Kräfte, die den Zusammenhalt der Polymerketten bewirken, reduziert; je nach Zusammensetzung von Polymer und Lösungsmittel lassen sich Thermoplaste sogar vollständig auflösen.

Auch bei nur kurzzeitigem Kontakt, etwa beim Kleben, Bedrucken und Lackieren, oder Reinigen von Kunststoffoberflächen, verbleiben je nach Polymer, Lösungsmittel und Einwirkzeit auch nach einem Abwischen der Oberfläche restliche Lösungsmittelmoleküle im Polymer. Dies kann dazu führen, dass sich auch noch nach längerer Zeit schon bei leichter mechanischer Beanspruchung die Polymerketten voneinander lösen.

Aufgrund der im Vergleich zu Lösungsmitteln deutlich größeren Moleküle bewirken Fette und Öle nur relativ geringe Quellungen. Allerdings greifen einige Additive von Hochleistungsschmiermitteln Kunststoffe chemisch an. Auch gegenüber Alkoholen und reinen Kraftstoffen sind viele Kunststoffe relativ gut beständig. Methanolhaltige Kraftstoffe bewirken jedoch in vielen Fällen eine deutlich höhere Quellung als reine Kraftstoffe oder reines Methanol. Solche sogenannten synergetischen Effekte sind auch bei Mischungen von Lösungsmitteln, etwa bei industriellen Reinigungsmitteln, möglich. Auch Ether, Ester/Ketone, aromatische und halogenierte Verbindungen bewirken je nach Kunststoff teilweise relativ hohe Volumenquellungen.

Halogenhaltige Polymere wie Polyvinylchlorid, aber auch Polyethylenterephthalat und Polyamide sind aufgrund ihres polaren Charakters üblicherweise besser gegenüber den meist unpolaren Lösungsmitteln beständig. Die höchste chemische Beständigkeit (nicht nur gegenüber Lösungsmitteln) zeigt Polytetrafluorethylen.

Vernetzte Polymere sind aufgrund der reduzierten Beweglichkeit ihrer Makromoleküle nicht vollständig löslich. Sie zeigen in Abhängigkeit vom Vernetzungsgrad eine mehr oder weniger ausgeprägte Quellung (Elastomere) oder gute Beständigkeit (Duroplaste) gegen viele Lösungsmittel. Die oft als Dichtungen oder Schläuche eingesetzten Elastomere erfordern daher eine sorgfältige Auswahl des zugrunde liegenden Kautschuks und einen auf möglichst geringe Quellung optimierten Mischungsaufbau. Außerdem sind stark quellende Lösungsmittel oder Kraftstoffe in der Lage, den in Elastomeren fast immer enthaltenen Weichmacher teilweise oder ganz zu extrahieren, wodurch deutliche Eigenschaftsänderungen möglich sind. Das gilt analog für PVC-P, das ebenfalls Weichmacher enthält.

Bei Thermoplasten hat die sogenannte Spannungsrisskorrosion (environmental stress cracking, ESC) erheblich höhere Bedeutung, da sie auch bei relativ kleinen Lösungsmittelkonzentrationen auftreten kann, die noch keine merkliche Quellung verursachen. Thermoplaste weisen grundsätzlich einen mehr oder weniger ausgeprägten Spannungshaushalt auf, da ihre Makromoleküle durch die Verarbeitung räumlich orientiert werden. Kleine Moleküle agieren hier nun wie Gleitmittel und erlauben den Makromolekülen, auch ohne Einwirkung äußerer Kräfte die durch die Orientierung bedingten Spannungen teilweise abzubauen. Dies kann zur Rissbildung und Zerstörung führen, insbesondere wenn gleichzeitig eine mechanische Belastung (Dehnung) erfolgt. Mit höheren Molekulargewichten (längere Polymerketten) verringert sich die Anfälligkeit von Thermoplasten gegenüber der Spannungsrisskorrosion; auch Maßnahmen wie Tempern zur Reduktion des Spannungshaushalts erweisen sich als günstig. Aufgrund ihres prinzipiell geringeren Spannungshaushalts sind teilkristalline Polymere in der Regel weniger anfällig gegenüber Spannungsrisskorrosion und zeigen somit eine etwas bessere Chemikalienbeständigkeit als amorphe Thermoplaste.

Im Gegensatz zu den bisher besprochenen physikalischen Einwirkungen treten beim chemischen Abbau Reaktionen zwischen den angreifenden Chemikalien und dem Polymer auf. Dies kann durch Kettenabbau bis hin zur vollständigen Zerstörung des Polymeren führen. So werden etwa Polyester und Polyurethane beispielsweise durch starke Säuren und Basen zersetzt. Auch ständiger Einsatz in heißem Wasser kann bei Polyestern zur Kettenspaltung durch Hydrolyse (Aufspalten eines Moleküls durch Reaktion mit Wasser) führen.

Der chemische Abbau von Polymeren kann auch durch sekundäre Komponenten hervorgerufen werden. Technische Öle und Fette sind in der Regel additiviert, das heißt, sie enthalten Stabilisatoren, um sie vor Zersetzung bei hohen Temperaturen zu schützen. Diese Stabilisatoren sind zum Teil wesentlich aggressiver als die reinen Schmiermittel. Auch die Zersetzungsprodukte nicht stabilisierter, überhitzter Fette und Öle können einen chemischen Abbau verursachen.

Einige Kunststoffe werden auch durch Oxidationsmittel angegriffen (hierzu zählt auch Salpetersäure). Ungesättigte Polymere, insbesondere Elastomere auf Basis von Butadienkautschuken, sind anfällig gegenüber Ozon. Es greift bevorzugt die Doppelbindungen in der Hauptkette an, was zur Kettenspaltung und Zerstörung des Polymeren führt. Daher wird bei ungesättigten Elastomeren eine Kombination aus Ozonschutzmitteln und Ozonschutzwachsen verwendet, um das Polymer zu schützen. Das Ozonschutzmittel wird durch die Wachse an die Oberfläche transportiert, wo es mit dem angreifenden Ozon abreagiert. Da Elastomere häufig dynamisch beansprucht sind, also bewegt werden, wird immer wieder neues Ozonschutzmittel an die Oberfläche gebracht, um das durch Abrieb oder Reaktion mit Ozon verbrauchte Ozonschutzmittel zu ersetzen. Dies bedingt eine auf die Lebensdauer des Artikels abgestimmte Menge an Ozonschutzmittel.

Die Empfindlichkeit gegenüber Quellung und chemischem Abbau erhöht sich generell mit steigender Temperatur. Aufgrund der Vielzahl möglicher Modifikationen ein- und desselben Basiskunststoffs sowie der Vielfalt industriell verwendeter Chemikalien und Einsatzbedingungen erlauben die von den Herstellern oder in der Fachliteratur veröffentlichten Beständigkeitstabellen generell nur eine grobe Abschätzung, ob ein Kunststoff für den Kontakt mit einem bestimmten Lösungsmittel oder einer anderen Chemikalie geeignet ist. Daher ist es in jedem einzelnen Fall erforderlich, das vorgesehene Polymer auf seine Beständigkeit gegenüber dem Medium bei Einsatztemperatur zu prüfen. Einen groben Vergleich der chemischen Beständigkeit verschiedener Kunststoffe zeigt Tabelle 8.5.

Metalle und keramische Werkstoffe sind aufgrund ihrer stabilen Gitterstrukturen grundsätzlich gegen organische Lösungsmittel beständig. Allerdings sind viele Metalle, insbesondere Eisen, zum Teil sehr korrosionsempfindlich. Die chemische Reaktionsfreudigkeit ist auch der Grund, warum Metalle fast nur mineralisch in gebundener Form (Oxide, Silikate, Carbonate) vorkommen. Lediglich die Edelmetalle Gold, Silber und Platin, die nur mit größerem Aufwand chemische Reaktionen eingehen, kommen in elementarer Form in der Natur vor. Eisen reagiert bereits an feuchter Luft zu Eisenoxiden (Rost), die eine lockere Schicht bilden, wodurch die Korrosion immer weiter fortschreitet. Dagegen bildet Aluminium hier – wie Zinn und Zink – eine passivierende Oxidschicht, unterhalb der keine Korrosion mehr stattfindet. Eisen, also die meisten Stähle, und viele andere Metalle reagieren mit Säuren und lassen sich auf diese Weise auflösen. Sogenannter Edelstahl wird durch Zusatz von Legierungselementen (in der Hauptsache Chrom und Nickel) nicht nur vor Korrosion, sondern auch gegen viele Säuren geschützt. Aluminium ist amphoter und wird sowohl von Säuren als auch von Basen angegriffen.

Keramische Stoffe auf Basis von Carbonaten sind wasserlöslich und reagieren mit Säuren unter Freisetzung von CO_2. Das in Erzen wie Korund enthaltene α-Al_2O_3 ist dagegen weder in Wasser, noch in Säuren oder Basen löslich. SiO_2, der Hauptbestandteil von Glas, wird nur von Fluorwasserstoffsäure (HF) sowie geschmolzenen Alkalien und Alkalihydroxiden angegriffen. Glas und Porzellan (eine gesinterte Mischung aus Ton, Quarz und Feldspat im Verhältnis 2:1:1) werden daher in vielen Anwendungen aufgrund ihrer hervorragenden chemischen Beständigkeit eingesetzt. Hochleistungskeramiken wie Carbide und Nitride sind chemisch inert (reaktionsträge, also beständig gegen viele Chemikalien).

Polymere besitzen im Gegensatz zu Metallen oder Glas aufgrund des freien Volumens zwischen den Makromolekülen üblicherweise eine hohe Durchlässigkeit für Gase. Selbst plasmabeschichtete PET-Flaschen zeigen noch eine höhere Diffusion als Glas.

Ausnahmen bilden die für sogenannte Barrierefolien verwendeten Materialien EVOH (EVAL), PVDC, PA und PAN. Moderne Folien für Lebensmittel enthalten mehrere Schichten, um das Eindringen von Sauerstoff oder Wasserdampf zu unterbinden. Metalle sind weitgehend gasdicht, die sehr kleinen Moleküle des Wasserstoffs vermögen jedoch auch durch sie hindurch zu diffundieren und verursachen die sogenannte Wasserstoffversprödung. Viele keramische Werkstoffe haben eine hohe Porösität, teilweise bis zu 20 %. Daher weisen sie eine hohe Gasdurchlässigkeit auf. Im Gegensatz dazu ist das amorphe Glas wasser- und gasdicht. Daher werden Gebrauchsgegenstände aus Porzellan mit einer Glasur versehen, die gleichzeitig auch die Oberflächenrauhigkeit reduziert.

UV-Licht und energiereiche Strahlung kann durch Kettenabbau zu Vergilbung, Rissbildung und schließlich Zerstörung von Polymeren führen, insbesondere bei ungesättigten Polymeren. In solchen Fällen ist der Zusatz von UV-Stabilisatoren erforderlich. (Dieser Begriff ist üblich, aber missverständlich, schließlich soll das Polymer und nicht das UV-Licht geschützt werden). Auf der anderen Seite führt dies dazu, dass Kunststoffe in der Umwelt nur langsam oder unvollständig abgebaut werden. Metalle und keramische Stoffe verhalten sich gegenüber UV-Licht dagegen wesentlich unkritischer. Extrem energiereiche Strahlung kann jedoch auch die Struktur von Metallen schädigen. Dies ist insbesondere für die strukturelle Integrität von Raumfahrzeugen bei Langzeitmissionen (Satelliten, Raumstationen) ein wichtiger Faktor.

1.3.10 Prinzipielle Unterschiede bei der Verarbeitung

Thermoplaste lassen sich durch Aufschmelzen und anschließendes Einspritzen in Hohlräume von Spritzgießwerkzeugen in nahezu beliebige Geometrien formen. Dieses Verfahren ist extrem wirtschaftlich, bedingt jedoch aufgrund der hohen Kosten für Werkzeuge und Spritzgießautomaten große Stückzahlen, in der Regel mindestens im fünfstelligen Bereich.

Die Verarbeitung von Elastomeren setzt eine entsprechende Rezepturentwicklung voraus, danach folgen ein- oder zweistufige Mischprozesse, Formgebung und Vulkanisation. Die Formgebungsverfahren ähneln denen von Thermoplasten, mit dem Unterschied, dass aufgrund der zur Vulkanisation benötigten Wärme die Werkzeuge geheizt und nicht gekühlt werden. Die wesentlich höhere Viskosität (Zähigkeit) von Kautschukmischungen erfordert allerdings auch weit leistungsfähigere Verarbeitungsmaschinen.

Duroplastische Werkstoffe bestehen in der Regel aus mehreren Komponenten, die oft schon bei Raumtemperatur miteinander reagieren (aushärten). So werden etwa die meist flüssigen Komponenten von Polyurethanen mit speziellen Mischern erst unmittelbar vor der Formgebung gemischt und härten dann im Werkzeug aus.

Aufgrund der hohen Schmelztemperatur vieler Metalle ist eine Fertigung analog zu Thermoplasten nur in Ausnahmefällen möglich, wie etwa beim Zinkdruckguss oder Stahlguss. Dieser erfordert extrem hohe Temperaturen sowie eine anschließende Wärmebehandlung zur Reduzierung der Sprödigkeit. Daher kommen Metalle vorwiegend als Halbzeuge (Bleche, Platten, Drähte, Rohre, Profile) in den Handel und werden durch mechanische Bearbeitung (z. B. Pressen) in die gewünschte Form gebracht. Weitere typische Verarbeitungsschritte sind Stanzen oder Bohren. Die Verbindung mehrere Metallteile erfolgt durch Schrauben, Schweißen oder Löten, geometrisch komplexe Teile erfordern daher einen hohen Aufwand. Allerdings ermöglicht das Schweißen auch eine relativ unkomplizierte Reparatur von Metallteilen. Interessanterweise lassen sich die Eigenschaften von Stahl durch Wärmebehandlungen im festen Zustand verändern, etwa um die Festigkeit zu erhöhen, Spannungen abzubauen oder die Härte zu erhöhen. Grund sind die verschiedenen möglichen Kristallformen (Allotropie).

Keramische Werkstoffe haben mit Ausnahme von Glas extrem hohe Schmelztemperaturen, sie werden durch Sintern aus Pulvern geformt. Hierbei diffundieren Atome aus den einzelnen Pulverteilchen in die Zwischenräume und füllen diese weitgehend aus. Sintern ist zeitaufwendig und erfordert hohe Temperaturen; die hergestellten Stoffe sind relativ porös. Durch Sintern unter Druck (Heißpressen) lässt sich die Porösität reduzieren. Durch Zusatz niedriger schmelzender Stoffe lassen sich porenfreie Materialien fertigen, diese besitzen jedoch auch eine verringerte Hitzebeständigkeit.

1.3.11 Zusammenfassender Vergleich

Kunststoffe besitzen eine deutlich geringere Steifigkeit und Festigkeit als Metalle, was nicht in allen Fällen durch entsprechende Formteilgestaltung ausgeglichen werden kann. Weiterhin kriechen Kunststoffe bei fortwährender Belastung, was sie erheblich von Metallen und keramischen Werkstoffen unterscheidet. Schließlich liegt die Glastemperatur von Kunststoffen im Vergleich zur Schmelztemperatur von Metallen oder keramischen Werkstoffen relativ nahe an der Gebrauchstemperatur. Elastizitätsmodul und Festigkeit nehmen daher im Vergleich zu Metallen und keramischen Werkstoffen auch schon bei relativ geringer Temperaturerhöhung schnell ab. Die Leitfähigkeit von Kunststoffen für elektrischen Strom sowie für Wärme ist im Gegensatz zu Metallen extrem gering und bewegt sich in derselben Größenordnung wie bei keramischen Werkstoffen. Bei dynamischer Beanspruchung erlauben Keramiken und Metalle weit höhere Kräfte und Frequenzen, aber geringere Auslenkungen als Kunststoffe, von denen wiederum Elastomere die größte dynamische Beständigkeit aufweisen. Während Metalle und keramische Werkstoffe gegenüber Lösungsmitteln beständig sind, werden viele Kunststoffe von organischen Chemikalien angegriffen. Die gegen viele Metalle aggressiven Säuren und basische Verbindungen vermögen auch bestimmte Kunststoffe zu zerstören. Kunststoffe ermöglichen im Gegensatz zu anderen Werkstoffen preiswerte Verfahren zur Herstellung von großen Mengen eines bestimmten Formteils.

Ein Vergleich von Kunststoffen gegenüber Metallen und keramischen Werkstoffen ist in Tabelle 1.4 zusammengefasst.

Das Bild 1.14 zeigt abschließend einen Vergleich der Eigenschaften von Kunststoffen, Metallen und keramischen Werkstoffen.

Tabelle 1.4 Vor- und Nachteile von Kunststoffen gegenüber Metallen und keramischen Werkstoffen

Vorteile von Kunststoffen	Nachteile von Kunststoffen
niedrige Dichte ermöglicht leichte Werkstoffe	relativ niedrige mechanische Festigkeit*
	geringe Formbeständigkeit bei hohen Temperaturen*
	begrenzte Maßhaltigkeit*
	Neigung zu Schwindung und Kriechen*
leichte Formgebung, wirtschaftliche Verfahren	schwierige Ausbesserung/unwirtschaftliche Reparatur
breites Angebot preiswerter Rohstoffe, im Wesentlichen Kohlenwasserstoffe aus der Petrochemie	hohe Brennbarkeit; erhöhte Flammwidrigkeit erfordert Halogene oder spezielle Additive
transparente Erzeugnisse möglich	Anfälligkeit gegenüber Alterung (= Änderung der Eigenschaften unter Einfluss von Licht und Wärme)
hohe dynamische Belastbarkeit bei relativ großen Auslenkungen (nur Elastomere)	geringe dynamische Belastbarkeit bei hohen Frequenzen und Kräften (alle Kunststoffe)
hohe Beständigkeit gegen Korrosion/Verrottung	aufwendige Abfallentsorgung; Additive problematisch (Glasfasern, Flammschutzmittel, Weichmacher)
hohe elektrische Isolierfähigkeit	elektrostatische Aufladung möglich
gute Dämmwirkung gegen Wärme und Schall (geschäumte Kunststoffe)	relativ gute Schallleitung (kompakte Kunststoffe)
relativ leicht einfärbbar und bedruckbar	oft ungenügende Beständigkeit gegenüber Lösungsmitteln

(* nicht additivierte/unverstärkte Thermoplaste)

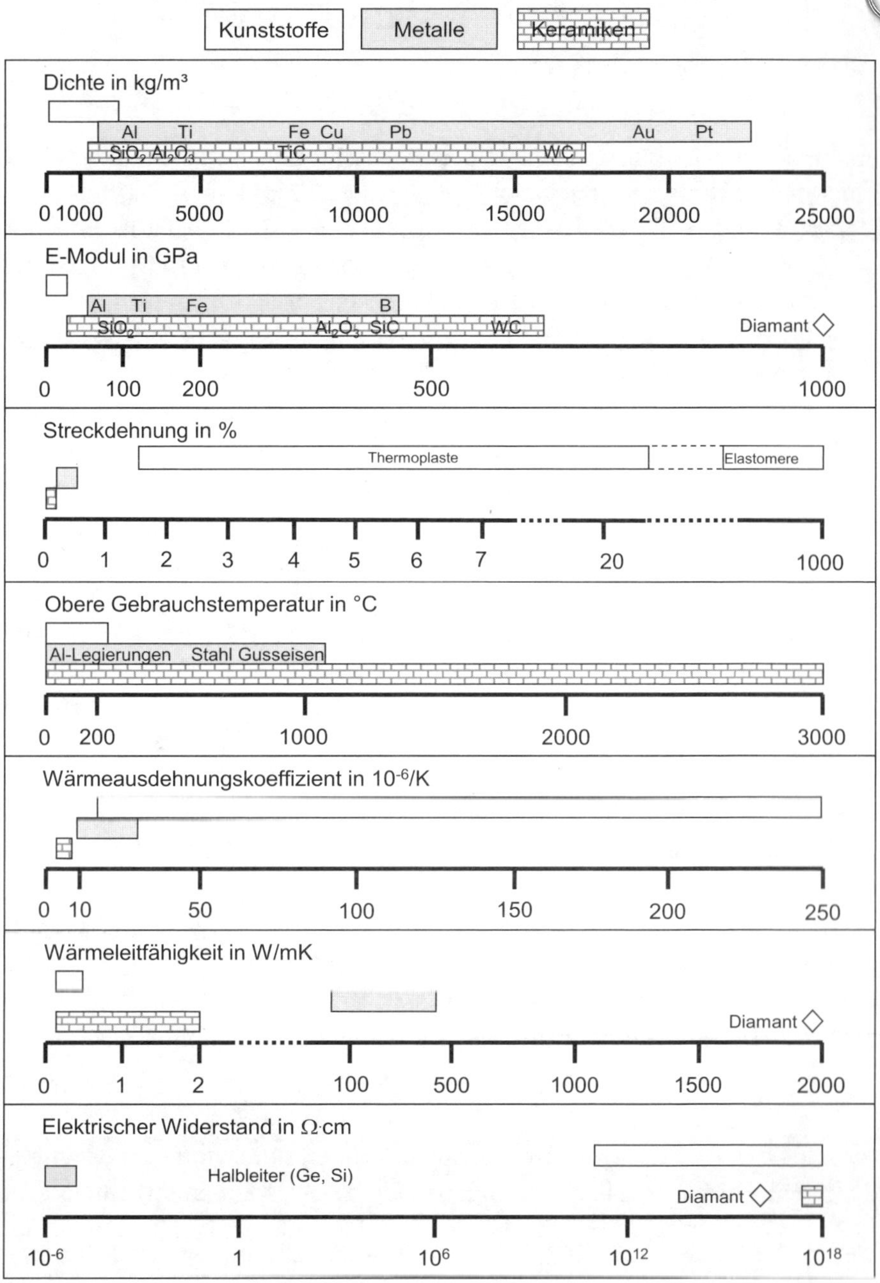

Bild 1.14 Eigenschaftsvergleich von Werkstoffen

1.4 Wirtschaftliche Bedeutung der Kunststoffe

Im ausklingenden neunzehnten Jahrhundert beschäftigte sich die industrielle Chemie hauptsächlich mit der Suche nach Alternativen für Naturkautschuk, Naturfasern, Farbstoffen und – noch in geringem Maßstab – pharmazeutischen Produkten. Mit Celluloid war bereits das erste kommerzielle chemisch umgewandelte Naturprodukt auf dem Markt und einige Forscher beschäftigten sich mit der Synthese vollkommen neuer Werkstoffe, wie den Phenol-Formaldehyd-Harzen, zunächst aber ohne exakte Kenntnisse der Struktur polymerer Werkstoffe.

Aufgrund von Monopolstellungen der Lieferländer stiegen die Preise für Naturkautschuk, Baumwolle, Seide, Indigo und anderer natürliche Farbstoffe immer weiter an. Mit der wachsenden Industrialisierung und Motorisierung, vor allem in Westeuropa und Nordamerika, erhöhte sich insbesondere der Bedarf an Kautschuk nahezu sprunghaft. Anfang des zwanzigsten Jahrhunderts war es, auch vor dem Hintergrund der beiden Weltkriege und der damit einhergehenden Verknappung von Rohstoffen, vordringliches Ziel, Alternativen zu Naturkautschuk zu finden. Anwendungen für die ersten technisch brauchbaren Thermoplaste entwickelten sich erst noch recht langsam. Bis in die 1960er Jahre dominierten daher Natur- und Synthesekautschuke die Welt der makromolekularen Werkstoffe, wurden dann aber aufgrund immer neuer Anwendungsmöglichkeiten von den rasant wachsenden Thermoplasten und Duroplasten überholt.

Trägt man die Produktionsmenge logarithmisch über die Zeit auf, erkennt man, dass der Zuwachs der Kunststoffproduktion (Thermoplaste, synthetische Elastomere, Duroplaste, Klebstoffe und Lacke, ohne Synthesefasern) in den letzten drei Jahrzehnten des zwanzigsten Jahrhunderts erheblich steiler verlief als der von Stahl oder Aluminium; in der letzten Dekade hat sich die produzierte Menge an Polymeren nahezu verdoppelt. Mit Beginn des neuen Millenniums ist aber auch die produzierte Menge an Stahl und Aluminium wieder deutlich angestiegen (Bild 1.15).

Im Jahr 2011 wurden weltweit 280 Millionen Tonnen Kunststoffe hergestellt. Diese Zahl beinhaltet Thermoplaste, Elastomere, Duroplaste, Kleb- und Dichtstoffe sowie Lacke (etwa auf Basis von Polyurethanen). Auf Elastomere (15,1 Millionen Tonnen produzierter Synthesekautschuk sowie 11 Millionen Tonnen gewonnener Naturkautschuk) entfallen dabei 9,3%. Von den verbleibenden 253,9 Millionen Tonnen machen Thermoplaste den weitaus größten Anteil aus. Zusätzlich wurden im Jahr 2011 rund 50 Millionen Tonnen Synthesefasern (auf Basis von PET, PA und Polyacryl) hergestellt, sodass die Gesamtmenge weltweit produzierter Polymere etwa 330 Millionen Tonnen ausmacht.

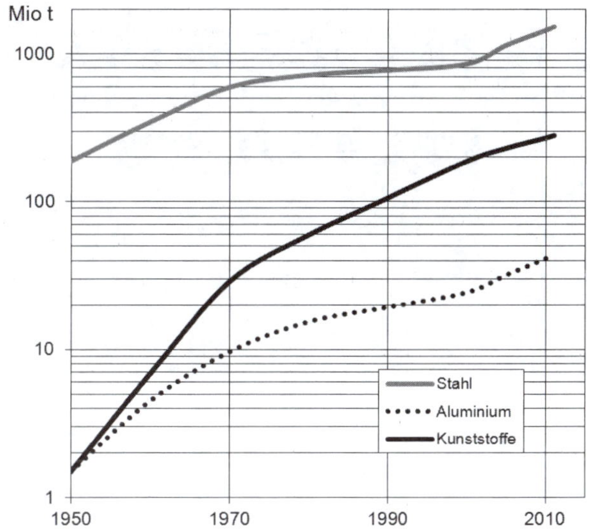

Bild 1.15 Entwicklung der Weltproduktion von Stahl, Aluminium und Kunststoffen, nach [24] [28] [33]

Zum Vergleich seien für den gleichen Zeitraum auch die Produktionsmengen einiger technisch wichtiger Metalle genannt: Rohstahl 1.520 Millionen Tonnen, Aluminium 44,4 Millionen Tonnen, Kupfer 16,1 Millionen Tonnen, Titan 3 Millionen Tonnen, Magnesium 0,77 Millionen Tonnen (Bild 1.16).

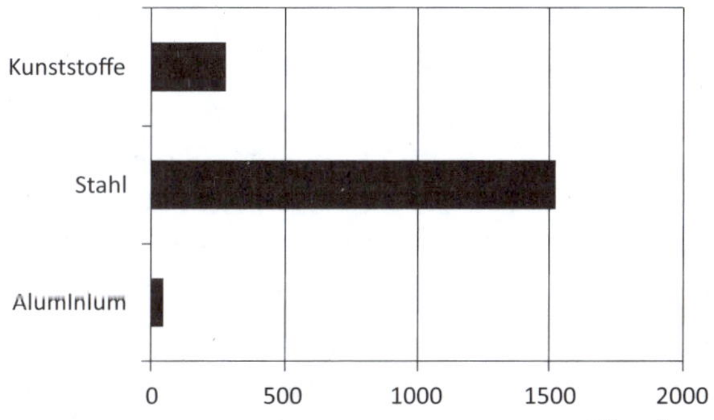

Bild 1.16 Massenbezogene Weltproduktionszahlen für Kunststoffe, Stahl und Aluminium im Jahr 2011 in Mio. t, nach [24] [28] [33]

Berücksichtigt man aber die unterschiedlichen Dichten der Materialien, ergibt sich ein völlig anderes Bild. Soll ein Funktionsteil seine Aufgabe erfüllen, so muss es eine bestimmte Gestalt einnehmen, sei es als großes Karosserieteil oder als kleines Gehäuse für Mobiltelefone. Dies bedeutet, dass ein vorgegebenes Volumen an Werkstoff erforderlich ist. Stehen also Werkstoffe mit verschiedenen Dichten zur Auswahl, ergeben sich hierdurch unterschiedlich große Massen für das gleiche Funktionsteil. Polymere Werkstoffe spielen hier ihre wichtigste Stärke, nämlich die weitaus geringere Dichte gegenüber Metallen, aus. Die erforderliche Masse, um

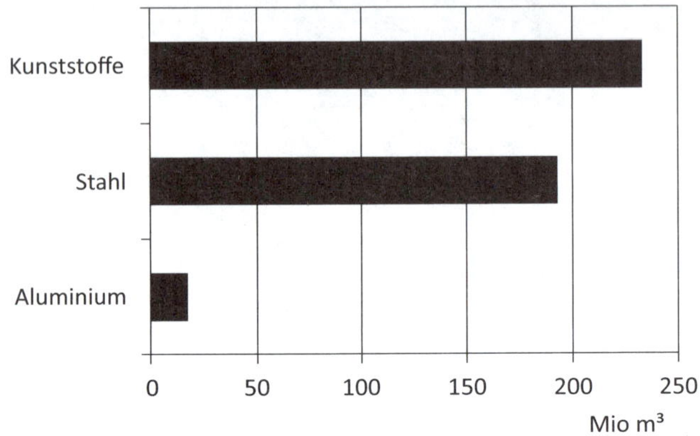

Bild 1.17 Volumenbezogene Weltproduktionszahlen für Kunststoffe, Stahl und Aluminium im Jahr 2011 in Mio m^3, nach [24] [28] [33]

einen bestimmten Rauminhalt auszufüllen, nimmt mit kleiner werdender Dichte ab. Daher erfordert die Herstellung eines gegebenen Funktionsteils aus polymeren Werkstoffen weit weniger Rohstoffe als bei Metallen. Bei dieser Betrachtung haben polymere Werkstoffe die klassischen Konstruktionswerkstoffe Stahl und Aluminium bereits überholt (Bild 1.17).

Ein weiterer, wesentlicher Faktor ist der geringere Energieverbrauch zur Herstellung eines bestimmten Volumens aus Kunststoff. Dabei ist der Primärenergiebedarf zur Herstellung von Stahl mit etwa 16 GJ/t deutlich niedriger als der zur Herstellung von Kunststoffen (etwa 40 GJ/t). Aufgrund der unterschiedlichen Dichten ist der Primärenergiebedarf für ein gegebenes Volumen bei Stahl aber mehr als doppelt so hoch. Aluminium hat bereits einen sehr hohen Primärenergiebedarf von etwa 111 GJ/t; für die Herstellung des gleichen Volumens ist im Vergleich zu Kunststoffen fast die siebenfache Energie erforderlich. Man mag nun einwenden, dass Metalle aufgrund ihrer überlegenen mechanischen Eigenschaften beispielsweise geringere Wandstärken und damit geringere Volumina als Kunststoffe erfordern. Dies ist in der Tat korrekt, jedoch für viele Konsumgüter nicht relevant, da sich die Beanspruchungen bei bestimmungsgemäßem Gebrauch innerhalb vergleichsweise niedriger Grenzen bewegen, die ohne Schwierigkeiten von vielen Kunststoffen beherrscht werden. Allerdings sind sehr geringe Wandstärken aufgrund der ungenügenden Steifigkeit von Kunststoffen tatsächlich nur mit Metallen realisierbar. Auf der anderen Seite besitzen Metalle aber gerade im Konsumgüterbereich das Attribut der höheren Wertigkeit (im Sinne von Qualität).

Eine weitere wirtschaftlich bedeutende Rolle spielt die für die Herstellung großer Stückzahlen wesentlich rationellere Verarbeitung von Kunststoffen gegenüber Metallen, insbesondere die Verarbeitung von Thermoplasten im Spritzgussverfahren.

Im Jahr 2011 wurden in Asien bereits 38 % der Weltproduktion an Kunststoffen hergestellt; China ist mit 23 % der größte Produzent. Dicht darauf folgen Europa

(22 %) und die Region NAFTA (North American Free Trade Agreement: Canada, USA, Mexico) mit 20 %.

Der Kunststoffbedarf innerhalb der Europäischen Union (EU-27; Stand 2011) betrug im Jahr 2011 etwa 50 Millionen Tonnen, verteilt auf etwa 74 % Thermoplaste, 8 % Elastomere und 7 % Polyurethane. Die übrigen Kunststoffe nehmen etwa 11 % ein.

Die wichtigsten Polymere sind PE, PP und PVC mit einem Anteil von insgesamt etwa 55 %. Innerhalb der Gruppe der Thermoplaste nehmen sie drei Viertel des Marktvolumens ein. Es folgen ungeschäumte und geschäumte Polystyroltypen sowie PET-Blasformtypen für die Herstellung von Getränkeflaschen. Elastomere und Polyurethane liegen jeweils bei etwa 7 %. Alle weiteren Kunststoffe ergeben zusammen einen Anteil von etwa 11 % (Bild 1.18).

Mit fast 40% stellen Verpackungen in Europa nach wie vor das größte Anwendungsgebiet für Kunststoffe dar, an zweiter Stelle liegt die Bauindustrie mit etwa 21 %, gefolgt von der Automobilindustrie (8 - 10 %) und der Elektroindustrie (5 - 6 %). Die weit gefächerten übrigen Anwendungen umfassen Haushaltsprodukte, Möbel, landwirtschaftliche Artikel, Medizinprodukte, Spielwaren, Sportgeräte und andere.

Im Jahr 2011 wurden in Deutschland 10,6 Millionen Tonnen Kunststoffe mit einem Umsatzvolumen von 25,3 Milliarden Euro produziert, was einem Weltmarktanteil von 3,7 % entspricht. Zusätzlich wurden 8,4 Millionen Tonnen Kunststoffe importiert. Die gesamte Kunststoff-Industrie, einschließlich der verarbeitenden Betriebe sowie der Maschinenhersteller, beschäftigte 384.000 Mitarbeiter in 7.060 Unternehmen. Sie trug mit einem Umsatz von 90,5 Milliarden Euro zu etwa 6 % an der

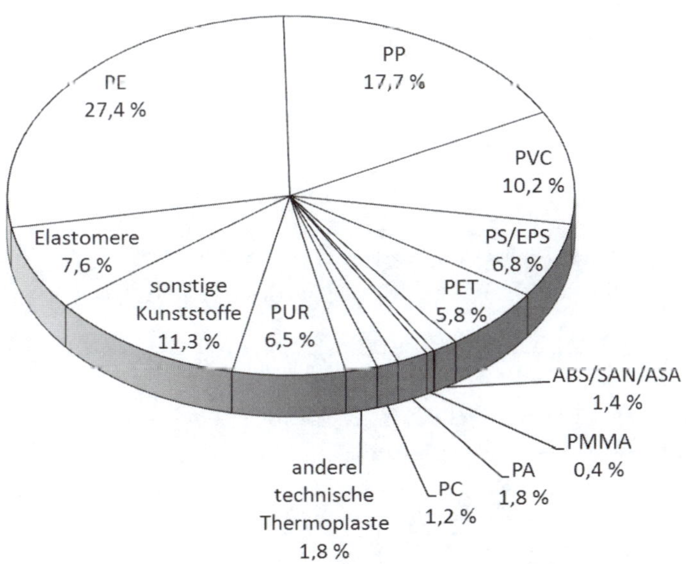

Bild 1.18 Prozentuale Verteilung der Kunststoffsorten in der Europäischen Union, nach [18] [28]

gesamten Industrieproduktion bei. Etwa 12 Millionen Tonnen der in Deutschland hergestellten Kunststoffprodukte werden exportiert. Davon gelangen über 70 % in die europäische Union; wichtigste Abnehmerländer sind die Benelux-Staaten, Frankreich, Italien und Polen. Umgekehrt werden etwa 40 % der in Deutschland verarbeiteten Kunststoffe importiert, überwiegend aus den Benelux-Staaten und Frankreich.

Literatur

1 Abts, G.: Einführung in die Kautschuktechnologie. München: Hanser 2007

2 Ashby, M. F.; Jones, D. R. H.: Werkstoffe 1: Eigenschaften, Mechanismen und Anwendungen. München: Elsevier 2006

3 Ashby, M. F.; Jones, D. R. H.: Werkstoffe 2: Metalle, Keramiken und Gläser, Kunststoffe und Verbundwerkstoffe. München: Elsevier 2007

4 Bargel, H.-J.; Schulze, G.: Werkstoffkunde. Berlin/Heidelberg: Springer 2008

5 Bäumler, E.: Ein Jahrhundert Chemie. Düsseldorf: Econ 1963

6 Becker, G. W. Braun, D.Bottenbruch, L.: Polycarbonate, Polyacetale, Polyester, Celluloseester. Kunststoff-Handbuch 3/1. Technische Thermoplaste. München: Hanser 1992

7 Bibliographisches Institut & F. A. Brockhaus AG: Der Brockhaus multimedial 2007. Mannheim: Bibliographisches Institut & F. A. Brockhaus AG 2007

8 Bonten, C.: Kunststofftechnik für Designer. München: Hanser 2003

9 Carraher, C. E.: Giant Molecules: Essential Materials for Everyday Living and Problem Solving. Hoboken, New Jersey: Wiley & Sons 2003

10 D'ans, J. Lax, E.: Taschenbuch für Chemiker und Physiker. Berlin/Heidelberg: Springer 1964

11 Deutsches Kunststoff Museum/Kunststoff-Museums-Verein e. V.: Zeittafel zur Geschichte der Kunststoffe, http://www.deutsches-kunststoff-museum.de, aufgerufen am 16.7.2008

12 Diamond Materials GmbH: The CVD Diamond Booklet 2004

13 Glenz, W.: Kunststoffe – ein Werkstoff macht Karriere. München: Hanser 1985

14 Grellmann, W. Seidler, S.: Kunststoffprüfung. München: Hanser 2005

15 Heimlich, S.: Porträts in Plastik. Darmstadt: Hoppenstedt Publishing 1998

16 Hofmann, W.: Nitrilkautschuk. Stuttgart: Berliner Union 1965

17 Industrievereinigung Chemiefaser e.V., http://www.ivc-ev.de, aufgerufen am 20.8.2013

18 International Rubber Study Group, http://www.rubberstudy.com, aufgerufen am 24.8.2013

19 Kaiser, W.: Kunststoffchemie für Ingenieure. München: Hanser 2006

20 Kuchling, H.: Taschenbuch der Physik. München: Hanser 2004

21 Kunststoff Information Verlagsgesellschaft mbH, http://www.plasteurope.com, aufgerufen am 21.8.2013

22 Leppkes, R.: Polyurethane: Werkstoff mit vielen Gesichtern. Landsberg/Lech: Verlag Moderne Industrie 1993

23 Loadman, John: http://www.bouncing-balls.com, aufgerufen am 2.11.2008

24 Malaysian Rubber Board, http://www.lgm.gov.my, aufgerufen am 19.8.2013

25 Maszewski, A.: ATI 1119 – Schnappverbindungen und Federelemente aus Kunststoff. Leverkusen: Bayer MaterialScience AG 2000

26 Merkel, M.; Thomas, K.-H.: Taschenbuch der Werkstoffe. München: Hanser 2003

27 Michaeli, W.: Einführung in die Kunststoffverarbeitung. München: Hanser 2006

28 PlasticsEurope, http://www.plasticseurope.org, aufgerufen am 19.8.2013

29 Saechtling, H.-J.: Kunststoff-Taschenbuch. München: Hanser 2007

30 Sguiglia, E.: Fordlandia. Bergisch-Gladbach: Lübbe 1997

31 Slack, C.: Noble Obsession. New York: Hyperion 2002

32 Uhlig, K.: Polyurethan Taschenbuch. München: Hanser 2006

33 United States Geological Survey (U.S.G.S.), http://www.usgs.gov, aufgerufen am 19.8.2013

34 Weiner, J.: European Tar and Pitch – A Contribution to the History of Research, 1720–1990, veröffentlicht in: Acta Archaeometrica 1, 1999, 1-109

35 Wikipedia: http://de.wikipedia.org/wiki/Linoleum, aufgerufen am 10.7.2009

36 Wirtschaftsverband der deutschen Kautschukindustrie e. V.: Zeittafel der Kautschukgeschichte. 2008

37 Wirtschaftsvereinigung Kunststoffe, http://www.wv-kunststoff.org, aufgerufen am 19.8.2013

2 Polymere Werkstoffe

2.1 Chemische Grundlagen

Im 5. Jahrhundert v. Chr. postulierte Demokrit kleine und nicht teilbare Partikel mit verschiedener Gestalt und Größe als Urkomponenten der Welt. Sein Lehrer Leukipp hatte bereits darüber philosophiert, wie oft man beispielsweise einen Würfel in jeweils acht Würfel der halben Kantenlänge teilen könne. Ohne einen praktischen Beweis zu haben, kam Leukipp zu dem Schluss, dass man schließlich nicht weiter teilbare Partikel erhält, die er Atome (atomos [griechisch]: unteilbar) nannte. Nach Demokrit gingen aus Verbindungen einer nur begrenzten Zahl solcher Atome alle Körper hervor. Allerdings war die Auffassung des Empedokles, die Welt bestehe nur aus den vier Elementen Feuer, Wasser, Erde und Luft, wesentlich beliebter, und hielt sich fast 2.000 Jahre. Eine erste Sortierung der damals bekannten 21 chemischen Elemente wurde schließlich von Antoine Laurent Lavoisier im Jahr 1789 vorgenommen. Durch die Beschreibung grundlegender chemischer Reaktionen wie Oxidation und Reduktion sowie die Einführung der Begriffe Element, Verbindung, Säure und Base erstellte Lavoisier die wissenschaftliche Basis der heutigen Chemie. John Dalton veröffentlichte im Jahr 1803 eine neue Atomtheorie. Lothar Meyer (1868) und Dimitri Mendelejew (1869) versuchten unabhängig voneinander, die mittlerweile 63 bekannten Elemente in Gruppen mit ähnlichen Eigenschaften zusammenzufassen. Das daraus resultierende heutige Periodensystem (115 Elemente, davon 94 natürliche) basierte ursprünglich auf Mendelejews Einteilung nach steigender Atommasse und Gruppen mit chemisch ähnlichem Verhalten, später wurden die Elemente nach steigender Kernladungszahl (Protonenzahl) sortiert. Die Elementsymbole wurden 1814 von Jöns Jakob Berzelius eingeführt. Entstanden sind alle chemischen Elemente im Inneren von Sternen; sie werden vor allem durch Supernovaexplosionen freigesetzt.

Chemische Elemente sind Stoffe, die mit chemischen Reaktionen nicht weiter zerlegbar sind. Sie sind aus gleichartigen Atomen aufgebaut. Man kann sich den Aufbau eines Atoms vereinfacht als einen kugelförmigen Kern vorstellen, der von einer Wolke umgeben ist, in der sich Elektronen bewegen. Der Atomkern enthält die positiv geladenen Protonen, deren Anzahl als Ordnungszahl definiert ist, und die elektrisch neutralen Neutronen. In einem einzelnen Atom ist die Anzahl an Protonen und Elektronen identisch, sodass das Atom nach außen elektrisch neutral bleibt. Die Anzahl der Neutronen im Kern kann jedoch bei gleicher Ordnungszahl unterschiedlich sein. Man spricht in diesem Fall von Isotopen. Da Protonen und Neutronen etwa gleich schwer sind, Elektronen jedoch sehr viel leichter, wirken sich unterschiedliche Anzahlen von Neutronen direkt auf die Masse des Atoms auf. Daher wird die Summe der Anzahl von Neutronen und Protonen als sogenannte Massenzahl zur Charakterisierung eines bestimmten Atoms angegeben. Isotope eines chemischen Elementes zeigen aber identisches chemisches Verhalten, da dieses ausschließlich von der Elektronenhülle bestimmt wird.

Anfang des zwanzigsten Jahrhunderts versuchte man zu klären, warum die negativ geladenen Elektronen nicht aufgrund elektromagnetischer Anziehung in den positiv geladenen Kern stürzten. Durch Kombination der klassischen Physik mit der zu dieser Zeit revolutionären und noch nicht überall anerkannten Quantenphysik gelang es schließlich Niels Bohr im Jahr 1913, ein brauchbares Atommodell zu entwickeln, bei dem die Elektronen den Kern auf festen Bahnen wie Planeten eine Sonne umkreisen sollten.

Wie sich später herausstellte, sind die tatsächlichen Begebenheiten jedoch wesentlich komplizierter. Die Elektronenhülle ist ein Konglomerat aus Aufenthaltswahrscheinlichkeiten von Elektronen, den sogenannten Orbitalen. Räumlich gruppieren sich die Orbitale von innen nach außen in verschiedenen Schalen um den Atomkern. Die Schalen sind dabei nicht als Kreisbahnen zu verstehen, sondern als Gebiete mit der höchsten Elektronendichte oder Aufenthaltswahrscheinlichkeit der jeweiligen Elektronen. Obwohl Albert Einstein sich im Jahr 1916 des in der Quantentheorie verbreiteten Wahrscheinlichkeitsbegriffs bediente, um das Bohr'sche Atommodell zu verbessern, war er jedoch davon überzeugt, dass die Beschränkung auf statistische Gesetze nur vorübergehend sein würde: „Die Theorie liefert viel, aber dem Geheimnis des Alten bringt sie uns doch nicht näher. Jedenfalls bin ich überzeugt davon, dass *der* nicht würfelt.“.

Die Grundlagen des Orbitalmodells beruhen auf der im Jahr 1925 von Werner Heisenberg, Erwin Schrödinger und Paul Adrien Dirac entwickelten Quantenmechanik, die auch als Wellenmechanik bezeichnet wird. Solange man aber berücksichtigt, dass das Schalenmodell nur einen bildhaften Vergleich für verschieden

Energiezustände der Elektronen darstellt, kann man es für viele Erläuterungen weiter verwenden. Für weitere Details sei auf die Fachliteratur verwiesen.

Von innen nach außen finden immer mehr Elektronen auf den Schalen Platz, die maximale Kapazität einer Schale berechnet sich nach $2\,n^2$. Auf der innersten Schalen ($n = 1$) finden also nur zwei Elektronen Platz, auf der nächsten Schale acht, auf der dritten Schale bereits 18 Elektronen und so weiter. Obwohl aber die weiter außen gelegenen Schalen mehr als acht Elektronen fassen, werden sie mit steigender Ordnungszahl nicht kontinuierlich gefüllt. Sobald sie acht Elektronen enthalten, beginnt der Ausbau der nächsthöheren Elektronenschale mit bis zu zwei Elektronen. Erst dann wird bei den als Übergangselementen bezeichneten Atomen die noch unvollständige Schale weiter aufgefüllt. Ursache hierfür ist der energetisch besonders günstige Zustand einer Schale, die mit acht Elektronen gefüllt ist (mit Ausnahme von Wasserstoff und Helium, da die innerste Schale nur zwei Elektronen fasst). Die entsprechenden Positionen im Periodensystem der Elemente werden von den äußerst reaktionsträgen Edelgasen besetzt, die im Gegensatz zu anderen Gasen atomar vorkommen. Die Elektronen der äußersten Schale eines Atoms sind in der Lage, Wechselwirkungen mit den entsprechenden Elektronen von Nachbaratomen einzugehen, und somit chemische Bindungen zu ermöglichen. Man nennt diese Elektronen Valenzelektronen.

Als Antriebskraft für die Bildung chemischer Bindungen gilt das Bestreben, durch Auffüllen der Valenzelektronenschale mit insgesamt acht Elektronen die sogenannte Edelgaskonfiguration zu erreichen. In der Natur liegen daher die meisten chemischen Elemente in gebundener Form vor, das heißt als chemische Verbindung aus Atomen. Diese werden als Moleküle bezeichnet. Auch Gase wie Wasserstoff, Sauerstoff und Stickstoff liegen im Gegensatz zu den Edelgasen nicht atomar vor, sondern bilden chemische Verbindungen mit sich selbst (H_2, O_2, N_2). Der in Form von Diamanten und Graphit natürlich vorkommende elementare Kohlenstoff stabilisiert sich über die Fähigkeit, chemische Bindungen mit sich selbst einzugehen.

Es gibt drei Arten chemischer Bindungen: die Metallbindung, die Ionenbindung und die kovalente Bindung.

Metallbindung

Metalle liegen überwiegend als Atomrümpfe in bestimmter Anordnung mit relativ frei beweglichen Valenzelektronen ("Elektronengas") vor. Die Valenzelektronen sind also nicht bestimmten Atomkernen zugeordnet, aber ein einzelnes Atom kann statistisch betrachtet die Edelgaskonfiguration erreichen. Ein freies Elektron verteilt sich dabei auf bis zu zehn Metallatome, was die hohe elektrische und thermische Leitfähigkeit der Metalle erklärt.

Ionenbindung

Atome vermögen auch einzelne Elektronen aus der Elektronenhülle eines benachbarten Atoms herauszulösen, um die Edelgaskonfiguration zu erreichen. Hierdurch werden Atome elektrisch geladen, sie werden zu Ionen. Bei positiver Ladung (fehlende Elektronen) spricht man von Kationen, bei negativer Ladung (überschüssige Elektronen) von Anionen. Durch entsprechende Kombinationen von Kationen und Anionen erhält man nach außen elektrisch neutrale Moleküle, deren innerer Zusammenhalt auf elektromagnetischen Kräften beruht. Die Ionenbindung ist typisch für viele Salze, wie etwa Natriumchlorid (Kochsalz) und viele andere anorganische Verbindungen. Durch Abgabe eines Elektrons wird die Valenzelektronenschale des Natriums geleert, die darunterliegende Schale ist mit acht Elektronen besetzt und besitzt die angestrebte Edelgaskonfiguration. Das Natriumatom wird hierdurch zum einfach positiv geladenen Natriumkation. Das Chloratom füllt mit dem übernommenen Elektron seine Valenzelektronenschale mit einem achten Elektron auf, dadurch wird es zum einfach negativ geladenen Chloranion.

Nach diesem Prinzip stellt etwa Magnesium zwei und Aluminium drei Elektronen zur Verfügung, Phosphor kann drei, Schwefel zwei Elektronen aufnehmen. Auf diese Weise entstehen mehrfach geladene Ionen, das betreffende Element ist mehrwertig. Mit steigender Wertigkeit der beteiligten Atome zeigen ihre chemischen Verbindungen jedoch immer mehr kovalenten Charakter, insbesondere bei Verbindungen mehrwertiger Elemente untereinander.

Kovalente Bindung

Auch durch die Überlappung von Elektronenhüllen benachbarter Atome kann die Edelgasstruktur erreicht werden. Hierzu bilden sich Elektronenpaare, wobei jedes Atom ein Elektron beisteuert. Durch die gemeinsame Anziehung der einzelnen Elektronen von beiden Atomkernen werden sie gewissermaßen auf diese Atome fixiert, wodurch die kovalente Bindung stabilisiert wird. Die kovalente Bindung ist typisch für Kohlenstoff und seine Verbindungen. Ein vollständig mit kovalenten Bindungen zusammengesetztes Großmolekül aus Kohlenstoff ist Diamant, der sich durch die höchste Festigkeit (ausgedrückt als Elastizitätsmodul) aller Stoffe auszeichnet.

Chemische Verbindungen lassen sich im Gegensatz zu Stoffgemischen nicht durch physikalische Methoden (sieben, destillieren, sortieren) trennen. Die für alle Lebewesen unseres Planeten wichtigste chemische Verbindung ist Wasser, das wichtigste Stoffgemisch ist Luft (im Wesentlichen Stickstoff und Sauerstoff).

Anorganische Verbindungen sind meist aus nur wenigen Atomen aufgebaut, in der Regel liegen einfache Strukturen vor. Daher sind anorganische Verbindungen über die in der Chemie übliche Schreibweise der Summenformel aus den Elementsymbolen relativ leicht zu charakterisieren. Die Nomenklatur anorganischer Verbindungen ist daher meistens relativ einfach. So werden in der Summenformel nur die Art und Anzahl der Atome der betreffenden Verbindung genannt. Die Zahlen werden dabei tiefgestellt. Beispiele sind H_2O (Wasser), das demzufolge aus zwei Atomen Wasserstoff (H) und einem Atom Sauerstoff (O) aufgebaut ist, NaCl (Natriumchlorid, Kochsalz) aus je einem Atom Natrium (Na) und Chlor (Cl), $NaHCO_3$ (Natriumhydrogencarbonat, Natron – Bestandteil von Backpulver) aus je einem Atom Natrium (Na), Wasserstoff (H), Kohlenstoff (C) und drei Atomen Sauerstoff (O).

Durch chemische Reaktionen lassen sich Stoffe umwandeln und neue Verbindungen erhalten. Eine solche chemische Reaktion ist beispielsweise das Entkalken eines Wasserkessels mit Essig. Die in Essig enthaltene Säure (sie wird daher Essigsäure genannt) ist in der Lage, den Kalkstein aufzulösen. Dabei kann man beobachten, dass sich Gasbläschen bilden. Bei genauerer Untersuchung stellt sich heraus, dass der Kalkstein nicht einfach verschwindet, sondern chemisch umgewandelt wurde. Eine Analyse der Komponenten ergibt, dass der Kalkstein (Calciumcarbonat, $CaCO_3$), mit Essigsäure (CH_3COOH) unter Bildung von Kohlendioxid (CO_2) und einer wasserlöslichen Verbindung, Calciumacetat ($Ca(CH_3COO)_2$), reagiert. In Form der in der Chemie üblichen Reaktionsgleichung stellt sich dieser Vorgang wie folgt dar:

$$CaCO_3 + 2\,CH_3COOH \rightarrow Ca(CH_3COO)_2 + CO_2 + H_2O.$$

Das Calciumcarbonat zerfällt also in das zweiwertige Calciumion, das sich mit zwei Molekülen der einwertigen Essigsäure zu Calciumacetat verbindet, sowie in Kohlendioxid. Das noch verbleibende Sauerstoffatom aus dem Calciumcarbonat verbindet sich mit zwei Wasserstoffatomen, die von der Essigsäure freigesetzt werden, zu einem Molekül Wasser. In einer chemischen Reaktion gehen also keine Atome verloren, mathematisch müssen solche Gleichungen auf beiden Seiten identisch sein. Etwas ungewohnt ist lediglich die Positionierung der Zahlen in chemischen Reaktionsgleichungen.

Aus den Ausgangsstoffen sind also durch die chemische Reaktion Endprodukte mit völlig anderen Eigenschaften entstanden. Allerdings sagt schon hier die Summenformel nichts über die Anordnung der Atome untereinander, also die Struktur des Moleküls, aus. Die Struktur ist jedoch entscheidend für das Verhalten gegenüber anderen Molekülen. Daher ist bei komplexeren Verbindungen – im Wesentlichen die der organischen Chemie und insbesondere bei Polymeren – die Strukturformel für die genaue Charakterisierung notwendig. Die Summenformeln der anorganischen Chemie sind dagegen meistens eindeutig.

Bei gleicher Summenformel zeigen unterschiedliche Anordnungen von Atomen zum Teil erhebliche Abweichungen in ihren physikalischen und chemischen Eigenschaften (Isomerie). Allerdings kann man auch in der organischen Chemie eine etwas einfachere Schreibweise verwenden, wenn man funktionell zusammengehörende Atome in Gruppen zusammenfasst. Beispiele für solche Kurzschreibweisen funktioneller Gruppen in der organischen Chemie sind -OH für Alkohole oder -COOH für Säuren. Viele Verbindungen der organischen Chemie basieren auf Kohlenwasserstoffen, erkennbar durch Kürzel wie CH_3-, C_2H_5-, oder C_3H_9-. Durch Kombinationen dieser Gruppen lassen sich Verbindungen wie Ethanol (Ethylalkohol, früher: Äthanol, C_2H_5OH) oder Essigsäure (CH_3COOH) sehr einfach darstellen.

Fast alle chemischen Elemente verbinden sich nur in begrenztem Maß mit sich selbst. Eine große Ausnahme ist Kohlenstoff, der sich beliebig oft mit sich selbst verbinden kann. Das Kohlenstoffatom ist vierbindig, es kann sich also mit jeweils vier anderen Atomen verbinden. Dies erlaubt den Aufbau hochkomplexer organischer Verbindungen wie etwa Desoxyribonukleinsäure (DNA) oder anderen Polymeren.

Allerdings finden sich auch Kohlenstoffverbindungen, bei denen nicht alle Bindungsmöglichkeiten ausgeschöpft zu sein scheinen, wie etwa bei Ethen (C_2H_4) im Vergleich zu Ethan (C_2H_6). Von den vier möglichen Bindungen jedes Kohlenstoffatoms wird bei Ethan jeweils eine für die Verbindung zum benachbarten Kohlenstoffatom ausgenutzt, die restlichen drei für die Verbindungen mit Wasserstoff. Bei Ethen jedoch ist jedes Kohlenstoffatom nur mit zwei Wasserstoffatomen verbunden. Es scheinen also nicht alle Bindungsmöglichkeiten ausgeschöpft zu sein, weshalb man auch von ungesättigten Kohlenwasserstoffen spricht. Tatsächlich aber sind die beiden Kohlenstoffatome des Ethens nicht durch eine, sondern durch zwei chemische Bindungen miteinander verbunden. Man spricht hier von einer Doppelbindung (Bild 2.1).

Ethan C_2H_6 Ethen C_2H_4

Bild 2.1 Vergleich von Einfach- und Doppelbindung am Beispiel Ethan/Ethen

Charakteristisch für solche Doppelbindungen ist, dass ihre einzelnen chemischen Bindungen unterschiedliche Stabilität aufweisen, sich also eine davon relativ leicht öffnen lässt, um sich mit anderen Atomen zu verbinden. In der organischen Chemie ist dies meist wiederum Kohlenstoff. Aus diesem Grunde sind ungesättigte Kohlenwasserstoffe wichtige Rohstoffe für die Herstellung von Polymeren. Liegen mehrere Moleküle einer solchen ungesättigten Verbindung vor, lassen sich diese unter geeigneten Reaktionsbedingungen zu einer einzigen, jedoch größeren Verbindung, zusammensetzen. Dabei geht die Doppelbindung verloren (vergleiche Polymerisation, Abschnitt 2.2).

Auf diese Weise lassen sich beispielsweise sehr viele Ethenmoleküle zu Polyethen zusammensetzen. (Aufgrund des früher gebräuchlichen Begriffs Ethylen für das Monomer hat sich der Name Polyethylen erhalten, dies gilt analog auch für Polypropylen). Die Reaktion läuft jedoch nicht von alleine ab, es sind geeignete Reaktionsbedingungen (Druck, Temperatur) und aktivierende Substanzen (Initiatoren) erforderlich, z.B. Verbindungen mit ungepaarten Elektronen (Radikale) oder Ionen. Eine andere Möglichkeit bedient sich spezieller Metallverbindungen, an denen sich Moleküle mit Doppelbindungen anlagern, wodurch diese geschwächt wird. Die von Ziegler und Natta gefundenen Katalysatoren gehören in diese Kategorie.

Weitere wichtige Monomere sind etwa Propen (früher: Propylen) $CH_3 - CH = CH_2$, Vinylchlorid $CH_2{=}CHCl$ oder Butadien $CH_2{=}CH - CH{=}CH_2$. Bei Letzterem wird die Polymerisation durch die besondere Anordnung der Doppelbindungen im Monomer speziell begünstigt (konjugierte Doppelbindungen: die Doppelbindungen wechseln sich mit Einfachbindungen ab).

Aromatische Verbindungen fallen durch ihre vollkonjugierten Ringstrukturen auf. Die Lage der einzelnen Doppelbindungen ist in solchen Systemen nicht lokalisierbar. Wie schon erwähnt, sind die beiden Bindungen einer Doppelbindung unterschiedlich stark. Bei Aromaten sind die Elektronen der jeweils schwächeren Bindungen über das gesamte Ringsystem verteilt, etwa vergleichbar mit dem Elektronengas bei Metallen. Daher weicht das chemische Verhalten von Aromaten deutlich von dem ungesättigter aliphatischer Verbindungen ab. Die aromatische Ringstruktur wird durch einen Kreis gekennzeichnet. Nur, wenn der Zusammenhang eindeutig ist, werden Summenformeln verwendet (Bild 2.2).

Wie die meisten chemischen Reaktionen läuft auch die Polymerisation erst unter bestimmten Bedingungen ab. (Wenn alle chemischen Reaktionen spontan abliefen wäre Leben auf unserem Planeten nicht möglich). Zur Unterstützung chemischer

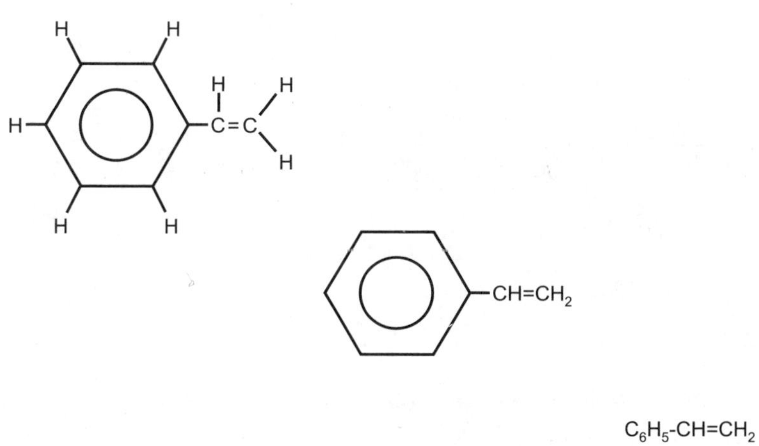

Bild 2.2 Vereinfachte Schreibweise aromatischer Verbindungen am Beispiel Styrol

Reaktionen dienen oft erhöhte Temperatur und/oder erhöhter Druck; meist ist auch die Anwesenheit eines Katalysators erforderlich.

Katalysatoren unterstützen oder ermöglichen chemische Reaktionen, ohne dabei selbst an der Reaktion teilzunehmen. Also werden Katalysatoren theoretisch nicht verbraucht. In der Praxis zeigt sich jedoch, dass diese oberflächenaktiven Substanzen durch Ablagerungen auf ihrer Oberfläche oder eingeschleppte Substanzen im Laufe der Zeit inaktiv werden. So dürfen z. B. Kraftstoffe für Fahrzeuge mit Abgaskatalysator keine Bleiverbindungen zur Verbesserung der Klopffestigkeit enthalten. Abgesehen von ihrer Giftigkeit, würde der Katalysator diese zerlegen, wodurch sich metallisches Blei auf der Oberfläche des Katalysators abscheidet. Damit wird der Katalysator für die Abgasreinigung unbrauchbar. Für die meisten chemischen Prozesse in der Industrie werden Katalysatoren eingesetzt. Dabei erfordern unterschiedliche chemische Reaktionen auch verschiedene Katalysatoren.

2.2 Grundlagen polymerer Werkstoffe

Polymere Werkstoffe sind aus langkettigen Molekülen aufgebaut, den sogenannten Makromolekülen (makros [griechisch] = groß). Diese setzen sich aus sehr vielen (etwa zwischen 10^4 bis 10^6) gleich aufgebauten Teilen, den sogenannten Monomeren (monos [griechisch] = allein) zusammen und werden daher Polymer (polys [griechisch] = viel, meros [griechisch] = Teil) genannt. Das entsprechende Verfahren heißt Polymerisation (Bild 2.3).

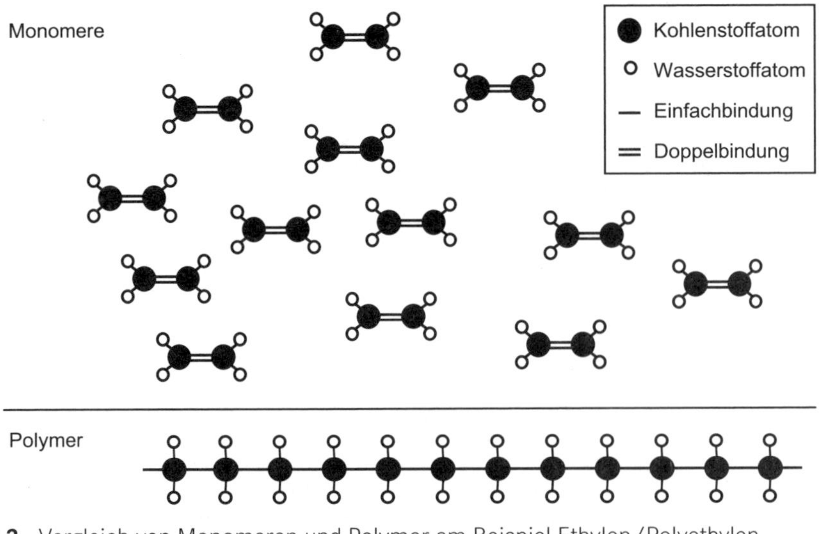

Bild 2.3 Vergleich von Monomeren und Polymer am Beispiel Ethylen/Polyethylen

Zur einfachen und anschaulichen Darstellung der extrem großen Polymermoleküle bedient man sich ebenfalls einer Kurzschreibweise. Längere Moleküle werden als Zick-Zack-Ketten dargestellt, wobei Wasserstoff meist weggelassen wird. Jeder Knick sowie die Anfangs- und Endpunkte stehen für ein Kohlenstoffatom mit den dazugehörigen Wasserstoffatomen. Noch einfacher ist die Verwendung von Summenformeln mit Indizes für die Anzahl der jeweiligen Monomersegmente. Die Segmentgröße wird meist im Kontext angegeben, etwa n = 20.000. Allerdings sagen solche Schreibweisen nichts über die tatsächliche Verteilung der Monomere aus (statistisch, alternierend, in Segmenten/Blöcken oder gepfropft), Bild 2.4.

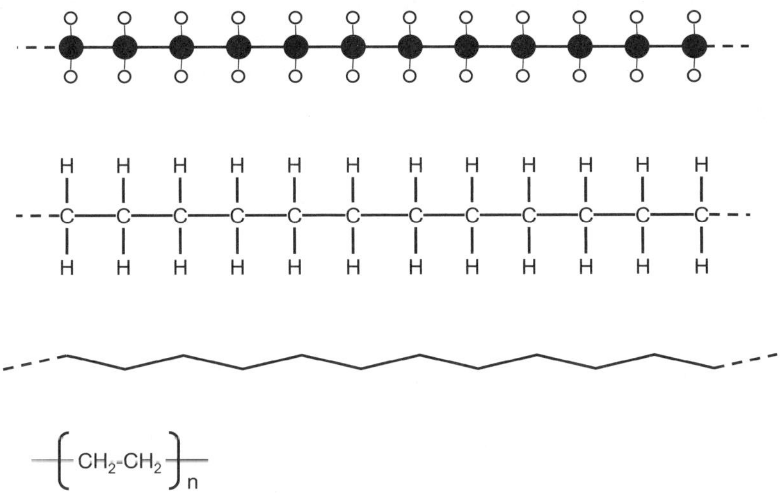

Bild 2.4 Verschiedene Schreibweisen für Polyethylen

Monomere sind chemische Verbindungen, die die Eigenschaften der Polymere bestimmen. Durch entsprechende Wahl der Monomere und Steuerung der Polymerisation ist es möglich, gezielt Werkstoffe mit neuen Eigenschaften herzustellen. Je nach Monomer und Reaktionsbedingungen entstehen bei der Polymerisation bei gleicher Summenformel unterschiedliche räumliche Strukturen. Die Reaktionsbedingungen entscheiden beispielsweise über die durchschnittliche Kettenlänge, die Molmassenverteilung sowie die Entstehung linearer oder verzweigter Polymere (Bild 2.5). Aufgrund ihrer größeren räumlichen Ausdehnung haben verzweigte Polymere eine etwas geringere Dichte und eine geringere Kristallisationstendenz; das parallele Zusammenlagern der Makromoleküle wird durch die sperrigen Verzeigungen erschwert. Weiterhin weisen verzweigte Polymere höhere Schmelztemperaturen als lineare Polymere aus den gleichen Grundbausteinen auf.

Bei der Polymerisation ungesättigter Verbindungen öffnet sich, ausgelöst durch spezielle Initiatormoleküle, jeweils eine der Bindungen aus der Doppelbindung und bindet sich an das nächste Monomermolekül. Auf diese Weise findet ähnlich

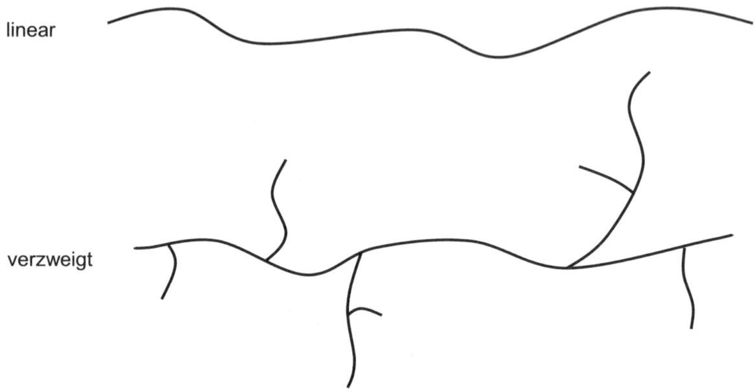

Bild 2.5 Vereinfachte Darstellung eines linearen und eines verzweigten Polymeren

dem beliebten Umwerfen von Dominosteinen eine Kettenreaktion statt, bis entweder keine Monomere mehr vorhanden sind oder die Reaktion durch spezielle Verbindungen abgebrochen wird (Bild 2.6).

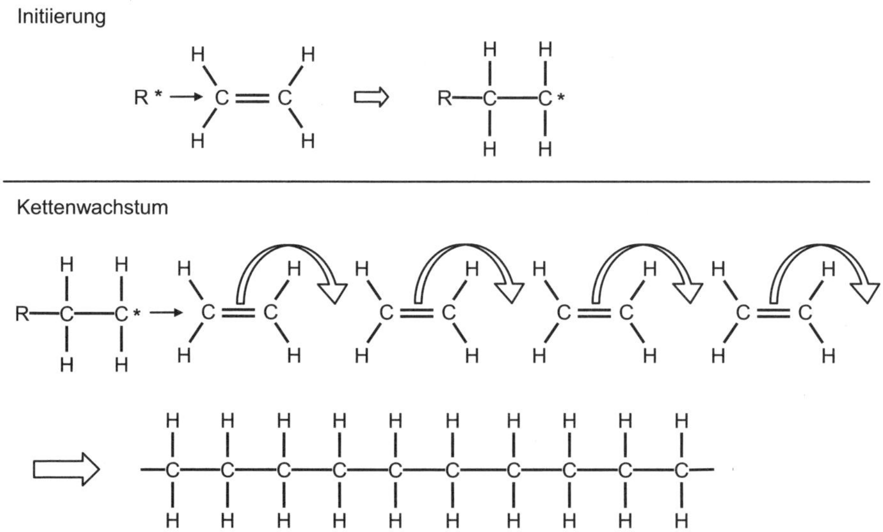

Bild 2.6 Polymerisation ungesättigter Verbindungen am Beispiel Ethen (schematisch)

Bei größeren Monomermolekülen als Ethen verbleiben an jedem Monomersegment gewissermaßen Anhängsel an der Polymerkette. Die räumliche Anordnung dieser Seitengruppen führt zu abweichenden Eigenschaften. Man bezeichnet die möglichen Anordnungen als ataktisch (ungeordnet), isotaktisch (gleichförmig an einer Seite) oder syndiotaktisch (regelmäßig an beiden Seiten wechselnd). Die verschiedenen Anordnungen zeigt Bild 2.7.

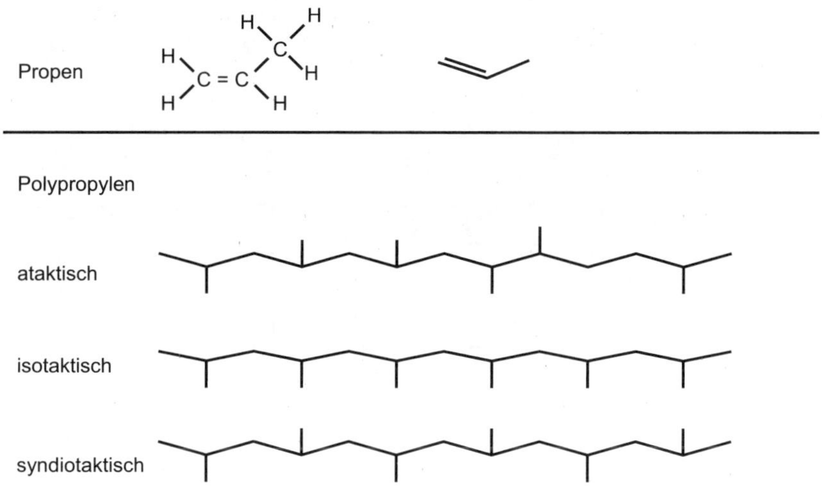

Bild 2.7 Ataktische, isotaktische und syndiotaktische Anordnung von Seitengruppen am Beispiel Polypropylen

Je nach Monomer sind verschiedene Polymerisationsverfahren in Gebrauch. Die Monomere werden entweder in Substanz (meist gasförmig oder flüssig, seltener als Schmelze), in Wasser oder Lösungsmitteln gelöst oder in Emulsion/Suspension polymerisiert. Fast immer ist dabei die Gegenwart von Katalysatoren erforderlich. Nach Erreichen des gewünschten Polymerisationsgrades (einer mittleren Kettenlänge) wird die Polymerisation abgebrochen. Schließlich werden die Polymere von den Hilfsstoffen getrennt und aufgearbeitet.

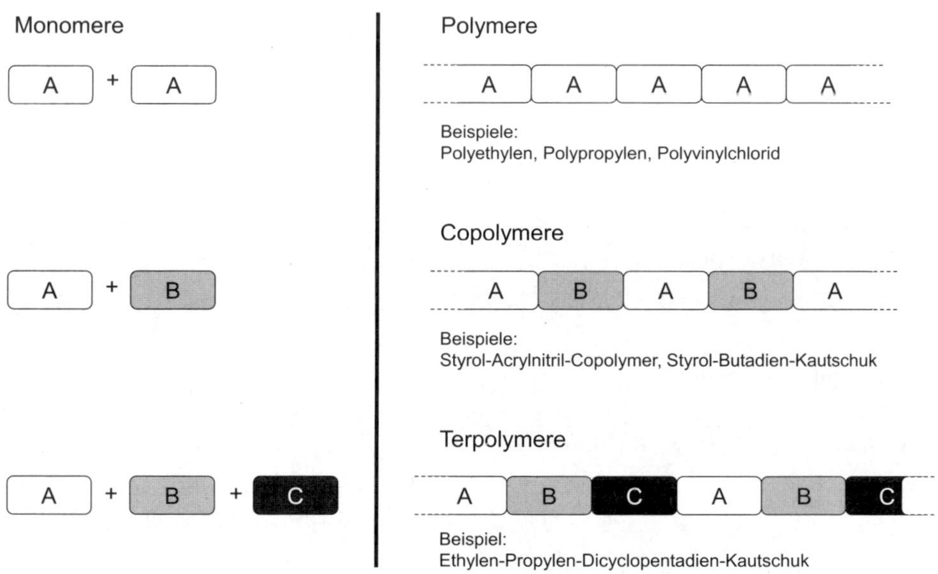

Bild 2.8 Co- und Terpolymerisation verwenden unterschiedliche Arten von Monomeren

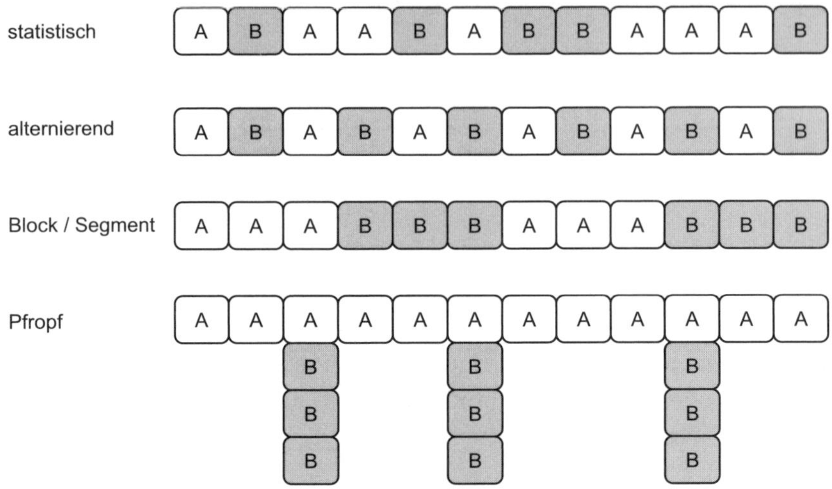

Bild 2.9 Verschiedene Anordnungen von Monomeren bei der Copolymerisation

Um Eigenschaften verschiedener Grundstoffe miteinander zu kombinieren, werden auch unterschiedliche Monomere miteinander polymerisiert (Copolymerisation, Bild 2.8). Dabei sind verschiedene Anordnungen der Monomere möglich (Bild 2.9).

Eine Copolymerisation ist jedoch nicht immer technisch möglich oder das entsprechende Verfahren wirtschaftlich nicht tragbar. In solchen Fällen kann man geeignete Thermoplaste in speziellen Mischaggregaten durch Aufschmelzen miteinander kombinieren und auf diese Weise sogenannte Blends herstellen (vergleichbar mit Mischungen von Kaffeebohnen, Teeblättern oder Weinsorten unterschiedlicher Herkunft). Die einzelnen Komponenten sind zwar homogen ineinander verteilt, aber chemisch nicht miteinander verbunden. Die verschiedenen Polymere liegen also nebeneinander vor. Bei nicht schmelzbaren Komponenten, etwa Butadienkautschuk (zur Herstellung von ABS), kann der Mischprozess bereits in der flüssigen Phase, parallel zur Polymerisation, erfolgen. Oft findet dann am Kautschuk eine Pfropfung mit den Thermoplastmonomeren statt, was die Verträglichkeit der Komponenten untereinander erhöht.

Blends stellen eine preisgünstige Methode dar, verschiedene Polymere miteinander zu kombinieren, und gewinnen vor allem bei technischen Thermoplasten immer weiter an Bedeutung. Durch das Mischungsverhältnis der Polymere lassen sich die Eigenschaften der Blends, wie etwa Fließfähigkeit, Wärmeformbeständigkeit, Schlagzähigkeit oder chemische Beständigkeit, in einem gewissen Rahmen variieren. Gelegentlich zeigen sich sogar synergetische Effekte (eine oder mehrere Eigenschaften übertreffen das Niveau der jeweiligen reinen Ausgangsstoffe).

2.3 Polymerisation, Polyaddition, Polykondensation

Neben der Polymerisation lassen sich Polymere durch zwei weitere Reaktionsmöglichkeiten miteinander verbinden, die Polyaddition und die Polykondensation.

Bei der Polymerisation bilden sich Polymere durch Kettenwachstum auf Basis von Monomeren. Neuerdings verwendet man daher auch den Begriff Kettenpolymerisation. Zusätzlich wird noch eine aktive Substanz benötigt, die eine Startreaktion mit dem Monomer eingeht, worauf das Wachstum wie eine Kettenreaktion einsetzt. Diese Substanzen sind entweder Ionen (elektrisch positiv oder negativ geladene Moleküle) oder Radikale (Verbindungen mit einem freien, das heißt ungebundenen Elektron) (Bild 2.10).

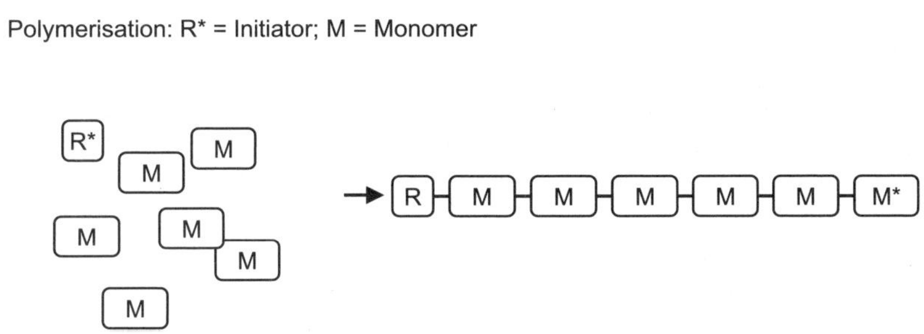

Bild 2.10 Prinzip des Kettenwachstums bei der Polymerisation

Polyaddition und Polykondensation (auch: Kondensationspolymerisation) verlaufen nach einem anderen Mechanismus. Hier reagieren spezielle chemische Verbindungen mit aufeinander abgestimmten funktionellen Gruppen zunächst zu kleineren, dann immer größeren Molekülverbänden (Bild 2.11 a). Im Gegensatz zur Polymerisation laufen bei der Polyaddition und der Polykondensation viele voneinander unabhängige Einzelreaktionen ab. Auf diese Weise lassen sich räumlich dicht vernetzte Polymere herstellen (Bild 2.11 b). Der entscheidende Unterschied zwischen Polyaddition und Polykondensation ist die Freisetzung niedermolekularer Spaltprodukte bei der Polykondensation, z. B. Wasser (hierauf ist der Name Polykondensation zurückzuführen), Alkohole oder andere (Bild 2.12). Wichtige Polyadditionsprodukte sind Polyurethane, Polyharnstoffe und Epoxidharze, bedeutende Polykondensationsprodukte sind Polyamide, Polyester (z. B. Polycarbonat), Phenoplaste und Aminoplaste.

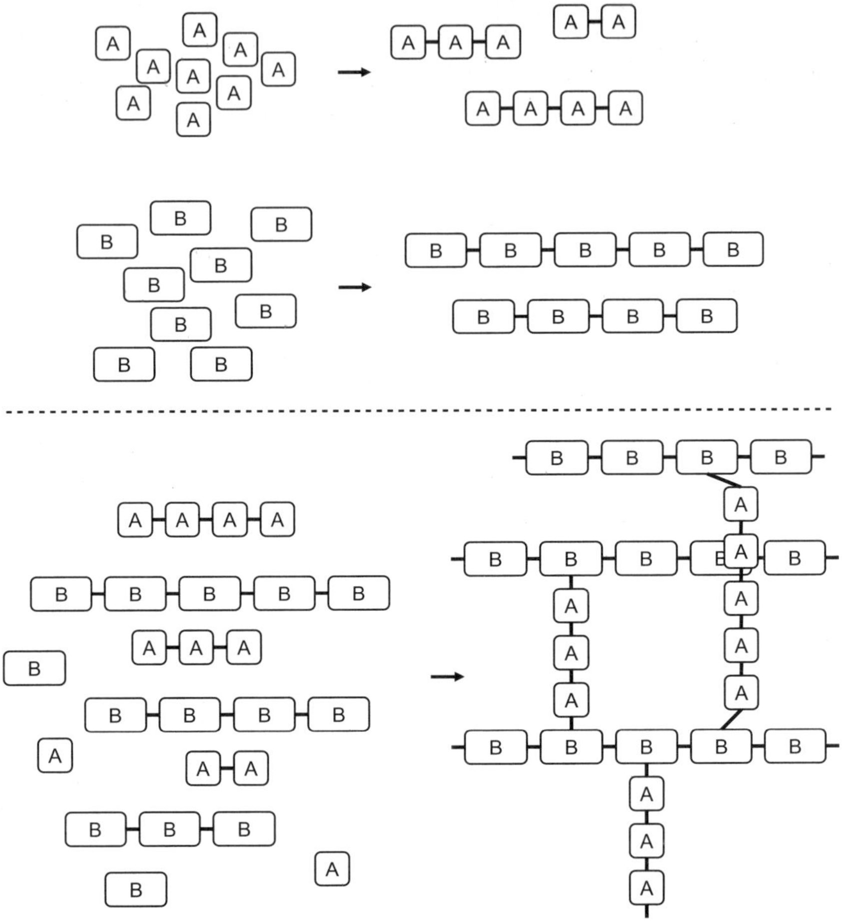

Bild 2.11 Schematische Darstellung der Polyaddition
a) Bildung von Präpolymeren aus den Komponenten A und B
b) Kombination der Präpolymere untereinander sowie mit restlichen Monomeren zum räumlich vernetzten Duroplasten

2.4 Arten polymerer Werkstoffe

2.4.1 Klassifizierung

Polymere Werkstoffe lassen sich in Elastomere, Thermoplaste und Duroplaste aufteilen. Elastomere grenzen sich durch ihre Gummielastizität von Thermoplasten und Duroplasten ab. Thermoplastische Elastomere vereinen thermoplastische Verarbeitbarkeit mit Gummielastizität. Umgangssprachlich wird der Begriff Kunststoffe (oder Plastik, abgeleitet vom englischen Wort plastics) auch als Sammelbe-

a)

b)

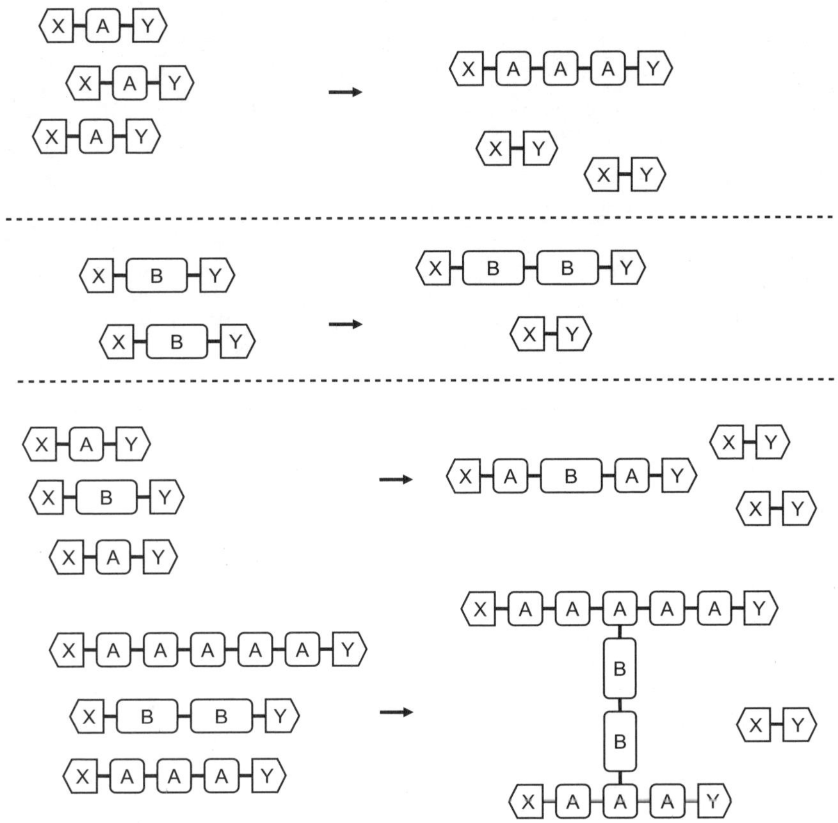

Bild 2.12 Schematische Darstellung der Polykondensation
a) Freisetzung niedermolekularer Verbindungen XY bei der Bildung von Präpolymeren
b) Freisetzung niedermolekularer Verbindungen XY bei der Kombination beider Komponenten oder von Präpolymeren

griff für Thermoplaste und Duroplaste verwendet. Allerdings zählen Elastomere (Gummi) ebenfalls zu den Kunststoffen, obwohl sie auf Naturkautschuk basieren.

Eine grundsätzliche Klassifizierung ist anhand des Verhaltens bei mechanischer Belastung unter verschiedenen Temperaturen sowie des Verhaltens gegenüber Lösungsmitteln möglich. Die Makromoleküle von Thermoplasten und thermoplastischen Elastomeren üben lediglich physikalische Wechselwirkungen aufeinander aus. Bei entsprechender Temperaturerhöhung gleiten sie voneinander ab, daher sind Thermoplaste und thermoplastische Elastomere wärmeformbar. Die Makromoleküle von Elastomeren und Duroplasten sind allerdings chemisch miteinander vernetzt, was ihre Beweglichkeit stark reduziert. Aus diesem Grund muss die Formgebung vor Ablauf der Vernetzungsreaktion erfolgen. Die Quellbarkeit durch Lösungsmittel hängt ebenfalls vom Vernetzungsgrad ab. Dies wird praktisch ausgenutzt, um den Vernetzungsgrad über die Quellung in Lösungsmitteln zu bestim-

Werkstoffklasse	Charakteristik	Raumtemperatur	erhöhte Temperatur
Thermoplaste	- wärmeformbar - in Lösungsmitteln gering bis stark quellbar oder löslich		
Duroplaste	- Formgebung vor der Vernetzung - in Lösungsmitteln nicht quellbar oder löslich		
Elastomere	- Gummielastizität - Formgebung vor der Vernetzung - in Lösungsmitteln gering bis stark quellbar, aber nicht löslich		
Thermoplastische Elastomere	- Gummielastizität - wärmeformbar - in Lösungsmitteln gering bis stark quellbar oder löslich		

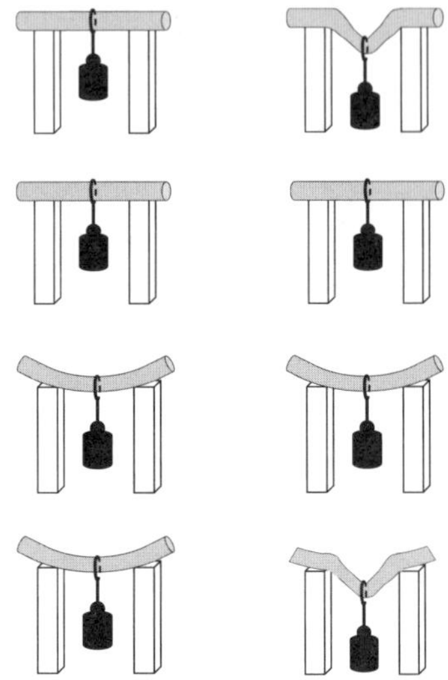

Bild 2.13 Prinzipieller Vergleich verschiedener polymerer Werkstoffe

men. Thermoplaste und thermoplastische Elastomere zeigen in Abhängigkeit von Polymer und Lösungsmittel geringe bis starke Quellung oder lassen sich sogar auflösen. Die weitmaschig vernetzten Elastomere quellen – je nach Zusammensetzung, Vernetzungsgrad und Lösungsmittel – mäßig bis stark, lassen sich jedoch nicht mehr vollständig auflösen. Duroplaste sind dagegen engmaschig vernetzt; aufgrund dieser hohen Vernetzungsdichte sind sie weder quellbar noch löslich (Bild 2.13).

Auch hinsichtlich der Fertigungsverfahren sind spezifische Unterschiede vorhanden. Thermoplaste und thermoplastische Elastomere werden als Granulate angeboten und enthalten in der Regel bereits alle erforderlichen oder gewünschten Zuschlagstoffe wie etwa Farbmittel, Glasfasern oder Flammschutzmittel. Gelegentlich werden die Zuschlagstoffe auch vom Verarbeiter selbst eingearbeitet. Die Granulate werden nach Trocknung aufgeschmolzen und in die gewünschte Form überführt, die sie nach Abkühlung beibehalten.

Zur Herstellung von Elastomeren werden die üblicherweise als Ballen erhältlichen Kautschuke mit weiteren, pulverförmigen oder flüssigen Komponenten vermengt. Analog müssen zur Herstellung von Duroplasten die meist flüssigen Ausgangsstoffe und gegebenenfalls Additive vermischt werden. Nach der Formgebung erfolgt die notwendige Vernetzung; bei Duroplasten, etwa Polyurethanen, kann diese bereits relativ schnell bei Raumtemperatur ablaufen. Für die Vernetzung von Kautschuken zu Elastomeren sind in der Regel eine hohe Temperatur und eine gewisse Verweilzeit erforderlich (Bild 2.14).

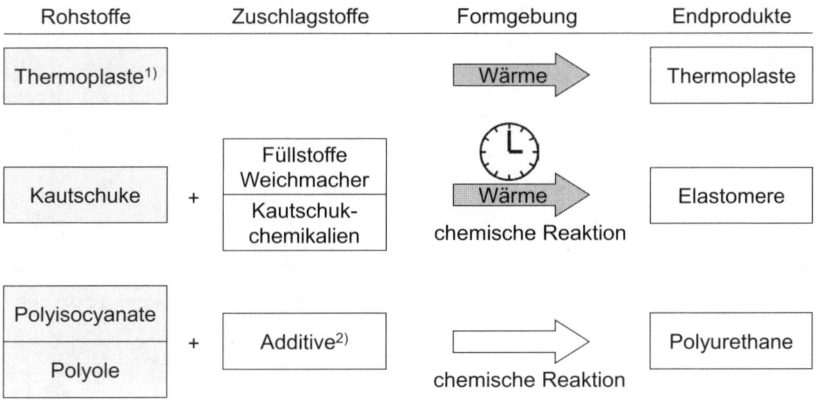

1) bei Bedarf werden Additive wie Farbstoffe, Füllstoffe, Flammschutzmittel bereits vom Hersteller zugemischt
2) soweit erforderlich

Bild 2.14 Verarbeitung verschiedener polymerer Werkstoffe

2.4.2 Temperaturabhängige Charakteristik

Polymere Stoffe bestehen aus Makromolekülen, deren Atome durch die starken kovalenten Bindungen zusammengehalten werden. Zwischen den Makromolekülen wiederum wirken die im Vergleich dazu schwächeren Nebenvalenzkräfte. Sie sind relativ leicht (beispielsweise durch Temperaturerhöhung) zu überwinden, was die Verschiebung von Makromolekülen untereinander ermöglicht. Außerdem vermögen unvernetzte Makromoleküle (Thermoplaste) zu fließen, somit haben diese Stoffe auch zeitabhängige Eigenschaften. Daher zeigen polymere Werkstoffe im Gegensatz zu Metallen oder keramischen Werkstoffen, deren innerer Zusammenhalt ausschließlich über kovalente Bindungen oder Ionenbindungen erfolgt, erheblich geringere Elastizitätsmoduln, Festigkeiten und Härte. Durch chemische Vernetzung (Elastomere, Duroplaste) lassen sich diese Werte bei Makromolekülen erhöhen, sie steigen mit der Vernetzungsdichte. Diamant, der den höchsten Elastizitätsmodul aller Materialien zeigt, kann auch als vollständig kovalent vernetzter Kohlenstoff betrachtet werden.

Die praktische Verwendung von Werkstoffen setzt voraus, dass sie innerhalb eines bestimmten Temperaturbereichs nahezu konstante Eigenschaften aufweisen. Diese Temperaturspanne wird als Gebrauchstemperaturbereich bezeichnet. Seine Breite, sowie die jeweiligen Grenztemperaturen, sind für jeden Werkstoff spezifisch. Bei Kunststoffen liegt die untere Grenze in den meisten Fällen unterhalb des Gefrierpunkts von Wasser, die Obergrenze in der Größenordnung von 70 bis 120 °C, in Ausnahmefällen sind bis zu mehrere hundert Grad Celsius möglich.

Niedermolekulare Stoffe treten fest, flüssig und gasförmig auf, wobei die Schmelz- und Siedepunkte scharfe Grenzen zwischen diesen Aggregatzuständen bilden. Dagegen weisen Polymere ausgeprägte Übergangsbereiche zwischen ihren mechanischen Zuständen auf. Die Temperaturgrenzen der Zustandsbereiche und die Breite der Übergangsbereiche werden durch Aufbau und Molmasse (präziser: Molmassenverteilung) bestimmt, sind also für jeden polymeren Werkstoff spezifisch. Eine genauere Betrachtung erlaubt der Verlauf des Schubmoduls in Abhängigkeit von der Temperatur (Bild 2.15).

Bei sehr tiefen Temperaturen verhalten sich alle Kunststoffe zunächst energieelastisch, sie sind hart bis glasartig spröde und setzen mechanischer Verformung eine hohe Widerstandskraft entgegen. Duroplaste bleiben bis zur Zersetzungstemperatur in diesem Zustand.

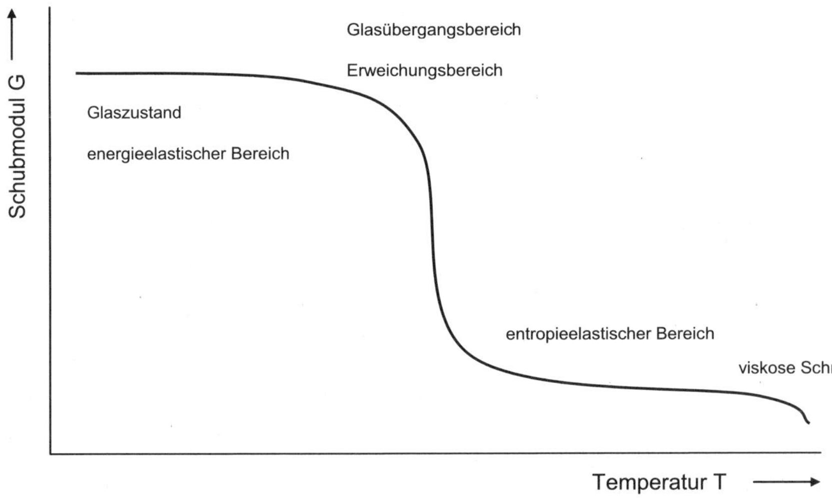

Bild 2.15 Prinzipieller Verlauf der Schubmodulkurve polymerer Werkstoffe

Mit steigender Temperatur erlangen die Makromoleküle eine höhere Beweglichkeit, das Polymer dehnt sich insgesamt aus und die Nebenvalenzbindungen verlieren an Stärke. Die bisher eingefrorenen amorphen Bereiche tauen auf, der Schubmodul verringert sich, das Polymer wirkt insgesamt lederartig. Die verknäuelten Moleküle lassen sich nun immer einfacher gegeneinander verschieben und strecken, streben aber bei Entlastung zunächst wieder den verknäuelten, ungeordneten Zustand an; sie sind entropieelastisch. Der Übergang zwischen dem glasartig harten Zustand und dem entropieelastischen Bereich wird als Glasübergangsbereich bezeichnet. Bei den dicht vernetzten Duroplasten spielen Nebenvalenzkräfte nur eine untergeordnete Rolle, daher weisen Duroplaste keinen Glasübergangsbereich auf.

Kautschuke weisen ein breites entropieelastisches Plateau auf, daher besitzen sie auch im unvernetzten Zustand schon hohe Rückstellkräfte. Durch weitmaschige dreidimensionale chemische Vernetzung (kovalente Bindungen) werden die Rückstellkräfte enorm erhöht, da die Vernetzungen die Bewegungsfreiheit einschränken. Die auf diese Weise erhaltenen Elastomere sind daher gummielastisch. Sie lassen sich um bis zu mehrere hundert Prozent dehnen und gehen nach Entlastung fast vollständig wieder in ihren Ausgangszustand zurück.

Da Elastomere typischerweise Glasübergangsbereiche bei sehr niedrigen Temperaturen aufweisen, ist das entropieelastische Plateau ihrer Schubmodulkurve und damit ihr Gebrauchstemperaturbereich relativ breit. Elastomere werden also grundsätzlich oberhalb ihrer Glastemperatur eingesetzt, da eingefrorene Molekülketten nicht gummielastisch sind. Die Glastemperatur von Elastomeren lässt sich durch Zusatz spezieller Weichmacher zu noch tieferen Temperaturen hin verschieben. Naturkautschuk und Chloroprenkautschuk zeigen außerdem eine ausgeprägte Kristallisationstendenz. Diese ist, wenn auch nur im verminderten Maße, auch im vernetzten Zustand noch wirksam und verringert daher die Gummielastizität. Die Kristallisation ist jedoch reversibel und lässt sich durch Erwärmen sowie dynamische Beanspruchung wieder vollständig aufheben. Bei Anwendungen, die über längere Zeiträume tiefen Temperaturen ausgesetzt sind, wird sie über den Rezepturaufbau und – im Fall von Chloroprenkautschuk – spezielle Kautschuktypen weitgehend unterbunden.

Auch wenn der Vernetzungsgrad von Elastomeren deutlich geringer als der von Duroplasten ist, lassen sich Elastomere bei weiter steigenden Temperaturen nicht schmelzen und daher auch weder thermoformen oder schweißen; sie verbleiben bis zu ihrer Zersetzung im entropieelastischen Bereich.

Thermoplastische Elastomere weisen einen ähnlichen Verlauf der Schubmodulkurve wie chemisch vernetzte Elastomere auf. Ihr Gebrauchstemperaturbereich liegt im Gegensatz zu Thermoplasten oberhalb der Glastemperatur. Der große Vorteil dieser Produkte liegt darin, dass sie bei einer Erwärmung über den Gebrauchstemperaturbereich hinaus erweichen und sich somit wie ein Thermoplast verarbeiten lassen. Wie chemisch vernetzte Elastomere zeigen thermoplastische Elastomere einen sehr steilen Abfall des Schubmoduls und damit auch eine extreme Abnahme des Elastizitätsmoduls.

Amorphe Thermoplaste sind unterhalb des Glasübergangsbereichs energieelastisch; mit zunehmender Annäherung an die Glasübergangstemperatur sinkt der Schubmodul deutlich ab und sie lassen sich mit immer geringerem Kraftaufwand verformen. Oberhalb der Glasübergangstemperatur beginnen amorphe Thermoplaste langsam zu erweichen.

Im Gegensatz dazu nimmt der Schubmodul teilkristalliner Thermoplaste bei Erreichen der Glastemperatur aufgrund der starken Wechselwirkungen innerhalb der kristallinen Bereiche zunächst nur unwesentlich ab. Erst bei Überschreiten der sogenannten Kristallit-Schmelztemperatur setzt eine merkliche Erweichung ein, daher sind teilkristalline Thermoplaste auch oberhalb ihrer Glasübergangstemperatur einsetzbar. Präziser ist der Ausdruck Kristallitschmelzbereich. Die teilkristallinen Strukturen sind nicht einheitlich und weisen demzufolge unterschiedliche Schmelztemperaturen auf, außerdem spielt die Molmassenverteilung eine Rolle.

Zu Beginn des nun erreichten Erweichungsbereichs liegen Thermoplaste und thermoplastische Elastomere zunächst zäh-plastisch vor und erreichen mit immer weiterer Temperaturerhöhung schließlich den schmelzflüssigen Zustand. Die Viskosität der Schmelze sinkt also mit steigender Temperatur, die Fließfähigkeit steigt an, da zur Verformung immer kleinere Kräfte erforderlich sind. Eine exakte Schmelztemperatur lässt sich analog zur Glasübergangstemperatur und Kristallit-Schmelztemperatur aufgrund der verschiedenen Kettenlängen der Makromoleküle jedoch nicht bestimmen. Allerdings korreliert die Viskosität mit der durchschnittlichen Kettenlänge. Übliche Verarbeitungstemperaturen (Massetemperaturen) betragen etwa das zwei- bis dreifache der maximalen Gebrauchstemperatur.

Während die Erweichung thermoplastischer Materialien bei höheren Temperaturen ihre relativ leichte und wirtschaftliche Verarbeitung ermöglicht, ist eine merkliche Erweichung von Elastomeren oder Duroplasten bei hohen Temperaturen bereits Zeichen einsetzender thermischer Zersetzung. Das scheinbare Schmelzen von Gummi bei hohen Temperaturen ist tatsächlich also das Auftreten niedermolekularer und damit flüssiger Zersetzungsprodukte. Die Gasphase wird bei polymeren Werkstoffen aufgrund der hierfür unzureichenden Beweglichkeit der Makromoleküle sowie einsetzender Zersetzung bei weiterer Temperaturerhöhung nicht erreicht.

Makromolekulare Stoffe zeigen also eine deutliche Abhängigkeit ihres mechanischen Verhaltens von der Temperatur. Der mechanische Zustand eines Polymeren bei einer gegebenen Temperatur hängt von deren Verhältnis zur Glastemperatur (T/T_G) ab. Der Elastizitätsmodul eines Polymeren kann sich aufgrund von Temperaturänderungen bis um den Faktor 1.000 ändern. Zur Abschätzung der Gebrauchstemperatur eines Kunststoffs ist die Schubmodulkurve daher gut geeignet. Es soll aber darauf hingewiesen werden, dass die Gebrauchstemperaturen auch von der Höhe der mechanischen Belastung und deren Dauer abhängt. Dies erklärt die unterschiedlichen Formbeständigkeitstemperaturen, die mit verschiedenen Prüfverfahren ermittelt werden (wie etwa Erweichungstemperatur, HDT, Kugeleindrucktemperatur). Das Bild 2.16 zeigt einen Vergleich typischer Schubmodulkurven verschiedener polymerer Werkstoffe.

Durch höhere Temperaturen lassen sich außerdem die durch äußere Beanspruchung eintretenden Änderungen beschleunigen. Diesen Effekt macht man sich bei der Prüfung des Langzeitverhaltens zu Nutze, indem man Spannung, Temperatur oder Medienkonzentration (bei der Prüfung auf chemische Beständigkeit) deutlich über die in der Praxis erwarteten Beanspruchungsgrenzen erhöht. Durch Extra-

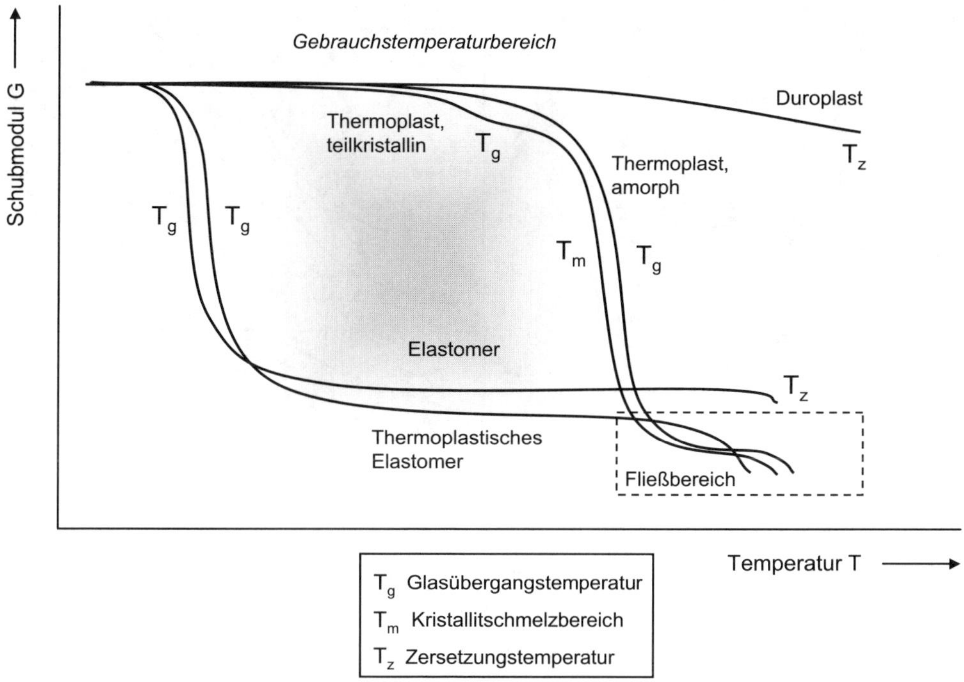

Bild 2.16 Vergleich typischer Schubmodulkurven verschiedener polymerer Werkstoffe

polation der Ergebnisse werden Aussagen über das Langzeitverhalten bei geringerer Beanspruchung möglich.

2.4.3 Thermoplaste

Grundsätzlich unterscheidet man zwischen amorphen und teilkristallinen Thermoplasten (Bild 2.17). Amorphe Thermoplaste weisen eine vollständig ungeordnete Struktur der Polymerketten auf. Diese gleiten unter Wärmeeinwirkung relativ leicht voneinander ab, wodurch die Thermoplaste zunächst erweichen und bei weiterer Temperaturerhöhung eine zunehmend leichter fließende Schmelze bilden, bis schließlich Zersetzung eintritt. Bei teilkristallinen Thermoplasten sind die Polymerketten in größerem Umfang parallel zueinander ausgerichtet, sodass kristallähnliche Strukturen (Kristallite) entstehen. Diese üben aufgrund von Nebenvalenzkräften starke physikalische Wechselwirkungen aufeinander aus, was das Abgleiten im Vergleich zu den ungeordneten Bereichen deutlich erschwert. Eine vollständige Kristallisation ist jedoch aufgrund der großen Länge der Makromoleküle nicht möglich. Teilkristalline Thermoplaste beginnen daher erst dann unter Wärmeeinwirkung zu fließen, wenn die Kristallite aufgeschmolzen wurden. Durch die teilkristallinen Bereiche werden Dichte, Festigkeit, Steifigkeit sowie Schmelz-

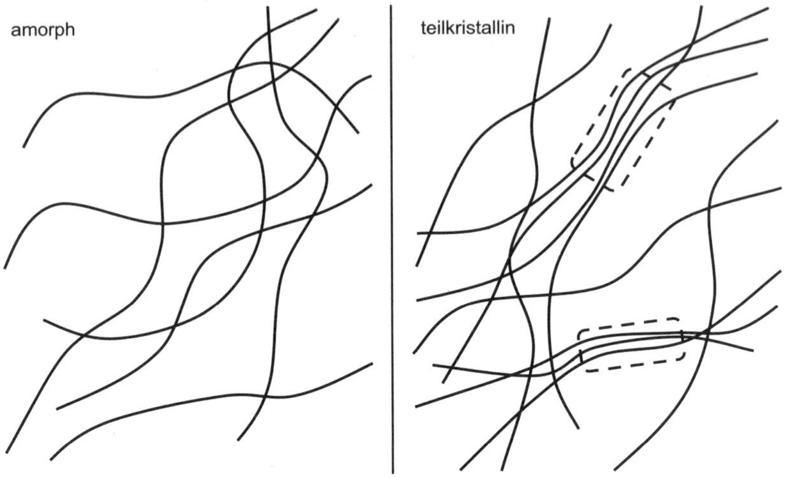

Bild 2.17 Anordnung der Makromoleküle von Thermoplasten

und Gebrauchstemperaturbereiche erhöht. Bei der Verarbeitung zeigen teilkristalline Thermoplaste ein besseres Fließverhalten der Schmelze, jedoch auch höhere Werte für die Schwindung als amorphe. Ein hoher Kristallinitätsgrad bewirkt sowohl hohen Schub- als auch Elastizitätsmodul; die Neigung zum Kriechen wird reduziert.

Thermoplaste werden üblicherweise als Granulate angeboten, da sich diese hervorragend pneumatisch fördern lassen. Sie werden unmittelbar vor der Verarbeitung getrocknet, um Schlieren oder Fehlstellen durch Wasserdampfblasen zu vermeiden. Anschließend werden die Granulate aufgeschmolzen und in die gewünschte Form gebracht, die nach dem Abkühlen bestehen bleibt. Allerdings lassen sich die meisten Thermoplaste nicht gießen. In der Regel setzen die Makromoleküle auch im geschmolzenen Zustand der Verformung einen gewissen Widerstand entgegen, sie verhalten sich teilweise elastisch (viskoelastisches Verhalten). Daher sind im sogenannten Spritzgussverfahren hohe Drücke von mehreren hundert bar (in Extremfällen, wie PE-HD-UMW, bis über 1.000 bar) und Temperaturen weit über der Glasübergangstemperatur erforderlich, um Thermoplastschmelzen in ein Werkzeug (Form) einzuspritzen. Um eine rasche Erstarrung zu bewirken, wird das Werkzeug in Abhängigkeit vom verarbeiteten Thermoplasten auf eine Temperatur im Bereich von etwa 40 - 100 °C temperiert.

Das Spritzgießverfahren ist für große Stückzahlen extrem wirtschaftlich und erlaubt eine rationelle Fertigung von Formteilen, auch mit komplizierter Geometrie. Aufgrund der hohen Werkzeugkosten (je nach Komplexität bis in den fünf- oder sechsstelligen Euro-Bereich) ist es für kleine Stückzahlen jedoch nicht rentabel.

Weitere wichtige Verfahren sind die Extrusion (beispielsweise für Rohre, Stangen, Platten) und das Blasformen (für Hohlkörper).

Die Fähigkeit der Thermoplaste, bei hoher Temperatur zu schmelzen, ist reversibel. Sie begünstigt zwar die rationelle Verarbeitung, begrenzt aber auch die Wärmebeständigkeit. Die Dauergebrauchstemperatur von Thermoplasten reicht von etwa 65 °C für PVC bis über 200 °C für Polymere wie POM oder PEEK. Mit steigender Wärmebeständigkeit eines Thermoplasten erhöht sich auch die erforderliche Verarbeitungstemperatur. Eine für die Verarbeitung ausreichend dünnflüssige Schmelze wird erst weit über der maximalen Gebrauchstemperatur erreicht. Diese sogenannte Massetemperatur liegt je nach Zusammensetzung des Polymeren zwischen etwa 160 °C und bis über 400 °C.

Allerdings setzt bei den zur Verarbeitung erforderlichen Temperaturen mit jedem erneuten Aufschmelzen langsam, aber sicher thermische Zersetzung ein. Daher sind auch sortenreine Kunststoffabfälle nur begrenzt rezyklierbar.

Die Beständigkeit eines Polymeren gegenüber Chemikalien hängt von seiner chemischen Zusammensetzung ab. Aggressive Chemikalien, wie etwa starke Säuren, Basen oder Oxidationsmittel, können durch Kettenabbau zur teilweisen oder vollständigen Zerstörung des Polymeren führen. Weiterhin können kleine Moleküle, etwa von Lösungsmitteln, zwischen die Polymerketten gelangen und sich dort anreichern, was eine Volumenzunahme (Quellung) bewirkt. Je nach Zusammensetzung und Kettenlänge lassen sich einige Thermoplaste mit geeigneten Lösungsmitteln daher sogar vollständig auflösen. Dieser Effekt findet seine praktische Bedeutung beim Einsatz von Additiven. Flüssige Additive, wie etwa Weichmacher (fast nur bei PVC), oder bestimmte Flammschutzmittel, basieren auf kurzkettigen Verbindungen und lassen sich daher relativ leicht in Thermoplaste einarbeiten. Da sie chemisch nicht gebunden werden, gelangen sie bei hoher Dosierung oder erhöhten Temperaturen allerdings oft wieder an die Oberfläche, wodurch ihre Wirksamkeit verringert wird. Auch bei der Verarbeitung spielt dies eine Rolle, da sich insbesondere Weichmacher bei den hier üblichen hohen Temperaturen zersetzen und die Abbauprodukte sich an der Werkzeugoberfläche niederschlagen (Formverschmutzung). Da die Oberflächengüte der Formteile darunter leidet, ist bei Einsatz von Weichmachern oder niedermolekularen Flammschutzmitteln von Zeit zu Zeit ein Reinigen der Werkzeugoberfläche erforderlich. Auch die Zugabe fester Additive wie Glasfasern oder mineralischer Füllstoffe wird durch die nicht vernetzten Polymerketten begünstigt. Formverschmutzung tritt hier zwar nicht auf, jedoch führen die vergleichsweise harten Glasfasern und Füllstoffe meist zu abrasiven Effekten, also einer mechanischen Zerstörung der Werkzeugoberfläche.

Die meisten Thermoplaste besitzen keine oder nur wenige Doppelbindungen in der Hauptkette und sind daher relativ wenig anfällig gegenüber Ozon. Bodennahe Ozonkonzentrationen erreichen im Sommer oft beachtlich hohe Werte. Daneben entsteht dieses auch in geringen Konzentrationen sehr aggressive Gas bei elektrischen Entladungen, etwa in Geräten, die mit Hochspannung arbeiten, aber auch bei Fotokopierern, wo die Übertragung der Farbpartikel über elektrostatische Aufladung erfolgt. Dagegen führt das energiereiche UV-Licht nach längerer Einwirkung bei vielen Thermoplasten zur Vergilbung und schließlich zur Rissbildung. Dies kann durch Zugabe spezieller UV-Absorber auch mittelfristig unterbunden, jedoch bei Außenanwendungen, vor allem in Regionen mit hoher Sonneneinstrahlung, nie vollständig vermieden werden.

Die heute zur Verfügung stehenden Thermoplaste reichen von preiswerten Standardkunststoffen über verschiedenste technische Thermoplaste mit unterschiedlichen Eigenschaftsprofilen bis hin zu wärme- und chemikalienbeständigen Spezialpolymeren. Daher sind ihre Einsatzgebiete extrem vielfältig und reichen von Verpackungsfolien (einschließlich der berühmten „Plastiktüte"), Bauelementen wie Scheiben, Profilen oder Rohren, Kabeln, Gehäusen für Elektrogeräte, Innen- und Außenteilen an Kraftfahrzeugen, Datenträgern (CD, DVD) und medizinischen Funktionsteilen sowie diversen Gebrauchsgegenständen in Kontakt mit Lebensmitteln (Behälter, Bestecke) bis hin zu Hochleistungsfunktionsteilen in allen technischen Bereichen.

2.4.4 Elastomere

Elastomere bestehen aus weitmaschig vernetzten Kautschukmakromolekülen. Die klassische Schwefelvernetzung erfordert eine hohe Anzahl von Doppelbindungen im Polymer und lässt sich daher nur mit ungesättigten Kautschuken durchführen. Besonders wichtige Ausgangsstoffe sind Isopren (wie in Naturkautschuk) und Butadien, die konjugierte Doppelbindungen (im Wechsel mit Einfachbindungen) aufweisen. Die im Vergleich zu den Makromolekülen sehr kurzen Vernetzungsbrücken bestehen bei ungesättigten Kautschuken aus einer Kette von bis zu acht Schwefelatomen. Bei gesättigten Kautschuken (ohne Doppelbindungen) werden die Polymerketten über Kohlenstoff-Kohlenstoff-Bindungen direkt miteinander verbunden (Bild 2.18). Als Vernetzungsmittel dienen hier in der Regel organische Peroxide, die über die Freisetzung von Radikalen die Vernetzungsreaktion einleiten. Die chemische Bindung zwischen zwei Kohlenstoffatomen ist stabiler als die zwischen Kohlenstoff und Schwefel; die chemische Bindung zwischen zwei Schwefelatomen ist noch weniger stabil und lässt sich schon unter dem Einfluss von Wärme spalten. Auf der anderen Seite steigt die Beweglichkeit der Vernetzungsbrücken mit der Anzahl an Schwefelatomen an. Somit besitzen peroxidvernetzte Kautschuke eine höhere Wärmebeständigkeit, sie sind schwefelvernetzten Kautschuken jedoch hinsichtlich ihrer dynamischen Belastbarkeit unterlegen.

Die Vernetzung ist Voraussetzung für die gummielastischen Eigenschaften von Elastomeren (auch: Vulkanisate, Gummi), allerdings ist der Vernetzungsgrad relativ gering bezogen auf die Gesamtmenge vernetzungsfähiger Stellen. Es werden also nur wenige Prozent der theoretisch möglichen Vernetzungsstellen ausgenutzt.

Auf 100 Teile Kautschuk werden daher maximal 5 Teile Schwefel eingesetzt. Dadurch bleibt die Beweglichkeit der Kautschukmakromoleküle im Gegensatz zu den dicht vernetzten Duroplasten in weiten Grenzen erhalten, allerdings ist das Abgleiten einzelner Makromoleküle im Gegensatz zu Thermoplasten nicht mehr möglich. Daher sind Elastomere nicht schmelzbar; bei zu hohen Temperaturen zersetzen sie sich. Wird der Schwefelanteil jedoch auf etwa 15 - 20 % erhöht, entstehen wesentlich mehr Vernetzungsstellen, man erhält den duroplastischen Hartgummi (Ebonit).

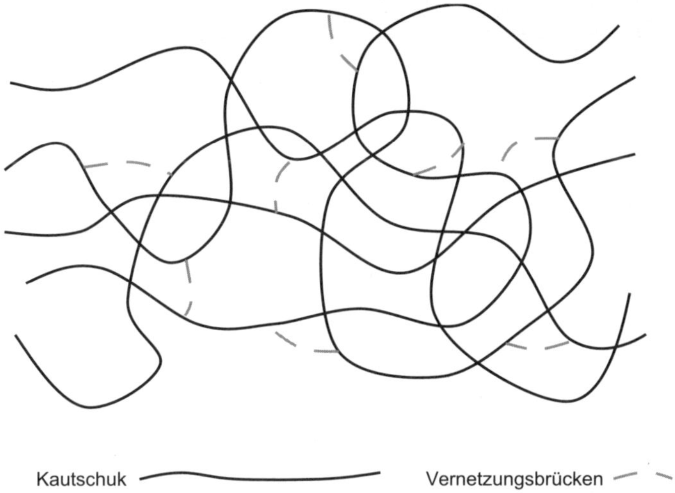

Bild 2.18 Verknäuelte und weitmaschig vernetzte Makromoleküle von Elastomeren

Werden Elastomere gedehnt und damit die verknäuelten Makromoleküle gestreckt, bewirken die kurzkettigen Vernetzungsstellen sehr hohe Rückstellkräfte. Bei Entlastung streben die Makromoleküle wieder den ungeordneten, verknäuelten Zustand an (Entropieelastizität). Nach gängiger Definition ziehen sich füllstofffreie Elastomere, die eine Minute bei Raumtemperatur auf doppelte Ausgangslänge gedehnt wurden, nach anschließender Entlastung wieder auf weniger als das 1,5-fache der Ausgangslänge zusammen. Die in der Praxis eingesetzten füllstoffhaltigen technischen Elastomere ziehen sich jedoch nahezu vollständig wieder bis auf die Ausgangslänge zurück; die nach Streckung um 100 % verbleibende Dehnung liegt in der Regel unterhalb von 2 % (Bild 2.19).

Aufgrund der hohen Rückstellkräfte lassen sich Elastomere also nicht mehr dauerhaft plastisch verformen. Daher muss die Formgebung grundsätzlich vor der Vernetzung erfolgen. Hierbei findet eine chemische Reaktion zwischen Schwefel oder anderen Vernetzungsreagenzien und den Kautschukmakromolekülen statt. Für die Schwefelvernetzung müssen die Makromoleküle Doppelbindungen in der Hauptkette enthalten. Obwohl die Vernetzungsreaktion von Kautschuken üblicherweise bei hohen Temperaturen ("Vulkanisation"; etwa 150 °C bis über 200 °C) ab-

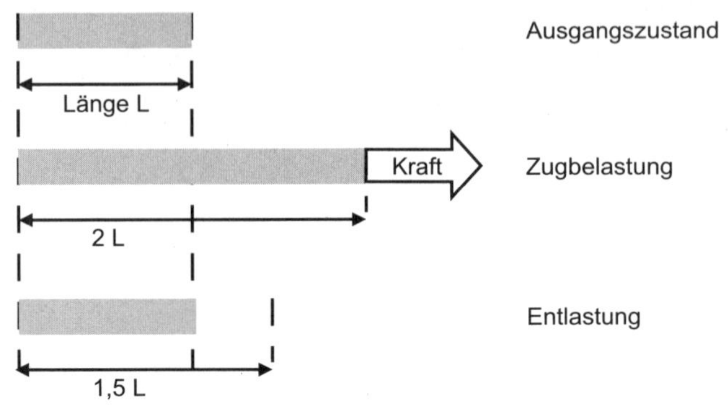

Bild 2.19 Charakterisierung von Elastomeren durch ihre Entropieelastizität

läuft, sind zusätzlich spezielle Chemikalien (basische Verbindungen, sogenannte Vulkanisationsbeschleuniger) erforderlich, damit die Vernetzung in wirtschaftlich vertretbaren Zeiten durchgeführt werden kann.

Allerdings besitzen auch unvernetzte Kautschuke bereits ein merkliches entropieelastisches Verhalten, da bei diesen Polymeren der entsprechende Bereich der Schubmodulkurve relativ breit ist. Dadurch besitzen sie eine im Vergleich zu Thermoplasten hohe Viskosität, die sich auch durch höhere Temperaturen nur geringfügig reduzieren lässt. Die Verarbeitung von Kautschuken erfordert also eine vergleichsweise hohe mechanische Arbeit und entsprechend leistungsfähige Maschinen. Feste Mischungsbestandteile wie Füllstoffe und verschiedene Kautschukchemikalien werden alleine durch Reibung (Friktion) zwischen den Polymerketten verteilt. Die für gleichmäßige Qualität und damit optimale mechanische und dynamische Eigenschaften erforderliche Homogenisierung nimmt also eine gewisse Zeit in Anspruch.

Die Gesamtmenge an Zuschlagstoffen erreicht bei hochwertigen Mischungen etwa die Menge an eingesetztem Kautschuk, wobei Füllstoffe den Löwenanteil ausmachen, gefolgt von den Weichmachern. Haben die mechanischen Eigenschaften nur untergeordnete Priorität, werden Füllstoffmengen bis zum Mehrfachen der Menge an Kautschuk eingesetzt. In solchen Fällen ermöglichen die hier eingesetzten sogenannten Extenderfüllstoffe eine erhebliche Reduzierung des Mischungspreises (Bild 2.20).

Im Vergleich zu Thermoplasten ist die Herstellung von Elastomeren also ungleich komplexer. Sie erfolgt üblicherweise in einem Zweistufen-Prozess. Dabei werden zunächst Füllstoffe, Weichmacher und spezielle Chemikalien wie Alterungsschutzmittel in einem sogenannten Innenmischer ("Kneter") in den Kautschuk eingearbeitet. Die Mischtemperatur kann hier Werte bis deutlich über 100 °C erreichen. Die zur Vernetzung erforderlichen Chemikalien (Vulkanisationsbeschleuniger, Vernetzer und Aktivatoren, zusammengefasst als Vulkanisations- oder Vernet-

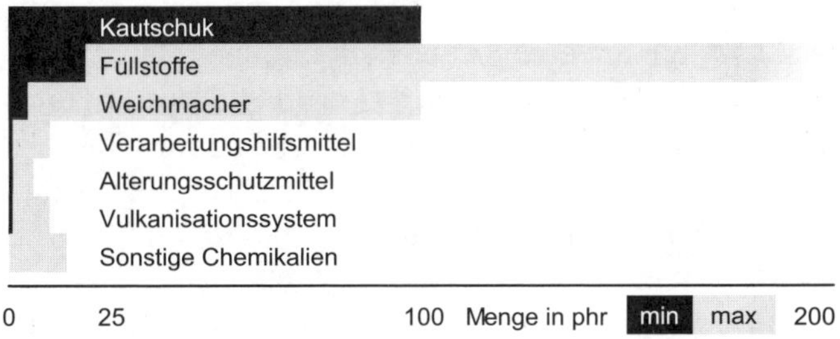

Bild 2.20 Prinzipielle Zusammensetzung einer Kautschukmischung

zungssystem bezeichnet) werden anschließend auf einem Mischwalzwerk nachgemischt, dessen großflächige, wassergekühlte Walzen niedrigere Mischtemperaturen (um 80 °C) ermöglichen. Zu hohe Mischtemperaturen führen in der Regel zu ersten Vernetzungsreaktionen (Anvulkanisation), die die Mischung für die weitere Verarbeitung (Formgebung) unbrauchbar machen. Schließlich erfolgt die Formgebung, meist durch Spritzgießen oder Extrusion. Beim Spritzgießen von Kautschuken ist das Werkzeug auf die gewünschte Vulkanisationstemperatur aufgeheizt, die Verweilzeit kann aber bis zu 20 Minuten und mehr betragen. Die Formgebung findet hier also gleichzeitig mit der Vernetzung statt. Im Vergleich dazu wird die Extrusion bei etwa 100 - 120 °C durchgeführt, um Anvulkanisation zu vermeiden. Die Vulkanisation erfolgt dann in einem nachgeschalteten Heizkanal. Verbundwerkstoffe wie Schläuche, Reifen oder Riemen erfordern zusätzlichen Aufwand durch die sogenannte Konfektion, bei der die vorgeformten Einzelteile vor der Vulkanisation zusammengesetzt werden.

Obwohl mechanische und dynamische Eigenschaften, Gebrauchstemperatur und chemische Beständigkeit der Elastomere zunächst durch die zugrunde liegenden Kautschuke bestimmt werden, lassen sich einige Eigenschaften durch den Rezepturaufbau noch weiter variieren. Das wichtigste Beispiel hierfür ist die enorme Verstärkung der Rückstellkräfte durch sogenannte aktive Füllstoffe, was sich wiederum positiv auf die mechanischen Eigenschaften, wie etwa die Zugfestigkeit, von Elastomeren auswirkt. Daher gibt es bis auf sehr wenige Ausnahmen keine ungefüllten Elastomere. Die wichtigsten (und preiswertesten) Füllstoffe sind Ruße, daher sind weit über 90 % aller Elastomere schwarz. Weichmacher dienen meist als Verarbeitungshilfsmittel; spezielle Produkte verbessern beispielsweise auch die Flexibilität in der Kälte. Weitere Zusätze sind Kautschukchemikalien wie Alterungsschutzmittel und Verarbeitungshilfsmittel. Daneben gibt es spezielle Additive wie Haftmittel, um die Haftung zu Textilien oder Metallen zu verbessern (wesentlich für Verbundwerkstoffe wie Reifen, Antriebsriemen oder Fördergurte), Treibmittel für die Herstellung von Moos- und Zellgummi, und andere.

Alle Mischungskomponenten müssen sorgfältig aufeinander abgestimmt werden, um ein optimales Eigenschaftsprofil zu erhalten. So haben beispielsweise einige

Alterungsschutzmittel auf die Vulkanisation bestimmter Kautschuke einen beschleunigenden Effekt. Ein anderes Beispiel sind übliche Haftmittel auf Basis von Resorcin-Formaldehyd-Harzen, die parallel zum Ablauf der Vulkanisation ausreagieren müssen, um optimale Haftung durch Ausbildung eines Sekundärnetzwerks zu erzielen. Dies wird dadurch erschwert, dass sie gleichzeitig auch die Vernetzungsreaktion beschleunigen. Schließlich muss diese Mischung, insbesondere hinsichtlich Fließfähigkeit und Vernetzungsgeschwindigkeit, an das jeweilige Verarbeitungsverfahren angepasst sein, welches durch die Funktion und damit die Form des Elastomerwerkstoffs festgelegt ist.

In Abhängigkeit vom zugrunde liegenden Kautschuk (und in weit geringerem Maße durch Füllstoffe, Weichmacher und Vernetzungsgrad) sind auch Elastomere mehr oder weniger gegen den Angriff von Chemikalien empfindlich. Wie bei Thermoplasten hängen potenzielle Reaktionen mit aggressiven Chemikalien und damit die Zersetzung von Elastomeren vom chemischen Aufbau ab. Das Eindringen von Lösungsmitteln kann ebenfalls zu einer hohen Volumenzunahme (Quellung) führen. Aufgrund der weitmaschigen räumlichen Vernetzung sind Elastomere allerdings im Gegensatz zu Thermoplasten nicht vollständig in Lösungsmitteln löslich. Nachteilig sind die bei den meisten Elastomeren vorhandenen Doppelbindungen. Da viele Kautschuke auf Butadien basieren, ist nach der Polymerisation noch eine Doppelbindung je Butadieneinheit vorhanden. Der dadurch verbleibende hohe Ungesättigtheitsgrad ist zwar unabdingbar für die Vulkanisation mit Schwefel, aber andererseits auch die Ursache für die Empfindlichkeit der meisten Elastomere gegenüber Oxidationsmitteln, sowie Sauerstoff und Ozon. Daher sind spezielle Alterungs- und Ozonschutzmittel Bestandteil nahezu jeder Kautschukmischung.

Der für die Erzielung guter mechanischer und dynamischer Eigenschaften in fast allen Kautschukrezepturen enthaltene Ruß ist ein exzellenter UV-Absorber, daher sind rußgefüllte Elastomere weitgehend vor dem Angriff durch UV-Licht geschützt.

Durch die gestiegenen Anforderungen an elastische Materialien steht heute eine Vielzahl von Synthesekautschuken zur Verfügung, die sich in ihrem Eigenschaftsprofil teilweise erheblich von Naturkautschuk unterscheiden (Tabellen 2.1 und 2.2).

Tabelle 2.1 Übersicht der wichtigsten Elastomere und ihrer Abkürzungen

Kautschuk/Elastomer	Kurzbezeichnung
Naturkautschuk	NR
Butadienkautschuk	BR
Styrol-Butadien-Kautschuk	SBR
Acrylnitril-Butadien-Kautschuk (Nitrilkautschuk)	NBR
Hydrierter Nitrilkautschuk	HNBR
Chloroprenkautschuk	CR

Tabelle 2.1 Übersicht der wichtigsten Elastomere und ihrer Abkürzungen (Fortsetzung)

Kautschuk/Elastomer	Kurzbezeichnung
Butylkautschuk, Brombutylkautschuk, Chlorbutylkautschuk	IIR, BIIR, CIIR
Chlorierter/Chlorsulfonierter Ethylenkautschuk	CM, CSM
Ethylen-Propylen-Kautschuk/Ethylen-Propylen-Dien-Kautschuk	EPM, EPDM
Ethylen-Vinylacetat-Kautschuk	EVM
Acrylatkautschuk	ACM
Ethylen-Acrylat-Kautschuk	EAM
Chlorhydrinkautschuk/Epichlorhydrinkautschuk	CO, ECO
Silikonkautschuk/Fluorsilikonkautschuk	VMQ/PVMQ/FVMQ
Fluorkautschuk/perfluorierter Fluorkautschuk	FKM/FFKM

Tabelle 2.2 Auswahl charakteristischer Eigenschaften und typische Anwendungsbeispiele von Elastomeren

Elastomer	charakteristische Eigenschaft	Anwendungsbeispiel
NR	mechanische und dynamische Eigenschaften	Reifen, Motorlager, Baulager
BR	Elastizität	Reifen (Blend mit NR oder SBR)
SBR	Kompromiss Abrieb – Nassrutschfestigkeit, Preis	Reifen, technische Gummiwaren
NBR	Öl- und Kraftstoffbeständigkeit	Dichtungen, Schläuche, Membranen
HNBR	Wärme-/Öl-/Ozonbeständigkeit sowie mechanische Eigenschaften	wärmebeständige Dichtungen und Schläuche, Zahn- und Keilriemen
CR	Witterungs-/Ozonbeständigkeit sowie mittlere Wärme- und Ölbeständigkeit, dynamische Eigenschaften, Flammwidrigkeit	Dichtungen und Schläuche für die Kfz- und Bauindustrie, Keilriemen, Kabelisolationen
IIR	geringe Gasdurchlässigkeit, Chemikalienbeständigkeit Wärmebeständigkeit	Luftschläuche für Reifen, Chemikalienschläuche, Schutzkleidung, Dichtungen, Heizbälge
BIIR, CIIR	geringer Bedarf an Vernetzungschemikalien	pharmazeutische Artikel
CM, CSM	Wärme-/Witterungs-/Ozonbeständigkeit sowie Farbstabilität	Kabelisolationen, beschichtete Gewebe, Dachfolien, Schlauchdecken, farbige Produkte
EPM, EPDM	Wärme-/Witterungs-/Ozonbeständigkeit sowie Glykol-/Alkoholbeständigkeit, Laugenbeständigkeit	Dichtungsprofile für die Kfz- und Bauindustrie, Schläuche für die Kfz-Industrie, Dichtungen und Schläuche für Waschmaschinen
EVM	Wärme-/Witterungs-/Ozonbeständigkeit sowie Flammwidrigkeit (rezepturabhängig)	Kabel
ACM	Wärme- und Ölbeständigkeit	Dichtungen, Membranen und Schläuche für die Kfz-Industrie

Tabelle 2.2 Auswahl charakteristischer Eigenschaften und typische Anwendungsbeispiele von Elastomeren (Fortsetzung)

Elastomer	charakteristische Eigenschaft	Anwendungsbeispiel
EAM	Wärme-/Witterungs-/Ozonbeständigkeit sowie Wasser- und Glykolbeständigkeit	Dichtungen, Membranen und Schläuche für die Kfz-Industrie
CO, ECO	Wärme-/Witterungs-/Ozon- sowie Öl- und Kraftstoffbeständigkeit	Dichtungen für die Kfz-Industrie
VMQ / PVMQ / FVMQ	Wärme-/Witterungs-/Ozonbeständigkeit, physiologisch inert	Kabelisolierungen, Schläuche, Dichtungen, medizinische Anwendungen
FKM / FFKM	Wärme-, Witterungs-, Ozonbeständigkeit, Chemikalien-, Öl- und Kraftstoffbeständigkeit, mechanische Eigenschaften in der Wärme	Dichtungen für die Kfz-Industrie und Raumfahrt

Elastomere aus Naturkautschuk haben mit etwa 70 bis 80 °C zwar nur eine relativ geringe Wärmebeständigkeit, sie zeigen aber die geringste Aufwärmung durch dynamische Beanspruchung (Heat-build-up, etwa durch Walkarbeit beim Reifen). Butylkautschuke erlauben die Herstellung wärme- und chemikalienbeständiger Artikel, Elastomere auf Basis von Nitril-, Acrylat- und Chlorhydrinkautschuken weisen gute Kraftstoff- und Ölbeständigkeit auf. Chloroprenkautschuk verleiht den daraus hergestellten Elastomeren gute dynamische Eigenschaften und galt wegen seiner Witterungsbeständigkeit und der zwar nicht hervorragenden, jedoch für viele Anwendungen ausreichenden Ölbeständigkeit sowie seiner Flammwidrigkeit lange Zeit als Allzweckkautschuk. Er wurde mittlerweile aber in zunehmendem Maß durch die zwar nicht ölbeständigen, aber preiswerteren Ethylen-Propylen-Kautschuke ersetzt. Silikon- und vor allem Fluorkautschuke ermöglichen Elastomere mit sehr hoher Wärmebeständigkeit (bis über 200 °C) bei gleichzeitig hoher Chemikalienbeständigkeit. Eine übliche Einteilung von Elastomeren nach Hitze- und Ölbeständigkeit zeigt Bild 2.21.

Elastomere finden sich in allen Anwendungsbereichen, wo flexibles Verhalten gefordert ist. Mengenmäßig am bedeutendsten sind Autoreifen, daneben technische Gummiwaren wie Dichtungen und Bälge, Schläuche, Zahn- und Keilriemen, Kabel, Förderbänder, Walzenbeläge und viele weitere. Die Entwicklung spezieller chemikalien-, hitze- oder ölbeständiger Elastomere erweitert das Anwendungsspektrum dieser Stoffklasse von allen Bereichen des täglichen Lebens bis hin zu Spezialwerkstoffen für die Luft- und Raumfahrt. Trotz hochentwickelter Spezialkautschuke ist jedoch Naturkautschuk, vor allem in der Reifenindustrie, auch heute noch unverzichtbar, und deckt über 40 % des Weltkautschukverbrauchs ab.

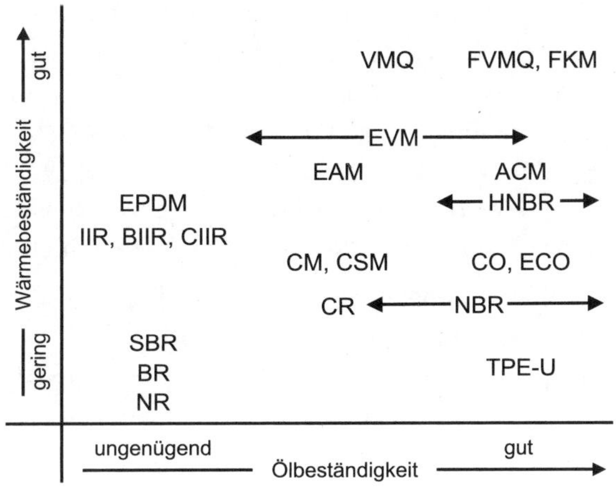

Bild 2.21 Vergleich von Wärme- und Ölbeständigkeit von Elastomeren

2.4.5 Thermoplastische Elastomere

Thermoplastische Elastomere weisen gummielastisches Verhalten auf, obwohl keine chemischen Vernetzungen wie bei Elastomeren vorliegen. Die elastischen Eigenschaften beruhen also auf rein physikalischen Wechselwirkungen. Gleichzeitig sind thermoplastische Elastomere wie Thermoplaste formbar. Man kann dieses Verhalten entweder durch Blends aus Thermoplasten und Elastomeren oder durch Copolymerisation erzielen, wobei thermoplastische, kettenförmige Bereiche mit kautschukartig verknäuelten Bereichen kombiniert werden (Bild 2.22). Je nach Monomer werden beispielsweise Strukturen der Form AAA-BBB-AAA (SBS, SEBS) erzielt. Bei anderen Produkten, wie etwa den thermoplastischen Polyurethanen, sind die unterschiedlichen Segmente statistisch verteilt.

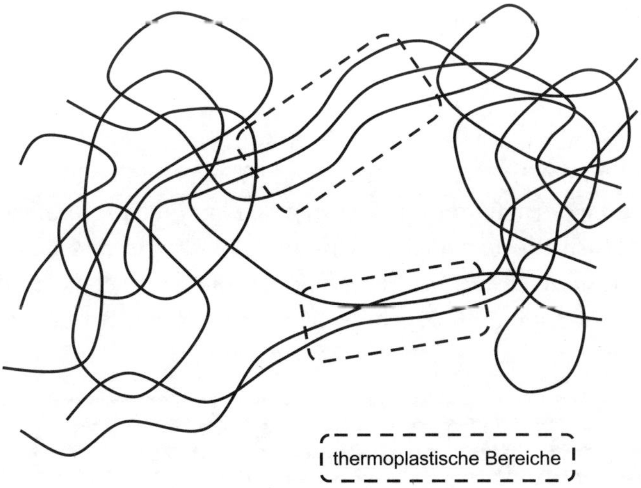

Bild 2.22 Schematische Darstellung des Aufbaus thermoplastischer Elastomere

Die thermoplastischen Bereiche schmelzen bei Wärmeeinwirkung und ermöglichen dadurch die thermoplastische Verarbeitung; gleichzeitig verleihen die verknäuelten Bereiche diesen Materialien gummielastische Eigenschaften. Auch bei thermoplastischen Elastomeren ist der chemische Aufbau entscheidend für das Eigenschaftsspektrum. So zeigen Produkte auf Basis von Polyurethanen einen hohen Widerstand gegen Verschleiß. Weiterhin zeichnen sie sich durch eine gute Beständigkeit gegenüber Ölen und nicht aromatischen sowie nicht halogenierten Lösungsmitteln aus, sind aber je nach Aufbau wiederum hydrolyseempfindlich.

Analog zu Thermoplasten besitzen thermoplastische Elastomere eine eingeschränkte Wärmeformbeständigkeit, spezielle Typen erreichen aber Dauergebrauchstemperaturen weit über 100 °C. Aufgrund des wirtschaftlichen Fertigungsverfahrens haben thermoplastische Elastomere in vielen Anwendungsbereichen bereits konventionelle Elastomere verdrängt. Thermoplastische Elastomere werden für verschiedene Formteile, Kabel, Riemen oder Schläuche verwendet, ein weiteres wichtiges Einsatzgebiet sind Schuhsohlen.

2.4.6 Duroplaste

Duroplaste bestehen aus engmaschig vernetzten Makromolekülen, die nicht mehr plastisch formbar sind (Bild 2.23). Sie besitzen im Gegensatz zu Elastomeren auch keinen Glasübergangsbereich. Solche dichten Netzwerke entstehen durch Polyaddition oder Polykondensation; im Vergleich dazu weisen die flexiblen schwefel- oder peroxidvernetzten Elastomere eine erheblich niedrigere Anzahl an Vernetzungsstellen auf. Wie alle vernetzten Polymere lassen sich auch Duroplaste nicht schmelzen und zersetzen sich bei zu großer Wärmeeinwirkung. Daher muss die Formgebung wie bei Elastomeren vor der Härtung erfolgen. So werden beispielsweise bei Polyurethanen kombinierte Misch- und Austragseinheiten verwendet, in denen alle Komponenten unmittelbar vor der Formgebung zusammengeführt und dosiert werden.

Ausgangsstoffe sind im Wesentlichen Zwei-Komponenten-Systeme mit Additiven. Eine technisch immer bedeutender werdende Technologie ist die Herstellung von Duroplasten durch Vernetzung von Thermoplasten mit energiereichen Strahlen. So wird beispielsweise PE thermoplastisch zu Kabeln verarbeitet und anschließend mit Beta- oder Gammastrahlung zu einem Duroplast vernetzt, um das Schmelzen im Brandfall zu vermeiden. Bei technischen Kunststoffen wird die Strahlenvernet-

Bild 2.23 Engmaschig vernetzte Makromoleküle von Duroplasten

zung auch zur Verbesserung der mechanischen Eigenschaften bei höheren Temperaturen eingesetzt.

Die engmaschige Vernetzung verleiht den Duroplasten in vielen Fällen eine gute chemische Beständigkeit, allerdings werden insbesondere Aminoplaste, Phenoplaste, Epoxidharze und ungesättigte Polyesterharze von starken Säuren oder Laugen sowie von heißem Wasser angegriffen.

Die Dauereinsatztemperatur von Duroplasten kann 150 bis 200 °C erreichen, durch Einsatz von Glasfasern lassen sich die maximalen Einsatztemperaturen noch weiter erhöhen.

Typische Vertreter der Duroplaste sind Phenoplaste, die im Wesentlichen aus Phenol und Formaldehyd aufgebaut sind (PF) und zu den ältesten synthetischen Produkten gehören, sowie Aminoplaste (aus Harnstoff und Formaldehyd, UF), Melaminharze (aus Melamin und Formaldehyd, MF) sowie – als größte Gruppe – Epoxidharze (EP) und ungesättigte Polyesterharze (UP). Diese Produkte werden in großem Maß in Kombination mit Füll- und Verstärkungsstoffen wie Mineral- oder Glasfasern eingesetzt. Eine immer größere Bedeutung erhalten die vielseitigen Polyurethane (PUR). Sie werden aufgrund ihrer Herstellung durch Polyaddition zwar zu den Duroplasten gezählt, ihr Eigenschaftsbild reicht jedoch von elastischen Schäumen und Elastomeren bis hin zu harten, unflexiblen Produkten.

Phenoplaste dienen etwa zur Herstellung hochmaßhaltiger und hitzebeständiger Artikel, wie etwa Griffe von Haushaltsgeräten wie Töpfen oder Pfannen, Teilen für die Kfz-Zündelektronik, Spulenkörper und Röhrensockel. Glasfaserverstärkte Phenoplaste sind bis etwa 300 °C wärmebeständig und schwer entflammbar, deshalb werden sie im Flugzeugbau eingesetzt. Spezielle Produkte für Brems- und Kupplungsteile widerstehen sogar kurzzeitig Temperaturen bis zu 600 °C. Durch Pyrolyse von kohlenstofffaserverstärkten Phenoplasten erhält man sogenannten kohlenstofffaserverstärkten Kohlenstoff (CFC), der aufgrund seiner extremen Temperaturbeständigkeit bis zu 3.000 °C für Raketenbauteile verwendet wird.

Anorganische gefüllte Aminoplaste können bis etwa 130 °C eingesetzt werden und sind praktisch nicht brennbar. Daher werden sie für feuergefährdete Räume sowie im Schiffbau eingesetzt. Weitere Anwendungsgebiete sind Sanitärteile, hoch beanspruchtes elektrisches Isolationsmaterial wie z. B. Lampensockel sowie Gehäuse für Haus- und Küchengeräte. Melaminharze dienen größtenteils als Deckschicht für Schichtpressstofftafeln, außerdem werden sie für elektrische Isolierteile verwendet.

Epoxidharze finden Verwendung für technische Präzisionsteile und Ummantelung von elektronischen Bauteilen wie Computerchips. Weitere Anwendungsgebiete sind Bauteile für Flugzeuge und Raumfahrzeuge, Strukturbauteile für Fahrzeuge, Trägermaterial für Leiterplatten (dem Basismaterial für gedruckte Schaltungen, im Computerjargon als Karten bezeichnet), hochbeanspruchte Sportgeräte sowie hochwertige Verklebungen für Luft- und Raumfahrt. Mit Glasfasern verstärkte Epoxidharze widerstehen Temperaturen von bis zu 240 °C. Auch in der chemischen Industrie werden Epoxidharze aufgrund der guten Beständigkeit gegen nicht halogenierte aliphatische Lösungsmittel für Rohrleitungen und Behälter eingesetzt. Fast die Hälfte der hergestellten Epoxidharze wird jedoch für Flüssig- oder Pulverlacke verwendet.

Ungesättigte Polyesterharze weisen aufgrund der vielen möglichen Harztypen und Verstärkungsfasern ein breit gefächertes Eigenschaftsspektrum auf. Unverstärkte Gießharze sind bis etwa 140 °C einsetzbar, Laminate erreichen bis 160 °C. Wie bei Aminoplasten, Phenoplasten und Epoxidharzen werden auch ungesättigte Polyesterharze in der Elektrotechnik eingesetzt, etwa zur Einbettung elektronischer Bauteile oder zur Herstellung von Spulen- und Relaiskörpern. Weiterhin werden sie für großflächige Formteile in der Kfz-Industrie sowie im Flugzeug- und im Schiffbau verwendet. Komplette Karosserien für Automobile, Verkleidungen für Segelflugzeuge oder Bootsrümpfe werden aus Laminaten in Form von Harzmatten hergestellt.

Besonders vielseitige Vertreter der Duroplaste sind Polyurethane. Sie bestehen im Wesentlichen aus (Poly)Isocyanaten und Polyolen (durch Polyaddition entstandene langkettige, bifunktionelle Alkohole). Bei der Reaktion dieser Stoffe entsteht die charakteristische Urethangruppe, die dieser Stoffklasse ihren Namen verleiht. Durch geeignete Auswahl und mengenmäßige Variation der Ausgangsstoffe sowie durch exakte Steuerung des Verfahrens, lassen sich etliche Polyurethanvarianten herstellen, sodass es keine einheitliche Produktcharakteristik der Polyurethane gibt. Das Eigenschaftsspektrum reicht von spröden und harten bis hin zu hochelastischen Produkten, deren Spannungs-Dehnungs-Kurve sogar den typischen S-förmigen Verlauf von Elastomeren annehmen kann.

Etwa 80 % der Polyurethane finden als Weichschaum für Polster, Matratzen und Fahrzeugausstattung sowie als Hartschaum für Dämmmaterialien im Bauwesen oder für Kühl- und Heizgeräte Verwendung. Durch entsprechende Dosiereinrichtungen lassen sich Integralschäume mit unterschiedlicher Zellstruktur in einem Bauteil herstellen (Hart-/Weichkombinationen, etwa für Fahrzeugsitzpolster). Weitere Anwendungsbereiche sind Formteile aus Polyurethanelastomeren, die aufgrund der großen Bandbreite möglicher Härtegrade für Feder- und Dämpfungselemente, aber auch als Gießelastomere für verschleißfeste Rollen (etwa für Rollerskates) Einsatz finden.

Auch für großvolumige Formteile werden Polyurethane anstelle von Thermoplasten verwendet. Mit steigendem Volumen eines Formteils wird eine immer höhere Schließkraft für das Werkzeug erforderlich. Gleichzeitig ist der maximale Fließweg für die Thermoplastschmelze im Werkzeug begrenzt (die Werkzeugtemperatur liegt deutlich unter der Glasübergangstemperatur). Damit werden immer komplexere Einspritzsysteme erforderlich; an den Zusammenfließstellen können sich jedoch Bindenähte bilden, die in der Regel eine reduzierte Festigkeit aufweisen. Ab einer bestimmten Größe sind Spritzgussmaschinen daher nicht mehr realisierbar. Für extrem großformatige Teile werden dann Polyurethane verwendet, die einfachere Werkzeuge erfordern, dafür aber höhere Rohmaterialkosten mit sich bringen.

Polyurethane sind bis etwa 150 °C einsetzbar, durch spezielle Formulierungen lässt sich auch eine Temperatur von bis zu 200 °C erreichen. Polyurethanschäume werden von konzentrierten Säuren und Basen angegriffen, sind aber gegen eine Reihe von Lösungsmitteln beständig. Spezielle Polyurethane werden zur Herstellung thermoplastischer Elastomere (TPE-U) verwendet.

Literatur

1 Abts, G.: Einführung in die Kautschuktechnologie. München: Hanser 2007

2 Ashby, M. F.; Jones, D. R. H.: Werkstoffe 1: Eigenschaften, Mechanismen und Anwendungen. München: Elsevier 2006

3 Ashby, M. F.; Jones, D. R. H.: Werkstoffe 2: Metalle, Keramiken und Gläser, Kunststoffe und Verbundwerkstoffe. München: Elsevier 2007

4 Bargel, H.-J.; Schulze, G.: Werkstoffkunde. Berlin/Heidelberg: Springer 2008

5 Einstein, A.: Einstein sagt. München: Piper 2000

6 Hollemann, A.F.; Wiberg, N.: Lehrbuch der anorganischen Chemie. Berlin: Walter de Gruyter 2007

7 Kaiser, W.: Kunststoffchemie für Ingenieure. München: Hanser 2006

8 Leppkes, R.: Polyurethane: Werkstoff mit vielen Gesichtern. Landsberg/Lech: Verlag Moderne Industrie 1993

9 Menges, G. Haberstroh, E.Michaeli, W.Schmachtenberg, E.: Werkstoffkunde Kunststoffe. München: Hanser 2002

10 Neubauer, D.: Demokrit lässt grüßen. Reinbeck: Rowohlt 1999

11 Saechtling, H.-J.: Kunststoff-Taschenbuch. München: Hanser 2007

12 Schwister, K.: Taschenbuch der Chemie. München: Hanser 2005

13 Uhlig, K.: Polyurethan Taschenbuch. München: Hanser 2006

3 Thermoplaste

Thermoplaste sind die wichtigsten synthetischen Werkstoffe. Über 90 % der technischen Kunststoffprodukte oder Konsumgüter werden aus Thermoplasten hergestellt. Daher werden sie in diesem Buch ausführlicher als Elastomere und Duroplaste besprochen. Für weiterführende Literatur zu Elastomeren und Duroplasten wird auf das Literaturverzeichnis verwiesen (Kapitel 10).

3.1 Herstellung

Die zur Polymerisation erforderlichen Monomere fast aller Kunststoffe werden aus fossilen Rohstoffen, hauptsächlich aus Erdöl, gewonnen. Dabei werden nur etwa 5 % des Erdöls zur Kunststoffherstellung eingesetzt, der bei weitem überwiegende Anteil (etwa 90 %) dient zu Heizzwecken oder als Kraftstoff. Allerdings enthält Erdöl bereits die auf synthetischem Weg nur extrem aufwendig darstellbaren Aromaten. Diese sind für viele Kunststoffe, wie etwa Polystyrol, einige Polyamide, Polybutylen- und Polyethylenterephthalat, Polycarbonat und weitere Hochleistungsthermoplaste, aber auch für die meisten Arzneimittel, unverzichtbar. Mit immer weiterer Verknappung der weltweiten Erdölvorräte sollte also überdacht werden, ob das Verbrennen eines derart wichtigen Rohstoffs zum Betrieb von Fahrzeugen noch verantwortbar ist.

In den letzten Jahrzehnten wurden außerdem eine zunehmende Zahl neuer Kunststoffe auf Basis nachwachsender Rohstoffe entwickelt. Naturkautschuk ist dagegen ein natürliches Polymer und entsteht direkt im Kautschukbaum (Hevea brasiliensis).

3.2 Einteilung

Aufgrund ihrer Leistungsfähigkeit und den daraus resultierenden Anwendungen teilt man Thermoplaste in verschiedene Gruppen auf. Allerdings sind die Übergänge zwischen diesen Gruppen fließend. Hinzu kommt, dass mittlerweile bei vielen Thermoplasten Spezialtypen mit wesentlich höherer Leistungsfähigkeit als die der zugrunde liegenden Standardtypen entwickelt wurden. Die in der Literatur verbreitete sogenannte Leistungspyramide der Thermoplaste löst nur nach Strukturen (amorph und teilkristallin) sowie nach der Temperaturbeständigkeit auf; wesentliche Parameter wie mechanische Eigenschaften oder chemische Beständigkeit bleiben unberücksichtigt. Außerdem ist die Temperaturbeständigkeit von der mechanischen Belastung abhängig. Daher hat die Leistungspyramide nur eine begrenzte Aussagekraft und wird hier nicht wiedergegeben.

Standardthermoplaste

Im Wesentlichen umfasst diese Gruppe die Polyolefine Polyethylen und Polypropylen sowie Polyvinylchlorid. Diese Thermoplaste decken bereits etwa ⅔ des gesamten Kunststoffbedarfs ab. Weiterhin zählen hierzu ungeschäumte und geschäumte Polystyroltypen mit Ausnahme des schlagfesten PS-HI (oder auch HIPS), das zu den technischen Thermoplasten gezählt wird.

Technische Thermoplaste

Diese Produkte erlauben im Vergleich zu Standardkunststoffen höhere mechanische und thermische Beanspruchung. Sie weisen meist eine relativ geringe Wärmeausdehnung und Schwindung auf und sind für die Herstellung verschiedenster Formteile prädestiniert, da sie hohe Maßgenauigkeiten und Maßhaltigkeit ermöglichen. Der Marktanteil der technischen Thermoplaste liegt in der Größenordnung von 10 %. Typische Vertreter sind Polybutylen- und Polyethylenterephthalat, Polyamide, Polymethylmethacrylat, Polycarbonat, Polyoxymethylen sowie diverse Blends.

Auch Polystyrol-Copolymerisate (ABS, SAN, ASA) sowie thermoplastische Elastomere werden zu den technischen Thermoplasten gezählt. PET-Blasformtypen zur Herstellung von Getränkeflaschen werden allerdings den Standardthermoplasten zugeordnet.

Hochleistungs- oder Hochtemperaturkunststoffe

Hierunter versteht man Polymere, die extreme Anforderungen insbesondere an die thermische Beständigkeit erlauben. Zwar lässt sich die Wärmeformbeständigkeit von Thermoplasten zunächst auch durch Zumischung von Glas-, Mineral- oder Carbonfasern verbessern, was aber mit einer höheren Steifigkeit und Schlagempfindlichkeit erkauft wird. Ein anderer Weg ist die Verlängerung der Polymerketten durch einen höheren Polymerisationsgrad, etwa bei PE-HD-UHMW. Die hierdurch erzielbare Erhöhung der Temperaturbeständigkeit ist jedoch nur geringfügig und erfordert eine höhere Verarbeitungstemperatur. Ab einer bestimmten Kettenlänge ist diese dann so hoch, dass thermische Zersetzung des Polymeren eintritt. Beispielsweise ist PE-HD-UHMW bereits nicht mehr thermoplastisch verarbeitbar. Durch geeignete Stabilisatoren lässt sich der thermische und oxidative Abbau der Makromoleküle verzögern, bei besonders hohen Ansprüchen sind jedoch speziell aufgebaute Polymere erforderlich. So führt der Einbau aromatischer Gruppen zu einer deutlichen Erhöhung der Wärmeformbeständigkeit. Durch geeignete Copolymere oder durch spezielle Verknüpfung dieser aromatischen Gruppen, wie etwa über Sauerstoff- oder Schwefelatome, ist eine weitere Steigerung der thermischen Beständigkeit möglich. Produkte, die auf diese Weise erhalten werden, sind beispielsweise Polyaryletherketone, Polyimide, Polysulfone und Polyphenylensulfid. Sie weisen im Vergleich zu fluorierten Polymeren, die auch eine relativ hohe Wärmebeständigkeit aufweisen, wie etwa Polytetrafluorethylen, bessere mechanische Eigenschaften auf.

Aufgrund der hohen Preise der Ausgangsprodukte sowie der im Vergleich etwa zu Polyolefinen aufwendigen Herstellungsverfahren sind Hochleistungskunststoffe relativ teuer und werden daher nur in sehr anspruchsvollen Anwendungen eingesetzt. Oft sind die Produkte auch nicht mehr thermoplastisch verarbeitbar, sodass die Verarbeitung und Formgebung entsprechend aufwendig ist. Allerdings ist es in vielen Fällen bereits möglich, die Anforderungen der Industrie mit aktuellen oder modifizierten Typen technischer Thermoplaste abzudecken.

Spezialkunststoffe

Zuweilen werden einige Produkte aufgrund oft nur einer bestimmten, aber dafür herausragenden Eigenschaft als Spezialkunststoffe zusammengefasst. Hierzu zählen beispielsweise Funktionswerkstoffe (Sonderwerkstoffe) wie elektrisch leitfähige Polymere oder auch Kunststoffe auf biologischer Basis. Spezialkunststoffe und Hochleistungsthermoplaste bilden mit zusammen etwa 2 % Anteil am Kunststoffverbrauch die kleinste Gruppe.

3.3 Standardkunststoffe: Eigenschaften, Charakteristik, Anwendungen

3.3.1 Polyethylen (PE)

Mit rund 30 % Anteil an der Gesamtmenge ist Polyethylen der am meisten verwendete Kunststoff. Polyethylen ist ein teilkristalliner und unpolarer Thermoplast. Durch die Wahl der Polymerisationsbedingungen lassen sich Molmasse, Molmassenverteilung, mittlere Kettenlänge und Verzweigungsgrad einstellen. Aufgrund der unterschiedlichen Dichte unterscheidet man in vier Haupttypen, wobei die Kurzbezeichnungen nicht immer einheitlich verwendet werden:

- Polyethylen hoher Dichte (high density), PE-HD oder HDPE
- Polyethylen mittlerer Dichte (medium density), PE-MD oder MDPE
- Polyethylen niedriger Dichte (low density), PE-LD oder LDPE
- lineares Polyethylen mit niedriger Dichte (linear, low density), PE-LLD oder LLDPE

Weitere wichtige Typen sind

- Polyethylen mit ultrahoher Molmasse (ultra-high molecular weight), PE-UHMW oder UHMWPE
- Polyethylen mit sehr niedriger Dichte (very low density), PE-VLD oder VLDPE.

Die Dichte von PE-VLD liegt zwischen 900 und 930 kg/m^3; bei PE-HD zwischen 940 und 970 kg/m^3.

Die niedrige Dichte der PE-LD-Typen resultiert aus dem hohen Anteil kurz- und langkettiger Verzweigungen, die eine enge Zusammenlagerung der Polymerketten verhindert. Daher haben PE-LD-Typen mit etwa 35 % auch einen geringeren Kristallisationsgrad als PE-HD-Typen (etwa 80 %). Sie haben auch eine höhere Lichtdurchlässigkeit, die bei dünnen Folien bis zur Transparenz reichen kann. Der höhere Kristallisationsgrad von PE-HD ist auch die Ursache für dessen höhere Schmelztemperatur.

Festigkeit, Härte und Steifigkeit von PE sind geringer als bei den meisten anderen Thermoplasten, allerdings weist PE hohe Dehnbarkeit und Kälteschlagfestigkeit sowie gutes Gleitreibverhalten auf. Für im Spritzgussverfahren hergestellte Formteile werden Typen mit hoher Molmasse verwendet, wobei PE-HD-UHMW aber nicht mehr thermoplastisch verarbeitbar ist. PE lässt sich zu sehr festen Verstärkungsfasern verstrecken, die Festigkeit beruht dabei auf einer durch das Verarbeitungsverfahren erzielten extrem hohen Kristallinität. Die maximale Dauergebrauchstemperatur liegt je nach Typ bei etwa 60 bis 85 °C, kurzzeitig sind 80 bis 120 °C möglich (etwa 150 °C bei PE-HD-UHMW).

PE hat gute elektrische Isoliereigenschaften und besitzt eine gute chemische Beständigkeit gegenüber einer Vielzahl von Säuren, Basen, Ölen und Fetten. Während PE-LD nur sehr eingeschränkt gegenüber Kohlenwasserstoffen beständig ist, kann PE-HD auch für Kraftstoffbehälter verwendet werden. (Im Allgemeinen nimmt die chemische Beständigkeit mit steigender Kettenlänge zu). Oft werden solche Behälter zusätzlich mit Barrierefolien oder einer Plasmabeschichtung ausgerüstet, da PE eine hohe Gasdurchlässigkeit (Permeation) aufweist. Starke Oxidationsmittel wie hoch konzentrierte anorganische Säuren sowie Halogene greifen PE an. PE ist brennbar und nicht witterungsbeständig, daher sind Additive wie Flammschutzmittel und UV-Absorber erforderlich.

Die Hauptanwendung von PE sind Folien und Verpackungen, wie etwa durch Blasformen hergestellte Kanister, einfache Spritzgussteile sowie Rohre und Kabelisolationen. PE-Pulver werden zur Beschichtung von Textilien oder Papier verwendet.

Technische Bedeutung haben folgende Spezialtypen und Copolymere erlangt:

- **chloriertes Polyethylen (PE-C):** zur Erhöhung der Flammwidrigkeit von Polyolefinen oder zur Erhöhung der Schlagfestigkeit von PVC; vernetzt als witterungsbeständiges und leicht einfärbbares Elastomer für Kabelmäntel
- **chlorsulfoniertes Polyethylen (CSM):** kautschukelastisch, vernetzt für Kabelisolationen, beschichtete Gewebe, Dachfolien, Schlauchdecken und Schlauchboote
- **Ethylen-Vinylacetat-Copolymere (EVAC):** bis 10 % Vinylacetat für Gewächshausfolien, Rohre, Faltenbälge mit hohem Rückstellvermögen;
  - bis 30 % Vinylacetat für thermoplastische Kabelummantelungen;
  - bis etwa 40 % Vinylacetat für Klebstoffe;
  - über 40 % Vinylacetat vernetzt als Elastomer (EVM) mit sehr hohem Füllstoffanteil fast ausschließlich für Kabelisolationen (FRNC-Kabel)
- **Ethylen-Vinylalkohol-Copolymere (EVOH):** 53 bis 68 % Vinylalkohol; minimale Gasdurchlässigkeit; für Barrierefolien
- **vernetztes Polyethylen (PE-X):** Elastomer; Rohre für Warmwasser und Fußbodenheizungen
- **PE-Compounds mit etwa 6 % Stärke:** für biologisch abbaubare Produkte (Tragetaschen, Müllsäcke). Dabei wird nur die Stärke abgebaut, die umhüllende PE-Matrix jedoch nicht. Die bei PE schon vorhandene Empfindlichkeit gegenüber UV-Licht kann aber durch Einbau spezieller, UV-empfindlicher Molekülgruppen weiter erhöht werden, sodass ein fotochemischer Abbau möglich ist.
- **Cycloolefin-Copolymere (COC):** werden beispielsweise durch Copolymerisation von Ethylen mit zyklischen Olefinen wie Norbonen hergestellt. Teilkristalline Typen weisen eine hohe Wärmeformbeständigkeit und gute chemische Beständigkeit auf.

3.3.2 Polypropylen (PP)

Polypropylen ist mit rund 20 % Anteil an der Gesamtproduktion der zweitwichtigste Kunststoff. Obwohl Polypropylen dem PE chemisch relativ ähnlich ist, ist es deutlich härter, fester und thermisch höher belastbar. Die maximale Dauereinsatztemperatur liegt bei etwa 100 °C. Unter 0 °C steigt jedoch die Schlagempfindlichkeit stärker an als bei PE. Spezialtypen ermöglichen sowohl höhere als auch niedrigere Einsatztemperaturen. Durch Wahl der Polymerisationsbedingungen lassen sich neben isotaktischen und syndiotaktischen auch ataktische Polymerisate erhalten. Dies ermöglicht eine große Vielfalt verfügbarer Typen.

Die meisten Polypropylen-Typen sind isotaktisch aufgebaut. Der gleichmäßige Aufbau ist Ursache für den hohen Kristallisationsgrad und damit für die gegenüber PE-HD größere Festigkeit und Steifigkeit sowie die höheren Schmelz- und Gebrauchstemperaturbereiche. Die Methyl-Seitengruppen verhindern jedoch eine enge Zusammenlagerung wie bei PE, daher hat isotaktisches Polypropylen (PP-I) auch eine etwas geringere Dichte. Syndiotaktisches Polypropylen (PP-S) ist transparent und sehr schlagzäh, allerdings weniger steif als isotaktisches PP. Ataktisches Polypropylen (PP-R) ist amorph, bei Raumtemperatur jedoch klebrig und wird vornehmlich als Vergussmasse in der Elektroindustrie sowie als Dicht- oder Dämmmasse verwendet.

Die elektrischen Isoliereigenschaften und die chemische Beständigkeit des unpolaren PP sind mit PE vergleichbar; PP ist etwas empfindlicher gegen starke Säuren und Oxidationsmittel. PP ist wie PE brennbar und nicht witterungsbeständig. Auch hier sind entsprechende Additive erforderlich.

Aufgrund seiner hohen Dehnbarkeit und seiner relativ hohen dynamischen Belastbarkeit erlaubt PP die Herstellung von Filmscharnieren.

PP ist der Massenkunststoff mit dem stärksten Wachstum. Mehr als ein Drittel der synthetischen Fasern werden auf Basis PP hergestellt. Weitere wichtige Anwendungsgebiete sind Verpackungsfolien sowie starre Verpackungen. Die in jüngerer Zeit entwickelten neuen Spezialtypen finden zunehmend auch als Ersatz für technische Thermoplaste wie ABS und PA Verwendung. PP wird auch als Gehäusewerkstoff für Kleinelektrogeräte, Formteile für Haushaltsgeräte sowie für Karosserieteile (Stoßfänger) und Formteile im Innenraum von Kraftfahrzeugen eingesetzt. Im Bausektor findet PP unter anderem für Rohre, Heißwasserbehälter und Gartenmöbel Verwendung.

Wichtige Spezialtypen und Copolymere sind:

- **glasfaserverstärkte Typen (PP-GF):** mit bis zu 40 % Glasfasern für höhere Steifigkeit
- **geschäumte PP-E-Typen (expanded):** mit Dichten bis hinunter zu 10 kg/m^3

- **Copolymere mit Ethylen (EPM):** oder mit Ethylen und Ethylidennorbonen, Dicyclopentadien oder 1,4-Hexadien (EPDM); dies sind bedeutende Synthesekautschuke mit guter Hitze- und Wetterbeständigkeit
- **(PP+EPDM)-Blends:** diese Produkte zählen zu den thermoplastischen Elastomeren

3.3.3 Polyvinylchlorid (PVC)

Nach Polyethylen und Polypropylen belegt Polyvinylchlorid (PVC) allen Unkenrufen zum Trotz mit 15 % Anteil an der Kunststoffproduktion immer noch den dritten Platz.

Vinylchlorid wird außer als Ausgangsmonomer für PVC auch zur Pfropfcopolymerisation von Acrylatkautschuken und Ethylen-Vinylacetat-Copolymeren verwendet.

PVC lässt sich durch die Verwendung von Weichmachern zu einem relativ elastischen Material verarbeiten; die hierzu üblicherweise verwendeten Phthalsäureester (Phthalatweichmacher) sind jedoch toxikologisch umstritten.

Aufgrund des hohen Chloranteils in Vinylchlorid (etwa 56 %) hat Hart-PVC (PVC-U, unplasticized) eine hohe Dichte von etwa 1380 bis 1400 kg/m^3. Die Dichte von Weich-PVC (PVC-P, plasticized) wird von Art und Menge des Weichmachers bestimmt. Bei einem Gehalt von 25 % Phthalatweichmacher liegt die Dichte von Weich-PVC bei etwa 1240 bis 1280 kg/m^3. Wird der Anteil auf 40 % erhöht, beträgt die Dichte etwa 1150 bis 1200 kg/m^3. Die geringe thermische Stabilität von PVC, die schon die technische Anwendung der ersten Vinylchlorid-Polymerisate erheblich erschwerte, erfordert auch heute noch grundsätzlich den Zusatz von Stabilisatoren. Diese basieren auf Schwermetallen wie Blei und Cadmium, werden aber zunehmend durch Produkte auf Basis von Calcium, Zinn oder Zink ersetzt. Optimal stabilisiertes PVC besitzt eine gute Witterungsbeständigkeit, lediglich besonders helle PVC-Produkte erfordern auch den Einsatz von UV-Absorbern. Zusätzlich werden auch Fließ- und Gleitmittel zugesetzt. Im Gegensatz zu anderen Thermoplasten wird PVC vielfach als Pulver angeboten. Weich-PVC ist auch als Paste durch Streichen oder Gießen verarbeitbar.

Der hohe Chloranteil von PVC-U ermöglicht die Herstellung von als flammwidrig, schwerentflammbar oder selbstverlöschend bezeichneten Produkten, eine der bekanntesten Eigenschaften des PVC. PVC-U ist zwar brennbar, erlischt aber nach Entfernen der Zündquelle. Durch Zusatz von Weichmacher wird der Chlorgehalt verringert. Bei einem rechnerischen Chlorgehalt unterhalb von etwa 30 % brennt PVC-P auch nach Entfernen der Zündquelle weiter. Dies wird zwar erst bei einer Dosierung von etwa 85 phr, entsprechend etwa 46 %, Weichmacher erreicht, allerdings sind viele Weichmacher selbst brennbar, sodass PVC-P oft auch bei höheren Chlorgehalten als 30 % bereits nicht mehr selbst verlischt. Dagegen wirken Weichmacher auf Basis von aromatischen Phosphaten oder Chlorparaffin wiederum als Flammschutzmittel.

PVC setzt beim Verbrennen große Mengen an Chlorwasserstoffgas (HCl) frei. In Verbindung mit Luftfeuchtigkeit oder Löschwasser entsteht daraus korrosive Salzsäure. Die hierdurch entstehenden Brandfolgen verursachen oft höhere Schäden als der Brand selbst. Neben der ohnehin gesundheitsschädlichen und ätzenden Wirkung dieser Brandgase kann es außerdem zur Bildung geringer Mengen der toxischen polycyclischen aromatischen Kohlenwasserstoffen (PAK) und polyhalogenierten *p*-Dibenzodioxinen (PHDD) und Dibenzofuranen (PHDF) kommen. Diese Produkte entstehen fast immer bei der Pyrolyse organischer beziehungsweise halogenhaltiger Materialien. HCl kann auch durch Überhitzung bei der Verarbeitung freigesetzt werden. Daher sind korrosionsfeste Werkzeuge für die PVC-Verarbeitung erforderlich. Aufgrund der toxischen Wirkung von Vinylchlorid wird der Einsatz von PVC für Artikel in Kontakt mit Lebensmitteln, für Spielzeuge und insbesondere für pharmazeutische Artikel wie Infusionsschläuche in Frage gestellt.

PVC-U besitzt relativ hohe Festigkeit, Steifigkeit und einen hohen Elastizitätsmodul, allerdings relativ geringe Abriebfestigkeit und Schlagzähigkeit, insbesondere bei tiefen Temperaturen. Die Einsatzgrenzen liegen etwa bei – 5 bis + 65 °C, kurzfristig sind bis zu + 90 °C möglich. PVC-U neigt zu sogenanntem Weißbruch (weiße Streifen, die beim Biegen aufgrund von Verstreckungen der Makromoleküle auftreten). Dieser Effekt wird bei dunkel eingefärbten Prägefolien ausgenutzt. Spezielle PVC-U-Typen sind glasklar transparent.

Durch die enthaltenen Weichmacher ist PVC-P von leder- bis gummiartiger Konsistenz. Die relativ hohe Flexibilität und Dehnbarkeit wird mit niedriger Festigkeit erkauft. Die Elastizität verleiht PVC-P auch eine relativ hohe Schlagzähigkeit. Im Gegensatz zu echten Elastomeren treten bei Dauerbelastung jedoch hohe bleibende Deformationen auf. Gummielastisches Verhalten ist nur oberhalb der Glastemperatur eines Polymeren möglich; der wie ein Gleitmittel für die Polymerketten agierende Weichmacher senkt diese deutlich ab. PVC-P wird also im Gegensatz zu anderen Thermoplasten oberhalb der Glastemperatur eingesetzt. Die Verringerung der Glastemperatur durch den Weichmacher führt im Vergleich zu PVC-U auch zu einer gewissen Kälteflexibilität. Art und Menge des Weichmachers sowie die oft zugesetzten Füllstoffe beeinflussen die physikalischen und chemischen Eigenschaften. Übliche Weichmacherdosierungen liegen zwischen 15 und 50 % (18 bis 100 phr). Als Weichmacher werden die Ester beispielsweise der Phthalsäure, Adipinsäure, Trimellithsäure, Sebacinsäure oder Phosphorsäure verwendet, wobei Phthalate die bedeutendste Gruppe bilden. (In der organischen Chemie bezeichnet man die Verbindung aus einer Säure und einem Alkohol als Ester. In Anlehnung an die Bezeichnung der Salze in der anorganischen Chemie werden die Ester der oben genannten Säuren als Phthalate, Adipate, Trimellithate, Sebazate und Phosphate bezeichnet). Diese Ester sind monomere Verbindungen (sogenannte Monomerweichmacher) und damit relativ leicht extrahierbar. Vor allem bei längerer Einsatzzeit sowie bei erhöhten Temperaturen ist aufgrund ihrer hohen Beweglichkeit mit einem Austreten von Weichmacher an die Oberfläche zu rechnen.

Wird PVC-P mit anderen Materialien wie Thermoplasten, Gummi oder Lacken kombiniert, vermögen die Weichmacher aus PVC-P in diese zu migrieren (hinüberzuwandern). Es findet also ein regelrechter Stoffübergang statt, der etwa bei Thermoplasten Spannungsrisse hervorrufen kann. (Dies ist auch bei Kombinationen von Thermoplasten mit Gummi zu beachten. Die meisten der in Elastomeren üblichen Weichmacher verursachen bei vielen Thermoplasten Spannungsrisse). Durch die Migration des Weichmachers aus dem PVC in andere Materialien tritt eine Härtezunahme und Versprödung des PVC-P auf.

Hochmolekulare Polyesterweichmacher (Polymerweichmacher) zeigen eine geringere Migration, sind jedoch auch weniger mit PVC verträglich. Sie führen zu einer weniger ausgeprägten Verringerung der Glastemperatur und somit zu einer geringeren Flexibilität. PVC-P kann etwa zwischen - 20 und 55 °C eingesetzt werden, bei kurzfristigem Gebrauch sind Temperaturen bis zu 65 °C möglich.

Neben Weichmachern werden auch Füllstoffe wie Kreide, Kaolin, Quarzmehl, disperse Kieselsäure oder Ruß eingesetzt. So ermöglichen etwa 5 bis 15 % Calciumcarbonat (Kreide) eine leichtere Extrusion sowie deutliche Erhöhung der Kerbschlagzähigkeit. Durch einen Glasfaseranteil von 40 % lässt sich der Elastizitätsmodul mehr als verdoppeln.

Die elektrischen Isoliereigenschaften von PVC-U und insbesondere von PVC-P sind nur als mittelmäßig einzustufen, sie reichen jedoch für den Einsatz in üblichen Wechselstromkabeln aus. PVC-P zeigt zudem eine relativ geringe Neigung zur elektrostatischen Aufladung.

PVC-U ist beständig gegen Säuren, Basen, aliphatische Kohlenwasserstoffe, Öle, Fette und Alkohole, aber unbeständig gegen aromatische und chlorierte Kohlenwasserstoffe, Ketone und Ester. Aufgrund der relativ guten chemischen Beständigkeit neigt das amorphe PVC-U auch kaum zur Bildung von Spannungsrissen. PVC-P ist dagegen nur gegen verdünnte Säuren und Laugen sowie wässrige Salzlösungen beständig, die meisten Kohlenwasserstoffe sind in der Lage, die üblichen niedermolekularen Weichmacher zu extrahieren.

PVC-U wird überwiegend für Rohre und Profile eingesetzt. Im Bauwesen werden bereits mehr als 50 % der Fensterprofile und etwa 60 % der Wasserrohre aus PVC hergestellt. PVC-P findet sich wie PVC-U in Folien, daneben in Schläuchen und Kabelisolierungen sowie in Fussbodenbelägen, Kunstleder, Kfz-Unterbodenschutz und PVC-Schäumen. PVC-Pasten werden für Imprägnierungen, beispielsweise von

Planenstoffen oder Fassadenverkleidungen, verwendet. Spritzfähige Pasten finden als Kfz-Unterbodenschutz Anwendung.

Spezialtypen und Modifikationen

Durch Pfropfcopolymerisation von Vinylchlorid mit einem elastischen Polymer wie etwa EVAC wird das gegenüber PVC-U um den Faktor 2 bis 5 schlagfestere PVC-HI (*high impact*) erhalten. Die Einsatztemperatur reicht in Abhängigkeit von der Zusammensetzung bis - 40 °C. Die Schlagzähigkeit lässt sich auch auf mechanischem Weg durch Zumischen von chloriertem Polyethylen, Butadien- oder Ethylencopolymeren erhöhen. In den letzten Jahren wird zunehmend Acrylesterkautschuk (ACM) verwendet. PVC-HI wird beispielsweise für Straßenleitpfähle, Fensterprofile, Rollläden, Dachrinnen, Rohre, Sockelleisten und Möbelbeschläge verwendet.

Chloriertes Polyvinylchlorid (PVC-C) zeichnet sich gegenüber PVC-U durch eine höhere Festigkeit und Wärmeformbeständigkeit (Dauergebrauchstemperatur etwa 85 °C, kurzfristig bis etwa 100 °C) aus. Die Nachchlorierung führt zu besserer chemischen Beständigkeit und Flammwidrigkeit. PVC-C wird im Wesentlichen zur Herstellung von Rohren für die Fußbodenheizung, im chemischen Apparatebau (für den Transport heißer, flüssiger Chemikalien) sowie für Kfz-Heizungssysteme verwendet. Auch für die Verpackung heißer Lebensmittel sowie für PVC-basierte Klebstoffe wird PVC-C eingesetzt.

Durch Copolymerisation von Vinylchlorid mit beispielsweise 5 bis 20 % Vinylacetat lassen sich ebenfalls flexible Produkte (PVCVAC) erhalten. Diese auch als innere Weichmachung bezeichnete Methode hat den Vorteil, dass die weichmachende Komponente nicht extrahiert werden kann. Formmassen mit bis zu 50 % Vinylacetat lassen sich bei niedrigeren Temperaturen verarbeiten, besitzen allerdings auch eine geringere Wärmeformbeständigkeit als PVC. Solche Produkte werden für spezielle Tiefziehfolien eingesetzt. Eine weitere Anwendung sind Schallplatten, die heute jedoch fast vollständig durch Compact Discs verdrängt worden sind.

Eine eher zu den Spezialprodukten zählende Stoffklasse sind Copolymerisate aus Vinylidenchlorid mit beispielsweise 5 bis 15 % Vinylchlorid oder 10 bis 20 % Acrylnitril, die allgemein als Polyvinylidenchlorid (PVDC) bezeichnet werden. (Reines Polyvinylidenchlorid zersetzt sich bei den zur Verarbeitung erforderlichen Temperaturen von 160 - 170 °C). Die Copolymerisate weisen eine höhere Wärmeformbeständigkeit als PVC-U auf, die Einsatzgrenzen liegen zwischen - 20 und + 100 °C. Allerdings ist die geringe Gasdurchlässigkeit des PVDC von wesentlich wichtigerer Bedeutung. PVDC ist der klassische Barrierekunststoff und wird als Sperrschicht in Verpackungen eingesetzt. Gegenüber dem ebenfalls verwendeten EVOH zeichnet sich PVDC durch seine geringe Wasseraufnahme aus. PVDC hat eine gegenüber PVC noch größere Lichtempfindlichkeit und muss daher stärker stabilisiert werden.

3.3.4 Polystyrol (PS)

Die auf Styrol (Vinylbenzol) aufgebauten Kunststoffe, die auch unter dem Namen Styrenics zusammengefasst werden, sind mit etwa 10 % Anteil an der Gesamtproduktionsmenge die viertgrößte Gruppe aller Kunststoffe. Bei der Polymerisation von Vinylbenzol sind die großen Phenylgruppen statistisch verteilt, wodurch ataktisches und somit amorphes und transparentes Polystyrol entsteht. Verwendet man Ziegler-Natta-Katalysatoren, erhält man dagegen isotaktische und opake Typen. Mit Metallocen-Katalysatoren gewinnt man syndiotaktische PS-Typen, die sich durch eine sehr hohe Wärmeformbeständigkeit auszeichnen. Sie sind kristallin und opak und treten in Wettbewerb mit beispielsweise Polyamid oder sogar Polyphenylensulfid.

Die Dichte von Styrolpolymeren liegt zwischen 1030 und 1050 kg/m^3. PS besitzt eine hohe Steifigkeit, mittlere Härte und Festigkeit, aber nur geringe Schlagzähigkeit. Der Dauergebrauchstemperaturbereich liegt etwa zwischen - 10 °C und + 80 °C. Spezialtypen erreichen - 30 bis + 70 °C, kurzfristig bis + 90 °C. PS ist chemisch beständig gegen Säuren und Basen, jedoch nicht bei hohen Konzentrationen, sowie gegen Fette und Öle. PS ist nicht beständig gegen Oxidationsmittel sowie aliphatische, aromatische oder chlorierte Kohlenwasserstoffe und neigt stark zu Spannungsrissbildung. PS ist in vielen Estern, Ketonen sowie in aromatischen und chlorierten Kohlenwasserstoffen vollständig löslich.

Das glasklare, amorphe PS zeichnet sich durch hohe Oberflächengüte und Lichtdurchlässigkeit aus. Bei ansonsten etwas ungünstigeren elektrischen Isoliereigenschaften ist PS im Vergleich zu PE aufgrund guter dielektrischer Eigenschaften insbesondere für die Hochfrequenztechnik geeignet. Es besitzt gute Strahlenbeständigkeit, neigt aber wie alle Kunststoffe stark zu elektrostatischer Aufladung. PS ist brennbar und nicht witterungsbeständig.

PS wird hauptsächlich für Lebensmittelverpackungen und - in geschäumter Form (PS-E, *expanded*) - für Schall- und Wärmedämmung sowie für Verpackungen verwendet. Neben chemischen Treibmitteln werden auch rein physikalische Treibmittel wie Kohlendioxid oder Cyclopentan eingesetzt, die bei der Herstellung von Blöcken und Platten in den Extruder eindosiert werden. Die Druckentlastung der Schmelze nach Verlassen der Düse führt zu einer Entspannung und damit zum Aufblähen.

Die Entwicklung schlagfester Typen (PS-HI, *high impact*) durch Modifikation mit Kautschuk ermöglicht auch den Einsatz für Gehäuse in der Elektronikindustrie. Kautschuk reduziert zwar die Steifigkeit, erhöht aber die Schlagfestigkeit, insbesondere bei niedrigen Temperaturen, sowie die Spannungsrissbeständigkeit.

Ursprünglich wurde der Kautschuk bei für Polystyrol üblichen Verarbeitungstemperaturen zugemischt; eine elegantere und schonendere Methode zur Herstellung solcher Blends ist der Weg über eine wässrige Suspension von Polystyrol und Butadienkautschuk und anschließende Trocknung. Bei den für Polystyrol üblichen Verarbeitungstemperaturen in der Größenordnung von 200 °C wird der Butadienkautschuk auch unter anaeroben Bedingungen (Luftabschluss) thermisch extrem belastet. Aktuelle Verfahren ermöglichen die Copolymerisation von gelöstem oder suspendiertem Kautschuk mit Styrol. Die Schlagzähigkeit solcher Copolymerisate ist bei tiefen Temperaturen besser als die von Blends, bei höheren Temperaturen jedoch etwas geringer. Sie kann durch Variation des Kautschukanteils eingestellt werden; er beträgt zwischen 3 und 15 %. Hierdurch kann die Schlagzähigkeit bis auf den vierfachen Wert von nicht modifiziertem PS ansteigen.

Verwendete Kautschuke sind Polybutadien, Polybutadien-Styrol- oder Butadien-Acrylsäure-Copolymere. Aufgrund der besseren Witterungsbeständigkeit wird mittlerweile EPDM anstelle von Polybutadien eingesetzt.

Styrol und Butadien lassen sich in beliebigem Verhältnis miteinander polymerisieren, in der Kautschukindustrie dominieren dabei insbesondere Copolymerisate mit 23,5 % Styrol. Styrol-Butadienkautschuk (SBR) stellt den mengenmäßig wichtigsten Synthesekautschuk dar. Styrol-Butadien-Styrol-Block-Copolymere (SBS) waren die ersten thermoplastischen Elastomere. Sie sind hoch transparent und besitzen ein hohes Rückstellvermögen. SBS finden Verwendung für transparente Folien, beispielsweise für die Verpackung von Fleischwaren oder zur Herstellung weicher, flexibler Spielwaren.

Die mangelnde Schlagfestigkeit und geringe chemische Beständigkeit des Polystyrols führte zu einer Reihe weiterer Modifikationen und Copolymeren (z. B. ABS, SAN, und ASA). Sie zählen wie PS-HI und syndiotaktisches Polystyrol bereits zu den technischen Thermoplasten.

3.4 Technische Thermoplaste

3.4.1 Styrol-Acrylnitril-Kunststoff (SAN)

Durch Copolymerisation von Styrol mit bis zu 30 % Acrylnitril kann die Dauergebrauchstemperatur auf bis zu 85 °C erhöht werden, kurzfristig ist sogar eine Temperatur von 95 °C möglich. Obwohl Polyacrylnitril (PAN) kristallin ist, sind die erhaltenen Styrol-Acrylnitril-Copolymere (SAN) amorph. Um die leicht gelbliche Eigenfarbe von SAN, hervorgerufen durch Acrylnitril, zu überdecken, werden Blaupigmente zugesetzt, wodurch sich glasklar transparente Artikel herstellen lassen. Der Zusatz von Acrylnitril erhöht auch die Chemikalienbeständigkeit. So ist SAN im Vergleich zu PS beständig gegen aliphatische, jedoch nicht gegen aromatische oder halogenierte Kohlenwasserstoffe. Auf die gleiche Weise wird durch Copolymerisation von Butadien mit Acrylnitril der auch als Nitrilkautschuk bezeichnete Butadien-Acrylnitril-Kautschuk hergestellt, der mit steigendem Acrylnitrilgehalt eine immer bessere Beständigkeit gegen Öle und Kraftstoffe aufweist. Homopolymerisate aus reinem Acrylnitril, also Polyacrylnitril (PAN), wären ideale Thermoplaste mit hoher Temperatur- und Chemikalienbeständigkeit, lassen sich aber aufgrund ihrer relativ niedrigen Zersetzungstemperatur nicht thermoplastisch verarbeiten. PAN ist jedoch in bestimmten Lösungsmitteln löslich und wird durch Verspinnen aus solchen Lösungen zu Kunstfasern (Acryl) verarbeitet.

SAN ist witterungsbeständig, jedoch werden aufgrund der möglichen Vergilbung für solche Anwendungen UV-Stabilisatoren empfohlen. Die Dichte von SAN liegt bei 1070 bis 1080 kg/m^3. SAN wird hauptsächlich für Haushaltswaren verwendet; daneben findet es für verschiedene Teile in der Elektronikindustrie Anwendung. Durch Zusatz von Glasfasern lassen sich Produkte mit hoher Steifigkeit und geringer Schwindung herstellen. SAN-GF-Typen werden beispielsweise für Spulenkörper in der Elektronik verwendet, ihre Dichte beträgt 1350 bis 1360 kg/m^3.

3.4.2 Acrylnitril-Butadien-Styrol-Kunststoff (ABS)

Die Schlagzähigkeit von Copolymerisaten aus Styrol und Acrylnitril (SAN) kann durch mechanisches Zumischen von Polybutadien auf das fünf- bis zehnfache reinen Polystyrols verbessert werden. Zur besseren Verträglichkeit der Komponenten solcher Blends wird Polybutadien vorher mit Acrylnitril und Styrol gepfropft. Das SAN-Basispolymer enthält zwischen 20 und 35 % Acrylnitril, der Gesamtverbund kann bis zu 40 % Kautschuk enthalten. Die auf diese Weise erhaltenen Acrylnitril-Butadien-Styrol-Polymerisate (ABS) sind mehrphasige Produkte, ihre Dichte liegt zwischen 1030 und 1070 kg/m^3. Obwohl ABS amorph ist, sind die meisten Typen opak. Transparente Produkte erhält man durch gleichzeitiges Pfropfen des Kautschuks mit Polymethylmethacrylat. Die Einsatzgrenzen von ABS liegen etwa zwischen – 40 und + 85 °C bei dauerndem und bis zu + 100 °C bei kurzfristigem Einsatz; die Chemikalienbeständigkeit ist vergleichbar mit der von SAN.

ABS ist nicht witterungsbeständig und wegen der ungesättigten Butadienbausteine oxidationsempfindlich. Daher wird bei einigen Typen Butadienkautschuk durch EPDM ersetzt (AES); Fertigteile werden bei Bedarf beschichtet (z. B. mit Polyvinylidenfluorid, PVDF) oder lackiert. Von besonderer Bedeutung ist die Möglichkeit der Galvanisierung der Oberfläche zur Herstellung von beispielsweise verchromten Kunststoffteilen. ABS nimmt bei den technischen Kunststoffen den mengenmäßig größten Anteil ein und wird hauptsächlich für Kfz-Innenraumteile sowie für Anwendungen in der Elektrotechnik und Elektronik verwendet. ABS ist mit vielen anderen Thermoplasten verträglich; technisch wichtige Blends sind solche mit Polycarbonat (PC), Polyamid (PA) oder thermoplastischen Polyurethan-Elastomeren (TPU).

Bei (PC+ABS)- und (PC+AES)-Blends wird durch PC die Zähigkeit und Wärmeformbeständigkeit gegenüber ABS oder AES erhöht. Auf der anderen Seite wird die Verarbeitbarkeit durch die relativ niedrige Schmelzeviskosität des SAN gegenüber reinem PC verbessert. (ABS+PA)-Blends verringern die für Polyamid typischen hohen Maßänderungen bei gleichzeitig erhöhter Kälteschlagzähigkeit. Sie haben sehr gute Fließeigenschaften und erlauben die Herstellung fein strukturierter, matter Oberflächen. Da die beiden Polymere nicht miteinander verträglich sind, werden bevorzugt Block-Copolymere (wie SBS) als sogenannte Phasenvermittler eingesetzt. Sie reichern sich an den Phasengrenzen an und bieten so den beiden Hauptkomponenten ideale Partner, um die Wechselwirkungen zueinander zu erhöhen. Aufgrund der möglichen Variationen von Acrylnitril- und Butadienanteil ergeben sich eine Vielzahl verfügbarer ABS-Typen. Weitere Modifikationen erhält man durch Verwendung spezieller Styrolderivate wie α-Methylstyrol anstelle herkömmlichen Styrols, oder durch Kombination von Styrol und Maleinsäureanhydrid (SMA) sowie deren Blends mit ABS.

3.4.3 Acrylnitril-Styrol-Acrylat-Kunststoff (ASA)

Wird das in ABS üblicherweise verwendete Polybutadien durch Acrylesterpolymere wie Polybutylacrylat (Acrylatkautschuk) ersetzt, lassen sich witterungsbeständige Acrylnitril-Styrol-Acrylat-Copolymere (ASA) herstellen. Hier ist wie bei AES eine Lackierung nicht erforderlich. Die Dichte von ASA beträgt 1070 kg/m^3, die Eigenschaften sind vergleichbar mit ABS. Aufgrund der Acrylesteranteile ist die Polarität etwas höher als die von ABS, die maximale Gebrauchstemperatur liegt etwas unterhalb der von ABS.

3.4.4 Polyamide (PA)

Polyamide werden in sehr großen Mengen zu Fasern verarbeitet, zählen aber auch zu den wichtigsten technischen Thermoplasten. Es sind teilkristalline, zähe Materialien mit hoher Festigkeit und Steifigkeit, ausgezeichneter Schlagzähigkeit sowie guter Abrieb- und Verschleißfestigkeit. Polyamide haben eine relativ niedrige Glastemperatur und werden daher oft mit Glasfasern verstärkt. Neben der Erhöhung von Festigkeit und E-Modul steigt hierdurch die Dauergebrauchstemperatur deutlich an. Die Einsatzgrenzen reichen je nach Aufbau der Polyamide von etwa - 30 °C (PA11 und PA12: - 70 °C) bis über + 100 °C, kurzfristig sind Temperaturen von etwa 140 bis 180 °C und darüber möglich (PA46: bis zu 280 °C).

Polyamide sind polar und gegen verdünnte Laugen, aliphatische und aromatische Kohlenwasserstoffe, Kraftstoffe sowie gegen Alkohole, Ester, Ketone, Fette und Öle beständig. Sie sind unbeständig gegenüber starken Säuren - sie werden bereits von konzentrierter Ameisensäure bei Raumtemperatur angegriffen - und Basen sowie gegenüber chlorierten Kohlenwasserstoffen. Bei höheren Temperaturen kann Hydrolyse auftreten.

Polyamide sind jedoch diesbezüglich unempfindlicher als Polyester. Polyamide, insbesondere PA12, sind auch weniger anfällig für Spannungsrisse. Bei Einsatz im Freien sollten Polyamide gegen den Einfluss der UV-Strahlung stabilisiert werden. PA12 besitzt bei entsprechender Stabilisierung bereits eine gute Witterungsbeständigkeit.

Die elektrischen Isoliereigenschaften von Polyamiden sind nur mäßig. Polyamide sind in Abhängigkeit von ihrem Aufbau opak (undurchsichtig) bis durchsichtig. Es ist möglich, glasklar transparente Folien herzustellen.

Die Bezeichnung Polyamid leitet sich von der typischen Struktur eines Carbonsäureamids ab. In der Biochemie findet man die gleiche Struktur in Peptiden und Proteinen. (Peptide sind organische Verbindungen aus mehreren Aminosäuren. Bei mehr als 100 miteinander verknüpften Aminosäuren spricht man von Proteinen).

Der überwiegende Anteil der Polyamide wird auf Basis aliphatischer Kohlenwasserstoffe hergestellt und beruht entweder auf einem oder der Kombination zweier Ausgangsstoffe. Im ersten Fall sind dies ω-Aminocarbonsäuren (Carbonsäuren mit einer Aminogruppe am von der Carbonsäurefunktion am weitesten entfernten C-Atom) oder Lactame (cyclische Carbonsäureamide; das für PA6 verwendete ε-Caprolactam wurde vom Erfinder der Polyamide, W. H. Carothers, sogar als Ausgangsstoff ausgeschlossen). Aminocarbonsäuren und Lactame enthalten bereits beide für die Polykondensation erforderlichen funktionellen Gruppen. Bei zwei Ausgangsstoffen verwendet man Kombinationen aus Diaminen und Dicarbonsäuren. Die Nomenklatur der Polyamide richtet sich nach der Anzahl der Kohlenstoffatome der Ausgangsstoffe; bei Kombinationen von Diaminen und Dicarbonsäuren in genau dieser Reihenfolge (Bild 3.1 und 3.2).

Durch die Kondensationspolymerisation entstehen lineare, teilkristalline Polyamide mit ausgeprägter Polarität. Die aus den Polymerketten herausragenden CO- und NH-Gruppen bewirken durch Wasserstoffbrückenbindungen eine starke Anziehung von Polymermolekülen untereinander, was eine Erhöhung der Glas- und Schmelztemperaturbereiche verursacht (Bild 3.3). Gleichzeitig sind die Fähigkeit zur Bildung von Wasserstoffbrücken und die hohe Polarität allerdings auch die Ursache für die hohe Feuchtigkeitsaufnahme der Polyamide.

Im Vergleich zu anderen Thermoplasten nehmen Polyamide relativ viel Wasser auf (je nach Typ bis etwa 3,7 %, andere Thermoplaste liegen deutlich unter 1 %). Hiermit ist eine Volumenzunahme von bis zu 0,3 % pro 1 % Wasseraufnahme verbun-

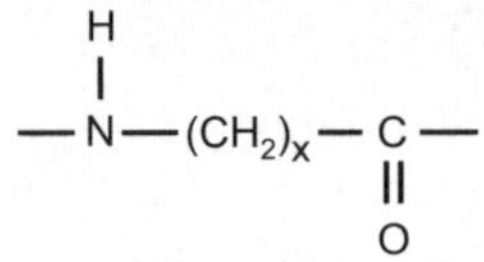

PA6:	x = 5	(5 + 1 = 6)
PA11:	x =10	(10 + 1 = 11)
PA12:	x =11	(11 + 1 = 12)

Bild 3.1 Grundstruktur von Polyamiden aus einem Ausgangsstoff, nach [11]

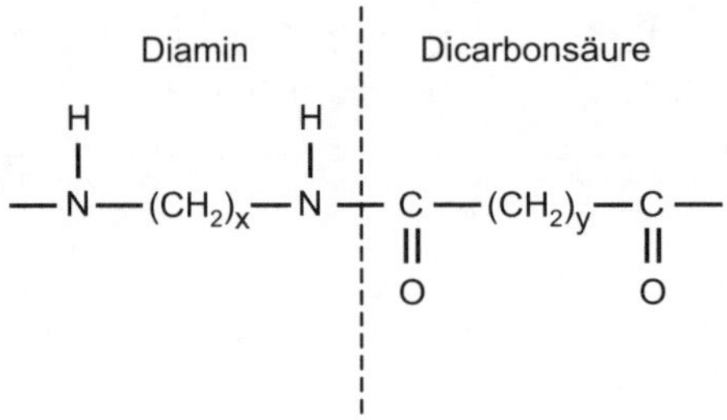

	Diamin	Dicarbonsäure	
PA66:	x = 6	y = 4;	4+2= 6
PA610:	x = 6	y = 8;	8+2=10
PA612:	x = 6	y =10;	10+2=12
PA46:	x = 4	y = 4;	4+2= 6

Bild 3.2 Grundstruktur von Polyamiden aus zwei Ausgangsstoffen, nach [11]

den, die bei der Werkzeugauslegung berücksichtigt werden muss. Wie alle Thermoplaste müssen daher insbesondere Polyamide vor der Verarbeitung gründlich getrocknet werden, um Oberflächenfehler oder Dampfeinschlüsse zu vermeiden. Unmittelbar nach ihrer Herstellung sind Formteile oder Halbzeuge aus Polyamiden relativ hart und verhalten sich mehr oder weniger spröde. Für optimale Schlagzähigkeit und Verschleißfestigkeit ist ein bestimmter Feuchtegehalt (beispielsweise 3 bis 4 % bei PA6 und PA66) erforderlich. Daher werden Formteile und Halbzeuge nach ihrer Herstellung durch Lagerung in warmem Wasser oder feuchter Atmosphäre konditioniert. Je nach Materialdicke kann die Wasseraufnahme mehrere Wochen bis Monaten in Anspruch nehmen. Der Wassergehalt beeinflusst, wie auch der herstellbedingte Kristallisationsgrad oder die Art und Menge der eingesetzten Additive, die mechanischen Eigenschaften und die chemische Beständigkeit der Polyamide.

Polyamide haben aufgrund ihrer hohen mechanischen Festigkeit viele Metallteile im Fahrzeugbau verdrängt, was ihr Haupteinsatzgebiet ist. Anwendungsbeispiele sind Lampengehäuse, starre Kraftstoffleitungen und -tanks, Gas- und Kupplungspedale. Glasfaserverstärkte Polyamide weisen eine deutlich höhere Wärmeformbeständigkeit als unverstärkte Typen auf; in Kombination mit der guten Ölbeständigkeit von Polyamid eignen sich diese Materialien für viele Anwendungen im Kfz-Motorraum. Aufgrund der Gewichtsersparnis und der Möglichkeit zur rationellen Fertigung hochbelastbarer Teile mit komplizierten Geometrien werden glasfaserverstärkte Polyamide auch in Hybridbauweise (Kombination unterschiedlicher Werkstoffe) mit Stahl und neuerdings Aluminium für Strukturbauteile wie etwa

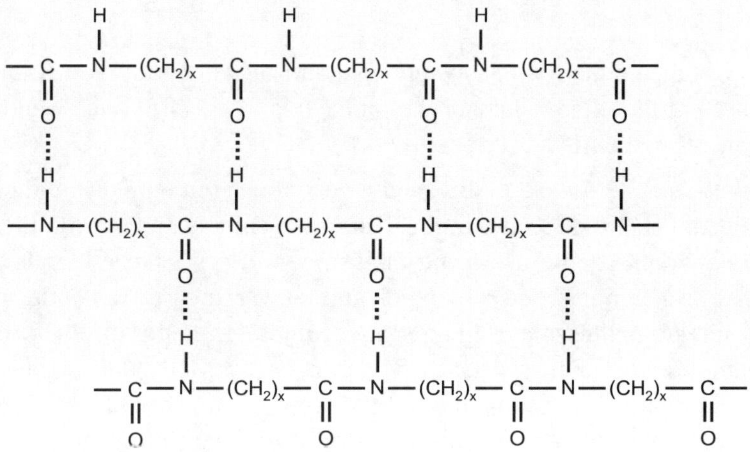

Bild 3.3 Wasserstoffbrückenbildung bei Polyamiden

Stoßfänger eingesetzt. (Strukturbauteile haben eine für die Struktur des Fertigteils tragende Funktion, beispielsweise Karosserieteile von Fahrzeugen). Eine weitere typische Anwendung sind Gehäuse für Elektrowerkzeuge.

Polyamide werden auch als Gehäusematerial für elektronische Bauelemente wie Transistoren oder Computerchips verwendet, da sie kurzfristig Temperaturen bis über 260 °C, wie sie beim Löten der Bauelemente auftreten, ohne wesentliche Formänderung erlauben, und sich mit halogenfreien Flammschutzmitteln ausrüsten lassen. Andere Einsatzgebiete sind Filter- und Pumpengehäuse, spezielle Dichtungen und Treibriemen sowie Gleitlager.

In der Feinmechanik werden Polyamide zur Herstellung von Zahnrädern, Rollen, Schrauben und Muttern verwendet. Polyamide dienen auch als Werkstoff für Filtergewebe, z. B. bei Dialysefiltern. PA12-Pulver wird beim Rapid Prototyping durch Lasersinterung verwendet. PA-RIM, ein Blockcopolymer auf Basis von PA6, lässt sich nach dem Reaktionsgießverfahren (RIM = Reaction Injection Molding) verarbeiten und wird ebenfalls für die Herstellung von Prototypen eingesetzt. PA6 und PA12 sind mit etwas höherer Molmasse auch als Gusstypen (PA6-G, PA12-G) verfügbar.

Spezialtypen

Teilkristalline aliphatische Copolyamide erhält man durch Kombinationen von Ausgangsstoffen, die für sich genommen schon die Herstellung von Polyamiden ermöglichen, beispielsweise von Lactamen einerseits und Diaminen und Dicarbonsäuren andererseits. Solche Copolyamide werden durch einen Schrägstrich gekennzeichnet, etwa PA6/66, PA6/12, PA66/610. Copolyamide wie PA6/66 sind in wässrigen alkoholischen Lösungen löslich und werden für Elektroisolierlacke eingesetzt.

Die hohe Schlagzähigkeit von Polyamiden kann durch Zusatz von Kautschuken wie gepfropftem Butadien- oder Acrylatkautschuk oder EPDM noch weiter verbessert werden.

Blends aus PA mit PE, PP oder ABS zeigen gegenüber reinem Polyamid eine deutlich reduzierte Feuchtigkeitsaufnahme. Die unterschiedliche Polarität dieser Polymere erfordert dabei den Einsatz von Phasenvermittlern. Solche Blends zeichnen sich durch eine gegenüber den reinen Polyamiden verringerte Maßänderung sowie (mit ABS) höhere Kälteschlagzähigkeit aus. Außerdem kann auf diese Weise die zeitraubende Konditionierung deutlich verringert werden oder sogar entfallen. Polyamid-Blends mit Kautschuken wie EPM werden aufgrund ihrer hohen Zähigkeit unter anderem für Gehäuse mit höchster Kälteschlagzähigkeit, aber auch für Baudübel verwendet.

In jüngerer Zeit werden verstärkt teilaromatische Polyamide verwendet. Je nach Zusammensetzung sind sie amorph und glasklar oder teilkristallin. Der Einbau der relativ sperrigen aromatischen Gruppen verleiht den Produkten eine geringere Wasseraufnahme und Schwindung, hohe mechanische und thermische Belastbarkeit und eine gegenüber aliphatischen Polyamiden verbesserte Medienbeständigkeit, allerdings eine etwas verringerte Schlagzähigkeit. Die Dauereinsatztemperaturen liegen je nach Zusammensetzung bei 120 °C bis etwa 200 °C. Sie werden hauptsächlich für technische Teile mit hohen Anforderungen an Festigkeit und Temperaturbeständigkeit, etwa im Motorraum von Kraftfahrzeugen, eingesetzt. Mit aromatischen Monomeren wie Paraphenylendiamin modifiziertes PA6 besitzt mit 500 °C eine so hohe Schmelztemperatur, dass es nicht mehr thermoplastisch verarbeitbar ist, jedoch aus Lösungen zu hochfesten und temperaturbeständigen Fasern versponnen wird.

Reine aromatische Polyamide (Aramide) bestehen hauptsächlich aus Poly(*p*-phenylen-terephthalamid, PPTA). Sie besitzen eine sehr hohe Temperaturfestigkeit, gute chemische Beständigkeit, große Reißfestigkeit, hohen Dehnungswiderstand sowie hohe Schlagzähigkeit. Aramidfasern finden für Schutzkleidung (Schnitt- und Feuerschutz, Ballistik), hoch beanspruchte Sportgeräte (Ruderboote und Kajaks), Trag- und Spannseile sowie in Hochleistungsreifen Verwendung.

3.4.5 Polymethylmethacrylat (PMMA)

Polymethylmethacrylat ist ein amorpher und glasklarer, harter und steifer Kunststoff. Er ist jedoch relativ spröde und weist eine nur geringe Schlagfestigkeit auf. Seine Einsatzgrenzen liegen etwa zwischen – 40 und + 85 °C, kurzfristig sind bis zu + 100 °C möglich. PMMA hat eine ausgezeichnete Lichtdurchlässigkeit von bis zu 92 % und lässt sich auch transparent einfärben. Aufgrund seiner optischen Eigenschaften und seiner chemischer Zusammensetzung wird PMMA auch als Acrylglas oder kurz als Acryl bezeichnet. PMMA hat gute elektrische Isoliereigenschaften und ist beständig gegen verdünnte Säuren und Laugen sowie gegen aliphatische Kohlenwasserstoffe und Öle. Von Estern, Ketonen, aromatischen und chlorierten Kohlenwasserstoffen wird PMMA angegriffen; es neigt zu Spannungsrissbildung. Die Witterungsbeständigkeit von PMMA ist sehr gut, sodass UV-Stabilisatoren nicht erforderlich sind.

PMMA wird vorwiegend für Steg- oder Massivplatten im Bausektor, für Lichtwerbung und für Halbzeuge (Rohre, Stangen) eingesetzt. Weitere Anwendungen sind Fahrzeugrücklichter, beleuchtete Hinweisschilder, Leuchten- und Bildschirmabdeckungen sowie verschiedene optische Teile, außerdem komplette Badewannen und Waschbecken. Spezielle PMMA-Typen sind gießfähig und werden als Klebstoffe oder zum Eingießen von Demonstrationsobjekten verwendet. Mit mineralischen Füllstoffen werden marmorähnliche Produkte für den Sanitärbereich sowie für Küchenarbeitsplatten in Gießformen hergestellt.

Versuche, PMMA als Datenträgermaterial anstelle des teureren Polycarbonats einzusetzen, scheiterten an der geforderten Wärmeformbeständigkeit und der ungenügenden Maßhaltigkeit. Zwar zeigt PMMA gegenüber PC eine geringere Doppelbrechung, die deutlich höhere Wasseraufnahme begünstigt jedoch die Neigung zu Verzug.

Spezialprodukte

Durch Pfropfcopolymerisation mit styrolmodifizierten Acrylatkautschuken sind schlagzäh eingestellte Typen (PMMA-HI) möglich. Hierdurch kann jedoch die ansonsten sehr gute Witterungsbeständigkeit beeinträchtigt und ein Zusatz von UV-Absorbern erforderlich werden.

Auch Blends aus PMMA und ABS weisen gegenüber reinem PMMA eine höhere Schlagfestigkeit auf. Anwendungen sind verschiedene Kfz-Teile sowie Badewannenbeschichtungen. Durch den ABS-Anteil sind solche Produkte außerdem galvanisierbar.

3.4.6 Polyethylenterephthalat (PET)

Polyethylenterephthalat ist mit etwa 6 % Anteil an der Gesamtmenge der produzierten Kunststoffe einer der bedeutendsten Thermoplaste. Ursprünglich nur für Fasern verwendet, wird heute etwa ein Viertel der produzierten Menge für Verpackungen und Halbzeuge eingesetzt. PET-Fasern werden mittlerweile auch aus recycelten PET-Flaschen hergestellt. Der größte Teil der in Deutschland produzierten PET-Flaschen wird nach Gebrauch in China zu Polyesterfasern für Fleecestoffe recycelt.

Die Eigenschaften von PET hängen von der Kristallinität ab. PET ist zwar teilkristallin, aufgrund seiner sehr langsamen Kristallisationsgeschwindigkeit kann es in Abhängigkeit vom jeweiligen Typ und den Verarbeitungsbedingungen auch im amorph-transparenten Zustand vorliegen. Die Kristallisation setzt unterhalb von etwa 80 °C ein, lässt sich aber auch durch Recken und thermische Nachbehandlung reduzieren.

Das teilkristalline PET-C besitzt eine hohe Festigkeit und Steifigkeit, jedoch nur eine geringe Schlagzähigkeit. Die Neigung zur Verformung durch Kriechen ist relativ gering, PET-C besitzt außerdem gute Abriebfestigkeit. Die Einsatzgrenzen liegen etwa zwischen – 20 bis zu + 120 °C Dauertemperatur, kurzfristig sind bis zu 200 °C möglich. Unter Sauerstoffausschluss sind Dauertemperaturen bis zu 135 °C möglich. Allerdings fällt der Elastizitätsmodul ab etwa 80 °C deutlich ab. Amorphes PET-A ist transparent und besitzt eine etwas bessere Schlagzähigkeit und Dimensionsstabilität, dafür eine geringere Härte und Steifigkeit als teilkristallines PET-C. Die Einsatzgrenzen liegen mit – 40 bis + 60 °C (100 °C unter Luftabschluss) deutlich unterhalb der von PET-C. Amorphes PET ist bis zu etwa 5 mm Wandstärke transparent und zeigt im Vergleich zu teilkristallinem PET eine bessere Beständigkeit gegenüber perchlorierten Kohlenwasserstoffen.

PET besitzt nur mittlere elektrische Isoliereigenschaften. Es ist polar und beständig gegenüber verdünnten Säuren, aliphatischen und aromatischen Kohlenwasserstoffen, Ölen, Fetten und Alkoholen, jedoch nicht gegenüber halogenierten Kohlenwasserstoffen und Ketonen. Da PET chemisch zu den Estern gehört, ist es unbeständig gegenüber heißem Wasser und Alkalien. Die relativ geringe Durchlässigkeit für Sauerstoff und CO_2 ermöglicht den Ersatz von etablierten Verpackungsmaterialien wie Glasflaschen und Metalldosen, auch für CO_2-haltige Getränke. Um die Barriereeigenschaften weiter zu erhöhen, werden solche Behälter in der Regel plasmabeschichtet. Der Einbau sperriger Moleküle wie Isophthalsäure oder 1,4-Cyclohexandimethylol bewirkt eine sterische Hinderung (Verzögerung von Reaktionen aufgrund räumlicher Strukturen) und damit eine verringerte Kristallisationsneigung. Auf diese Weise lassen sich auch aus PET-C transparente Teile herstellen.

Hauptanwendungen von PET sind blasgeformte Flaschen. Diese haben bereits in erheblichem Maße Verpackungen aus Metall oder Glas verdrängt. PET-Getränkeflaschen mit geringer Wandstärke sind Einwegflaschen, dickwandige Flaschen sind Mehrwegflaschen. PET-A wird außerdem als Trägermaterial für fotografische Filme und Magnetbänder, Schreibfolien, Klebebänder sowie für Elektroisolierfolien eingesetzt. PET-C Formteile finden sich in elektrischen Kleingeräten; weitere Einsatzgebiete sind Zahnräder, Rollen und Möbelbeschläge sowie Fasern.

3.4.7 Polybutylenterephthalat (PBT)

Polybutylenterephthalat (PBT) besitzt eine bessere Fließfähigkeit, jedoch eine etwas geringere mechanische Festigkeit als das mit ihm verwandte PET. Seine Einsatzgrenzen liegen etwa zwischen - 40 und + 100 °C, kurzfristig bis 165 °C. Hinsichtlich Schlagzähigkeit, vor allem bei tiefen Temperaturen, und elektrischen Isoliereigenschaften zeigt PBT leichte Vorteile gegenüber PET. PBT ist ebenfalls polar, die chemische Beständigkeit ähnelt der von PET, allerdings ist die Beständigkeit von PBT gegen verdünnte Basen geringfügig besser. Dafür ist PBT im Gegensatz zu PET nicht beständig gegen aromatische Kohlenwasserstoffe. Aufgrund der besseren Fließfähigkeit wird PBT gegenüber PET bei der Herstellung von Spritzgussartikeln bevorzugt.

Wichtige Anwendungen für PBT sind großflächige Kfz-Außenteile, auch in Blends mit Polycarbonat. Glasfaserverstärkte Blends aus PBT und ASA sind besonders verzugsarm und werden beispielsweise für Spiegelgehäuse verwendet.

3.4.8 Polycarbonat (PC)

Polycarbonate zählen chemisch ebenfalls zu den Polyestern. Die technisch bedeutenden aromatischen Polycarbonate werden durch Polykondensation aus Bisphenol A und Phosgen in flüssiger Phase oder aus Bisphenol A und Diphenylcarbonat in der Schmelze hergestellt. Kennzeichen dieser amorphen und polaren Produkte ist die Eigenschaftskombination aus hoher Transparenz, hoher Wärmeformbeständigkeit und sehr guter Schlagzähigkeit, daneben weisen sie mittlere bis hohe Festigkeit und Steifigkeit sowie einen hohen Kriechmodul und gute Maßhaltigkeit auf. Die Dauereinsatztemperatur liegt zwischen - 40 und + 130 °C, kurzfristig sind bis etwa + 150 °C möglich. Durch Schlagzähmodifikation kann die untere Einsatztemperatur bis auf etwa - 60 °C gesenkt werden. Allerdings ist PC kerbempfindlich und weist nur eine geringe Abriebfestigkeit auf. Bei Anwendungen wie Scheinwerferstreuscheiben werden daher zusätzlich Kratzfestlacke (z. B. auf Basis organischer Siliziumverbindungen) aufgebracht, die auch als Schutzschicht die chemische Beständigkeit, etwa gegenüber Reinigungsmitteln, verbessern. PC hat gute elektrische Isoliereigenschaften und ist beständig gegen verdünnte Säuren, viele Öle und Fette sowie gegen Ethanol, jedoch unbeständig gegen Basen, aromatische und halogenierte Kohlenwasserstoffe sowie Ketone und Ester. Als Polyester ist es hydrolyseempfindlich, längere Einwirkung von heißem Wasser kann zu Spannungsrissen führen. Polycarbonat muss durch entsprechende Stabilisatoren gegenüber UV-Licht geschützt werden.

Die wichtigste Anwendung von Polycarbonat sind optische Speichermedien wie Compact Discs (CD), Digital Versatility Discs (DVD) und Blu-ray Discs. Die mit höherer Datendichte immer kleineren Pits (Gruben) in der Lesespur erfordern eine hochpräzise Fertigung und Spezialtypen mit extremer Fließfähigkeit sowie hoher Abbildegenauigkeit. PC zeigt hier aufgrund seiner gegenüber PMMA niedrigeren Wasseraufnahme eine geringere Verzugsneigung; daneben besitzt es eine höhere Wärmeformbeständigkeit und Schlagfestigkeit. Die Wärmeformbeständigkeit ist aufgrund der höheren Betriebstemperaturen besonders bei CD-Abspielgeräten in Autoradios wichtig.

Die Doppelbrechung von PC ist höher (ungünstiger) als die von PMMA, liegt für CDs und DVDs aber immer noch in einem akzeptablen Bereich. Unter Doppelbrechung versteht man das Auftreten unterschiedlicher Brechzahlen aufgrund von Eigenspannungen und Ausrichtung der Makromoleküle. Hierdurch entstehen Phasendifferenzen, die ab einer bestimmten Größe Lesefehler verursachen. Bei Blu-ray Discs liegen die Informationen dicht unter der Oberfläche und werden nicht durch die Substratschicht (1,2 mm bei CDs, 0,6 mm bei DVDs) ausgelesen; hier spielt die Doppelbrechung keine Rolle mehr.

Weitere Anwendungen sind Gehäuse und andere Formteile für die Elektrotechnik und Elektronik, Medizintechnik und die Kfz-Industrie. Mittlerweile werden in einigen Fahrzeugen bereits starre Seiten- und Heckscheiben sowie Dachmodule aus Polycarbonat eingesetzt. Die Kratzempfindlichkeit von Polycarbonat lässt derzeit den Einsatz beispielsweise für bewegliche Seitenscheiben noch nicht zu. Windschutzscheiben sind aufgrund der hohen Druckfestigkeit von Glas tragende Sicherheitselemente eines Fahrzeugs, Kunststoffscheiben würden sich unter entsprechender Belastung durchbiegen und sind daher nicht zugelassen.

Darüber hinaus wird Polycarbonat für optische Teile (Linsen und Brillengläser) sowie für Sportschutzbrillen und Visiere eingesetzt. Hier steht die Schlagfestigkeit im Vordergrund, daneben die Gewichtsersparnis gegenüber dem traditionell verwendeten Glas. Bei optischen Brillen werden außerdem noch Gießharze auf Basis von vernetztem, aliphatischem Polycarbonat sowie speziellen Polythiourethanen verwendet, deren Schlagfestigkeit jedoch geringer als die von aromatischem Polycarbonat ist. Allerdings erfordert die bei allen polymeren Werkstoffen im Vergleich zu Glas höhere Kratzempfindlichkeit auch hier eine spezielle Schutzbeschichtung.

Eine große Bedeutung haben Extrusionstypen für die Herstellung von Platten für den Bausektor, die als Abdeckung von Sportstadien oder Bahnhöfen sowie als Verscheibungen für Wintergärten und Gewächshäuser verwendet werden. Gegenüber dem hier ebenfalls verwendeten PMMA bietet PC erhebliche Vorteile hinsichtlich Schlagfestigkeit und Brandverhalten. So erreichen Platten aus Polycarbonat im Gegensatz zu solchen aus PMMA die speziell im Innenbereich geforderte Brandschutznorm DIN 4102 B1. Allerdings erfordert die Verwendung von Polycarbonat im Außenbereich aufgrund der gegenüber PMMA verringerten UV-Beständigkeit entsprechend stabilisierte Typen. Üblicherweise werden für solche Anwendungen zusätzlich hochkonzentrierte UV-Absorberkonzentrate in dünnen Schichten mittels Coextrusion auf die Oberfläche aufgebracht.

Von technisch immer größerer Bedeutung sind Blends aus Polycarbonat mit ABS, PBT oder PET. In der Regel überwiegt dabei der PC-Anteil, wodurch die Wärmeformbeständigkeit gegenüber reinem ABS, PBT oder PET erhöht wird. Blends aus PC und ABS zeigen überraschenderweise bei tiefen Temperaturen eine höhere Schlagfestigkeit als die beiden Ausgangspolymere. Werden ASA oder AES anstelle von ABS verwendet, erhält man witterungsbeständige Produkte, die keine Lackierung als Schutz vor UV-Licht erfordern. PBT und PET führen im Vergleich zu reinem PC zu verbesserter chemischer Beständigkeit und damit guter Lackierbarkeit. Die hier gegenüber reinem PC verringerte Schlagzähigkeit wird durch Modifizierung mit Kautschuken wieder etwas angehoben.

Blends aus PC mit ABS, PBT oder PET werden für großflächige Karosserieteile, für Formteile im Innenraum von Kraftfahrzeugen sowie für Gehäuseteile von Elektrowerkzeugen eingesetzt. Von besonderem Interesse sind spezielle (PC+ABS)-Blends, die im Gegensatz zu reinem Polycarbonat galvanisierbar sind. Mit diesen Materialien lassen sich Zierleisten und Embleme auf relativ einfache Weise herstellen. Auch Funktionsteile wie Türgriffe werden mittlerweile aus solchen Materialien hergestellt. Eine weitere Anwendung sind abgeschirmte Gehäuse für die Elektronikindustrie.

Spezialtypen

Verzweigte PC-Typen besitzen gegenüber linearen Typen eine höhere Schmelzestandfestigkeit und werden daher bevorzugt für die Herstellung blasgeformter und extrudierter Artikel eingesetzt.

Wird bei der Herstellung von Polycarbonat ein Teil des Bisphenol A durch Bisphenol TMC ersetzt, weisen die erhaltenen Copolymerisate eine höhere Temperaturbeständigkeit auf. Sie erreichen Dauergebrauchstemperaturen bis etwa 185 °C.

Aliphatische Polycarbonate wie Diethylenglykoldiallylcarbonat werden als Linsen für Brillen eingesetzt. Sie weisen aufgrund ihrer wesentlich geringeren Molmasse (ca. 1.000 g/mol) aber nicht die Schlagzähigkeit aromatischer Polycarbonate auf. Da ihre Glastemperatur deutlich unter dem Gefrierpunkt liegt, sind sie bei Raumtemperatur kautschukartig zäh und klebrig; unvernetzt haben sie keinerlei praktische Bedeutung erlangt. Für die Verwendung in optischen Gläsern werden sie über die Allylgruppen vernetzt. Die auf diese Weise entstandenen Produkte sind also Duroplaste.

3.4.9 Polyoxymethylen (POM)

Polyoxymethylene sind hoch kristalline Homo- oder Copolymere aus Formaldehyd oder seinem zyklischen Trimeren, Trioxan. Sie weisen eine hohe Festigkeit und Steifigkeit, hohe Schlagzähigkeit sowie gute Dimensionsstabilität auf. POM zeigt eine hohe Rückstellelastizität und hervorragendes Gleit- und Verschleißverhalten. Die Einsatzgrenzen liegen zwischen – 40 und + 110 °C, kurzfristig bis etwa 150 °C.

POM weist gute elektrische Isoliereigenschaften sowie eine gute Chemikalienbeständigkeit auf. Obwohl starke Säuren und Basen POM angreifen, ist es gegenüber verdünnten Säuren und Basen beständig, weiterhin gegen aromatische, aliphatische und halogenierte Kohlenwasserstoffe, Öle und Alkohole. POM ist unbeständig gegen Oxidationsmittel und muss vor Witterungseinflüssen durch UV-Stabilisatoren geschützt werden. POM-Copolymere sind beständig gegenüber Basen und haben eine bessere Beständigkeit gegen heißes Wasser als POM-Homopolymere. Festigkeit und Steifigkeit lassen sich durch Glasfasern weiter erhöhen.

Hauptanwendungen für POM finden sich in der Automobil- und in der Elektroindustrie, im Maschinenbau und verschiedenen Konsumgüterprodukten. Die hervorragende Abriebbeständigkeit prädestiniert POM für verschleißanfällige Produkte in der Feinwerktechnik, wie etwa Zahnräder, Hebel und Schrauben, Beschläge in der Bau- und Möbelindustrie oder auch Schnapp- und Federelemente wie z. B. Kupplungsteile für Gartenschläuche.

3.4.10 Polyphenylenether (PPE)

Polyphenylenether (PPE) werden aus 2,6-Dimethylphenol erhalten. Gelegentlich wird auch noch die Bezeichnung Polyphenylenoxid (PPO) verwendet. Da das amorphe Homopolymer bei Temperaturen oberhalb von 100 °C beschleunigten oxidativen Abbau zeigt, werden fast ausschließlich Blends verwendet, insbesondere mit PS, mit dem es sich homogen (ohne Phasenbildung) mischt, sowie mit PA und PBT. Die am häufigsten verwendeten Blends bestehen zu gleichen Teilen aus PPE und PS. Sie besitzen eine hohe Steifigkeit und Kälteschlagzähigkeit, gutes Gleit- und Verschleißverhalten, gute elektrische Isoliereigenschaften sowie eine sehr geringe Wasseraufnahme. Die Einsatzgrenzen liegen zwischen – 30 und + 110 °C, spezielle Typen sind kurzfristig bis 130 °C belastbar. Blends aus PPE und glasfaserverstärktem PA66 sind bis etwa 210 °C wärmeformbeständig und weisen ebenfalls eine hohe Kälteschlagzähigkeit auf. PPE ist beständig gegen verdünnte Säuren und Basen, wird aber von starken Säuren und Basen sowie allen Kohlenwasserstoffen angegriffen. Die chemische Beständigkeit lässt sich durch Blends mit PA verbessern. PPE ist witterungsbeständig, neigt aber zu Spannungsrissbildung, insbesondere bei Blends mit PS.

(PPE+PS)-Blends werden überwiegend im Fahrzeugbau für Armaturentafeln und für Teile von Elektrogeräten verwendet. (PPE+PA)-Blends werden für Kfz-Karosserieteile, die online lackiert werden, eingesetzt. Hierbei werden die Kunststoffteile nicht in einem separaten Schritt, sondern gemeinsam mit der Metallkarosserie lackiert, wobei Temperaturen bis zu 200 °C auftreten. PPE lässt sich mit schwefelvernetzbaren Kautschuken zu sehr reißfesten Kunststoff-Kautschuk-Verbundwerkstoffen laminieren.

3.4.11 Polymerblends

Mischungen aus Polymeren bieten eine relativ preisgünstige Methode, verschiedene Eigenschaften miteinander zu kombinieren. Gerade bei technischen Thermoplasten hat sich dieses Verfahren durchgesetzt, um Materialien mit speziellen Eigenschaftskombinationen zu erhalten. Allerdings muss beachtet werden, dass viele Thermoplaste nicht miteinander verträglich sind und deshalb im Blend in getrennten Phasen vorliegen. Um diese Phasen möglichst klein zu halten und eine gute Haftung untereinander zu ermöglichen, werden oft Pfropfcopolymere oder Blockcopolymere als sogenannte Phasenvermittler eingesetzt. Das Bild 3.4 zeigt die Verträglichkeit verschiedener Thermoplaste.

Auf die wichtigsten Blends wird in den einzelnen Abschnitten zu den Polymeren näher eingegangen.

	PE-HD	PE-LD	PP-H	PP-HI	PVC	PS	S-B	ABS	ASA	SAN	PA	PBT	PET	POM	PC	PMMA	PSU	PES	PAEK	TPU	(PPE+S-B)
PE-HD	M																				
PE-LD	M	M																			
PP-H	U	U	M																		
PP-HI	M	M	M	M																	
PVC	U	U	U	U	M																
PS	C	C	C	C	U	M															
S/B	C	C	C	C	U	M	M														
ABS	U	U	U	U	M	U	U	M													
ASA	U	U	U	U	M	U	U	M	M												
SAN	U	U	U	U	M	U	U	M	M	M											
PA	C	C	C	C	Z	C	C	C	C	C	M										
PBT	C	C	C	C	Z	U	U	U	U	U	U	M									
PET	C	C	C	C	Z	U	U	U	U	U	U	M	M								
POM	U	U	U	U	Z	U	U	U	U	U	U	U	U	M							
PC	U	U	U	U	Z	U	U	M	M	M	C	M	M	U	M						
PMMA	U	U	U	U	M	U	U	M	M	M	U	U	U	U	M	M					
PSU	Z	Z	Z	Z	Z	U	Z	M	M	M	C	Z	U	Z	M	Z	M				
PES	Z	Z	Z	Z	Z	Z	Z	Z	Z	Z	U	Z	Z	Z	M	Z	M	M			
PAEK	Z	Z	Z	Z	Z	Z	Z	Z	Z	Z	Z	Z	Z	Z	Z	Z	M	M	M		
TPU	U	U	U	U	C	U	U	M	M	M	Z	U	U	M	M	M	Z	Z	Z	M	
(PPE+S/B)	C	C	C	C	Z	M	M	U	U	U	C	U	U	U	C	U	Z	Z	Z	U	M

Verträglichkeit

- M mischbar oder miteinander verträglich
- U unverträglich
- C Zusatz von kommerziell zugänglichen Haftvermittlern notwendig
- Z Zersetzung oder Vernetzung

Bild 3.4 Verträglichkeit von Kunststoffen, nach BASF [15]

3.4.12 Thermoplastische Elastomere (TPE)

Thermoplastische Elastomere werden oft als spezielle Gruppe innerhalb der Thermoplaste betrachtet, obwohl sie aufgrund ihres besonderen mechanisch-thermischen Verhaltens eine eigenständige Klasse bilden. Sie sind bei Raumtemperatur flexibel, lassen sich aber im Gegensatz zu den chemisch vernetzten Elastomeren (Gummi) bei höheren Temperaturen wie ein Thermoplast verarbeiten, die Vernetzung ist also reversibel. Die hohe Elastizität im Verbund mit der guten Festigkeit verleiht den thermoplastischen Elastomeren auch eine hohe Schlagzähigkeit und Stoßelastizität. Das je nach Temperatur elastische oder thermoplastische Verhalten thermoplastischer Elastomere beruht auf einem Verbund von harten, thermoplastischen und weichen, elastischen Komponenten in einem geeigneten Mengenverhältnis. Im Gegensatz zu Elastomeren sind die elastischen Komponenten thermoplastischer Elastomere chemisch nicht vernetzt. Ihre Bewegungsfreiheit wird durch Wechselwirkungen wie Kristallisation und Bildung von Wasserstoffbrückenbindungen innerhalb der thermoplastischen Hartsegmente eingeschränkt (physikalische Vernetzung). Daher sind thermoplastische Elastomere im Gegensatz zu vernetzten Elastomeren auch in geeigneten Lösungsmitteln löslich. Chemisch bestehen TPE entweder aus Blockcopolymeren oder Polymerblends (Elastomerlegierungen), siehe Bild 3.5.

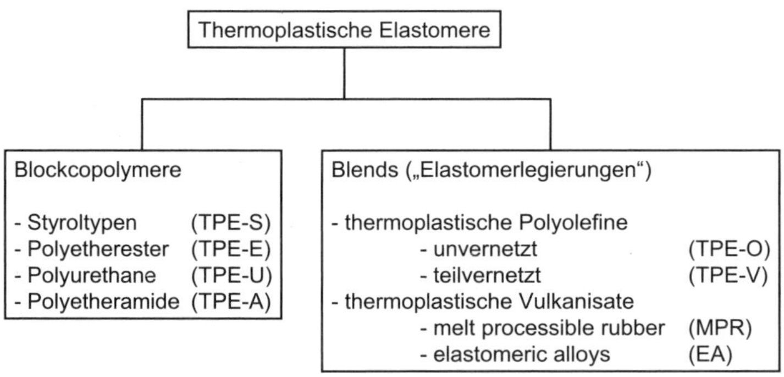

Bild 3.5 Einteilung thermoplastischer Elastomere, nach [11]

Blockcopolymere enthalten harte Phasen aus Polystyrol-, Polyester-, Polyamid- oder Polyurethansegmenten, die weichen Phasen sind aus Polyestern, Polyethern oder Polybutadien aufgebaut. Typische und älteste Vertreter sind die Styrol-Butadien-Styrol-Blockcopolymere (SBS). Die Blockbildung beruht auf der Unverträglichkeit der beiden Komponenten, sie entmischen sich lokal und lagern sich zu Blöcken zusammen.

Dabei muss die Glasübergangstemperatur der harten, thermoplastischen Segmente deutlich über der Gebrauchstemperatur liegen, die der weichen, elastischen Segmente deutlich darunter. Die Hartsegmente bilden damit innerhalb des

Gebrauchstemperaturbereichs ein Gerüst für die Weichsegmente. Wird die Glastemperatur der Hartsegmente überschritten, beginnen sie zu erweichen und schließlich zu fließen, der Werkstoff ist nun thermoplastisch verarbeitbar.

Elastomerlegierungen sind Kombinationen aus Thermoplasten (meist Polyolefine wie PP) und Kautschuken (häufig EPDM). Bei neueren Typen wird der Kautschuk während des Mischvorgangs vernetzt, sodass eine echte gummielastische Phase erhalten wird. Hier liegt die harte Thermoplastphase neben feinverteilten Elastomerpartikeln vor, diese Materialien sind also schmelzbare Zweiphasenwerkstoffe. Neben dem Anteil an Kautschuk bestimmt der Vernetzungsgrad den elastomeren Charakter dieser Materialien.

Die mechanischen und thermischen Eigenschaften sowie die chemische Beständigkeit von thermoplastischen Elastomeren hängen vom Verhältnis der Hart- und Weichsegmente sowie deren Zusammensetzung ab. Eine der wichtigsten Charakteristika ist die Härte. Je nach Aufbau erreicht die Härte thermoplastischer Elastomere Werte in der Größenordnung vernetzter Elastomere (unter 30 bis über 90 Shore A) oder von Thermoplasten (70 – 80 Shore D, Bild 3.6).

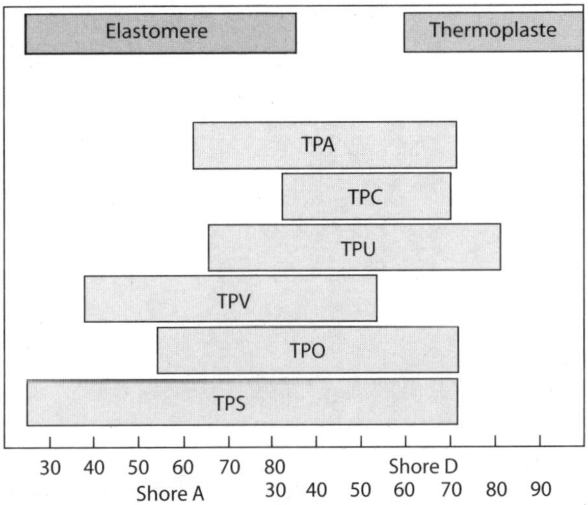

Bild 3.6 Shore-Härtebereich verschiedener Kunststoffe [15]

Die Basiseigenschaften einer Klasse thermoplastischer Elastomere lassen sich durch die Härte variieren. So ist eine geringe Härte vorteilhaft für gute Tieftemperaturflexibilität, eine hohe Härte begünstigt Wärmeformbeständigkeit, Zugfestigkeit, Kerbschlagzähigkeit, Druckverformungsrest und chemische Beständigkeit. Da die Härte thermoplastischer Elastomere durch den Anteil der Hartsegmente bestimmt wird, erreichen Produkte mit geringer Härte also nicht die Wärmebeständigkeit vernetzter Elastomere. Die im Vergleich zu Thermoplasten geringere Härte vieler thermoplastischer Elastomere schließt auch die Messung der Wärmeformbeständigkeit mit konventionellen Verfahren aus, da diese Materialien auch schon bei Gebrauchstemperatur bei der hier auftretenden mechanischen Belastung nachgeben. Die Wärmeformbeständigkeit wird daher bei thermoplastischen Elastomeren (und bei den generell nicht schmelzbaren chemisch vernetzten Elastomeren) anhand des Verlaufs der Schubmodulkurve bestimmt.

Ein wesentlicher Vorteil thermoplastischer Elastomere ist die einfache Verarbeitung auf üblichen Thermoplastmaschinen. Dagegen erfordert die Herstellung vernetzter Elastomere Fachkenntnisse bezüglich des optimalen Mischungsaufbaus, spezielle Mischaggregate sowie - aufgrund der hohen Rückstellkräfte - wesentlich leistungsfähigere Verarbeitungsmaschinen. Wie bei Thermoplasten lassen sich TPE-Abfälle regranulieren und in gewissen Grenzen wiederverwerten.

Gegenüber vernetzten Elastomeren weisen die meisten thermoplastischen Elastomere eine geringere Wärmeformbeständigkeit, etwas geringeres Dehnvermögen und deutlich geringere Rückstellkraft auf. TPE haben eine höhere Neigung zu Kriechen und meist einen höheren Abrieb. Da sie nur physikalisch vernetzt sind, lassen sich viele Produkte, insbesondere bei geringen Härten, in einer Reihe von Lösungsmitteln auflösen. Andererseits zeigen TPE auf Basis von Polyurethanen (TPE-U) eine teilweise erheblich bessere Beständigkeit gegenüber Kraftstoffen und Ölen als viele chemisch vernetzte Elastomere.

Im Folgenden sollen die Eigenschaften der einzelnen Klassen thermoplastischer Elastomere skizziert werden. Die genannten Kennwerte sind stellenweise nur durch Verwendung spezieller Typen zu erreichen.

Thermoplastische Elastomere auf Basis von Polyetheramiden (TPE-A, TPA)

- Harte Phase: Polyamid, weiche Phase: Polyether oder Polyester
- Dichte: 1.010 bis 1.030 kg/m^3
- Härte: 60 Shore A bis 70 Shore D
- Hohe Festigkeit, gute Kälteschlagzähigkeit
- Einsatztemperaturen: - 50 bis + 100 °C/+ 120 °C (Basis PA 6/PA 12)
- Beständig gegen verdünnte Salz- und Schwefelsäure, verdünnten Laugen und Ölen.
- Lösungsmittel und Kraftstoffe quellen das Material teilweise stark an. Hohe Wasseraufnahme.
- Sonstiges: Verarbeitung auch durch RIM möglich.
- Anwendungsbeispiele: Schläuche, Profile, Dichtungen für die Kfz-Industrie, Sportschuhe, verstärkt mit Glas- oder Kohlefasern auch für dimensionsstabile Teile wie Zahnräder.

Thermoplastische Elastomere auf Basis Polyetherester (TPE-E, TPC)

- Harte Phase: teilkristallines PBT, weiche Phase: langkettige Polyether (TPC-ET) oder Polyester (TPC-ES)
- Dichte: 1.110 bis 1.280 kg/m^3
- Härte: 80 Shore A (30 Shore D) bis 80 Shore D
- Hohe Steifigkeit, Festigkeit und Schlagzähigkeit, gutes Rückstellvermögen, jedoch nur bei geringen Dehnungen und niedrigen Temperaturen (neigen ansonsten zum Fließen)
- Einsatztemperaturen: – 100 bis + 130 °C (bei geeigneter Stabilisierung kurzfristig bis 150 °C)
- Beständig gegen aliphatische Kohlenwasserstoffe, Treib- und Schmierstoffe, unbeständig gegen starke Säuren und Laugen, Chlorkohlenwasserstoffe und Alkohole bei längerer Einwirkungsdauer, hydrolyseempfindlich.
- Anwendungsbeispiele: Faltenbälge, Luftansaugschläuche, O-Ringe, Riemen, Rollen, Reifen für niedrige Geschwindigkeiten.

Unvernetzte (TPE-O, TPO) und vernetzte (TPE-V, TPV) thermoplastische Elastomere auf Olefinbasis

Die Eigenschaften dieser Spezies sind in weiten Grenzen durch das Mengenverhältnis Polymer/Kautschuk, die Kautschukart und dessen Vernetzungsgrad steuerbar.

- TPO: harte Phase: PP, (PP + PE), weiche Phase: EPDM, unvernetzt
- TPV: harte Phase PP, weiche Phase: EPDM, Naturkautschuk („thermoplastischer Naturkautschuk“), AEM, ACM, EVM, IIR oder NBR (jeweils vernetzt).
- Dichte: 860 bis 1.300 kg/m^3 (TPO: EPDM+PP), 900 bis 1.100 kg/m^3 (TPV: EPDM+PP)
- Härte: 50 Shore A bis 70 Shore D (TPO), 30 Shore A – 90 Shore A (TPV: EPDM+PP)
- Mit zunehmenden elastomeren Charakter steigen Flexibilität, Rückstellvermögen und Schlagfestigkeit – besonders in der Kälte – sowie die Medienbeständigkeit, dagegen werden Härte und Festigkeit reduziert. Bei TPO sinkt außerdem die Dauergebrauchstemperatur.
- Einsatztemperaturen: – 40 bis + 80 °C (TPO), bis + 110 °C (TPV: EPDM+PP), Typen auf Basis ACM oder AEM bis über + 150 °C.
- TPO sind beständig gegen verdünnte Säuren und Laugen sowie Alkohole, jedoch unbeständig gegen Treib- und Schmierstoffe.

- TPV: NBR erhöht die Ölbeständigkeit, EVM die Witterungsbeständigkeit und Ölbeständigkeit, AEM und ACM erhöhen die Gebrauchstemperatur und die Ölbeständigkeit. IIR reduziert die Gaspermeation und erhöht die Dämpfung.
- Anwendungensbeispiele: Dichtungen für den Fahrzeugbau und im Bauwesen, Kabel, Dämpfungselemente.

Thermoplastische Elastomere auf Styrolbasis (TPE-S, TPS)

- Harte Phase: Styrol, weiche Phase: Butadien, auch als Dreiblockcopolymere: Styrol/Butadien/Styrol (SBS)
- Dichte: 900 bis 1.300 kg/m^3
- Härte: < 5 Shore A bis 70 Shore D
- Hohe Festigkeit und Bruchdehnung (bis zu 800 %)
- Einsatztemperaturen von – 40 bis + 100 °C, hydrierte Materialien (Styrol-Ethenbuten-Styrol, SEBS) bis 170 °C, diese sind jedoch steifer und weniger elastisch.
- TPS sind beständig gegen verdünnte Säuren und Laugen sowie Alkohole, unbeständig gegen Treib- und Schmierstoffe und unpolare Medien. Aufgrund der ungesättigten Polybutadiensegmente sind TPS oxidationsanfällig, hydrierte Typen haben dagegen gute Witterungs- und Ozonbeständigkeit.
- TPS eignen sich aufgrund guter Haftung zu ABS, PA, PC, PMMA, PP, PS und PPO als Weichkomponente beim Mehrkomponentenspritzguss.
- Anwendungsbeispiele: Bedienelemente und Griffteile, Dichtelemente, Abdeckungen, Unterlagen, Vibrationsdämpfer, Dehnungsfugenbänder im Bauwesen.

Thermoplastische Polyurethan-Elastomere, TPE-U

Harte Phase: Diphenylmethan-4,4'-diisocyanat (MDI) (aromatisch) oder 1,4-Butandiol (aliphatisch), weiche Phase: Polyester oder Polyether.

Demnach unterscheidet man in

- TPU-ARET (aromatisch/Polyether)
- TPU-ARES (aromatisch/Polyester)
- TPU-ALET (aliphatisch/Polyether)
- TPU-ALES (aliphatisch/Polyester)
- TPU-AREE (aromatisch/Polyether und Polyester)

Eigenschaftsprofil:

- Dichte: 1.100 bis 1.300 kg/m^3
- Härte: 60 Shore A bis 80 Shore D
- Hohe Festigkeit, Schlagzähigkeit und Weiterreißfestigkeit, Bruchdehnung bis über 500 % (bei hohen Dehnungen und Temperaturen neigen TPU jedoch wie TPC zum Fließen), sehr hohe Verschleißfestigkeit, gutes Dämpfungsvermögen.

- Einsatztemperaturen: - 40 bis + 80 °C, spezielle Typen bis 150 °C.
- TPU sind beständig gegen aliphatische Kohlenwasserstoffe, Treibstoffe, Öle, Fette; unbeständig gegen heißes Wasser, Säuren, Laugen, Alkohole, aromatische und halogenierte Kohlenwasserstoffe, Ester und Ketone.
- Anwendungsbeispiele: verschleißfeste Oberflächen (z.B. für Armaturentafeln), Faltenbälge, Kupplungselemente, Rollen, Dichtungen, Kabel, Auskleidungen von Gewebeschläuchen (Feuerwehrschläuche), Zahnriemen, Förderbänder, Sportschuhsohlen, Skischuhe.

3.5 Hochleistungskunststoffe

3.5.1 Fluorkunststoffe

Bei Fluorkunststoffen sind die Wasserstoffatome der Polymerketten teilweise oder vollständig durch die 19-mal schwereren Fluoratome ersetzt, daher besitzen sie die höchsten Dichten aller Kunststoffe (PTFE: 2200 kg/m^3). Fluoratome haben im Vergleich zu Wasserstoffatomen einen weit höheren Durchmesser und eine sehr hohe Polarität, die Polymerkette wird durch die Fluoratome regelrecht abgeschirmt. Außerdem ist die Bindung zwischen Kohlenstoff- und Fluoratomen sehr stabil. Daher zeigen Fluorpolymere je nach Gehalt an Fluoratomen eine gute bis exzellente chemische Beständigkeit auch bei hohen Temperaturen.

Das bekannteste Produkt ist Polytetrafluorethylen (PTFE). Das hochkristalline und extrem unpolare PTFE hat einen Einsatzbereich von -270 bis +260 °C, kurzfristig sind 300 °C möglich. PTFE ist jedoch nicht schmelzbar und zersetzt sich ab etwa 400 °C, daher ist eine thermoplastische Verarbeitung nicht möglich. PTFE wird vornehmlich in Form von Pulver oder Pasten durch Sintern unter Druck oder Pulverextrusion verarbeitet. Aufgrund möglicher Zersetzung durch lokale Überhitzung müssen die verwendeten Maschinen einen besonderen Korrosionsschutz aufweisen (analog zu HCl aus PVC wird bei der Zersetzung von Fluorpolymeren Fluorwasserstoff [HF] freigesetzt). Die hohe Kristallinität bedingt gleichzeitig eine hohe Schwindung der hergestellten Teile. Die mechanischen Eigenschaften sind mit Ausnahme der Schlagzähigkeit nur mäßig, außerdem neigt PTFE zum Kriechen. PTFE besitzt ein sehr gutes Gleit- und Antihaftverhalten, die Abriebbeständigkeit kann durch Füllstoffe wie Graphit verbessert werden. PTFE verfügt aufgrund der abschirmenden Wirkung der voluminösen Fluoratome über eine hervorragende chemische Beständigkeit, es wird nur von Alkalischmelzen und Fluor angegriffen. Darüber hinaus besitzt es ausgezeichnete elektrische Isoliereigenschaften, sehr gute Flammwidrigkeit sowie eine gute Witterungsbeständigkeit.

Fluorpolymere werden vielfach im Anlagenbau und der Chemietechnik verwendet, etwa für Auskleidungen und Spezialdichtungen. In der Elektrotechnik benutzt man PTFE für spezielle Schalterteile und Isolationen, beispielsweise in der Hochspannungstechnik. Die hervorragenden Gleiteigenschaften werden bei speziellen Lagern in der Bauindustrie genutzt. Mit PTFE als Füllstoff kann auch die Gleitfähigkeit anderer Polymere erhöht werden. Im Konsumgüterbereich verwendet man PTFE für Antihaftbeschichtungen von Bratpfannen und Schmutz abweisende Imprägnierung von Textilien.

Aufgrund der Forderung nach thermoplastisch verarbeitbaren Fluorpolymeren wurden spezielle Copolymere entwickelt. Die bessere Verarbeitbarkeit wird mit einer im Vergleich zu PTFE reduzierten Leistungsfähigkeit und mit einem teilweise extrem hohen Preis erkauft. Als Beispiel sei Polyvinylidenfluorid (PVDF) mit einer Einsatztemperatur von -60 bis +150 °C genannt, das für Dichtungen, Rohre und Kabel eingesetzt wird. Eine mengenmäßig eher unbedeutende, technisch aber wichtige Anwendung für PVDF sind Piezofolien für Mikrophone, Lautsprecher, Kopfhörer sowie Druck aufnehmende Sensoren. Hier werden elektrische Ladungen durch Deformation spezieller elektrisch nicht leitender Materialien erzeugt.

3.5.2 Polyarylsulfone (PSU), Polyethersulfone (PES), Polyphenylensulfone (PPSU)

Polyarylsulfone sind aromatische Polykondensate, deren charakteristisches Merkmal Diphenylsulfongruppen sind. Neben dem namensgebenden Polysulfon (PSU) zählen zu dieser Gruppe auch Polyethersulfone (PES) und Polyphenylensulfone (PPSU).

Die meisten Polyarylsulfone sind amorph und transparent bei geringer gelblicher Eigenfarbe; teilkristalline Typen sind milchig-trüb. Die Diphenylsulfongruppe ist stark polar, somit besitzen die entsprechenden Polymere eine hohe Festigkeit und Steifigkeit, sind jedoch kerbempfindlich. Die daraus hergestellten Produkte besitzen eine gute Dimensionsstabilität und geringe Kriechneigung sowie eine hohe Wärmealterungsbeständigkeit. Das gute Abrieb- und Gleitverhalten kann durch Zusatz von PTFE oder Graphit weiter verbessert werden. Die Einsatzgrenzen reichen bei PSU von etwa - 100 bis + 160 °C; PPSU ist bis 190 °C und PES bis etwa 200 °C einsetzbar. PSU besitzt gute, PES und PPSU besitzen dagegen nur mäßige elektrische Isoliereigenschaften.

Polyarylsulfone sind beständig gegenüber Säuren und Basen, Alkoholen, Fetten und Ölen, neigen jedoch zu Spannungsrissbildung. PES und PPSU sind auch beständig gegenüber aliphatischen Kohlenwasserstoffen und Treibstoffen. Polyarylsulfone werden bei längerem Kontakt von Heißwasser angegriffen. Sie sind unbeständig gegenüber aromatischen und halogenierten Kohlenwasserstoffen. PES wird von konzentrierter Salpeter- oder Schwefelsäure angegriffen. Polyarylsulfone sind nicht witterungsstabil und müssen gegen UV-Licht geschützt werden.

Die wichtigsten Einsatzgebiete finden sich in der Elektronik, beispielsweise für temperaturbelastete Teile wie Steckerleisten oder Spulenkerne, Kondensatoren, in der Medizintechnik, beispielsweise für Atemfilter sowie in der Kfz-Industrie und im Flugzeugbau.

3.5.3 Polyphenylensulfid (PPS)

Bei Polyphenylensulfid sind Phenylengruppen durch Schwefelatome untereinander verbunden. Die unpolaren, teilkristallinen Polymere weisen eine hohe Festigkeit und Steifigkeit sowie gute Gleiteigenschaften auf, jedoch nur eine geringe Kerbschlagzähigkeit. PPS ist relativ spröde und wird daher fast immer mit Glas-, Kohlenstoff- oder Aramidfasern oder mineralischen Füllstoffen verstärkt. PPS erlaubt Dauergebrauchstemperaturen bis zu 240 °C und hat gute elektrische Isoliereigenschaften.

PPS ist beständig gegen Säuren und Basen (außer konzentrierter Salz- oder Salpetersäure), aliphatischen, aromatischen und halogenierten Kohlenwasserstoffen, Ketonen, Alkoholen und Fetten, jedoch nicht gegenüber Ölen. PPS ist selbstverlöschend. Bei UV-Einfluss wird die Oberfläche angegriffen. Die hydrolysebeständigen und dimensionsstabilen Produkte werden in der Automobil- und Elektroindustrie sowie in der Medizintechnik und in Haushaltsprodukten verwendet. Anwendungsbeispiele sind etwa Teile für Zündsysteme, Ventile, Teile für Hochtemperaturchemikalienpumpen, Laufräder, Gehäuse für integrierte Schaltkreise, Lampensockel und andere thermisch hoch beanspruchte Teile in der Elektrotechnik.

3.5.4 Polyaryletherketone (PAEK)

Polyaryletherketone bestehen aus Phenylengruppen, die über Ether- (E) oder Ketogruppen (K) miteinander verbunden sind. Durch unterschiedliche Anteile an Ether- und Ketogruppen lassen sich die Eigenschaften dieser Produkte einstellen. Dementsprechend finden sich Produkte wie PEK (Polyetherketon), PEEK (Polyetheretherketon), PEEKEK (Polyetheretherketonetherketon) und andere. Ethergruppen begünstigen die Fließfähigkeit und damit das Verarbeitungsverhalten, Ketogruppen erhöhen die Temperaturbeständigkeit. Die Produkte sind polar und teilkristallin. Sie besitzen eine hohe Steifigkeit und Festigkeit und behalten diese in einem weiten Temperaturbereich.

Polyaryletherketone sind sehr schlagzäh und besitzen eine hohe mechanische Wechselfestigkeit, gutes Gleit- und Verschleißverhalten sowie eine geringe

Kriechneigung, auch bei Einwirkung höherer Kräfte über einen längeren Zeitraum. Die Steifigkeit und Festigkeit kann durch Glas- und Kohlenstofffasern erhöht werden; unverstärkte Typen sind kerbempfindlich. Die Gleitfähigkeit kann durch Zusatz von PTFE oder Graphit erhöht werden. Die Dauergebrauchstemperaturen für die Produkte dieser Gruppe hängen von der Zusammensetzung ab und erreichen 250 °C.

Polyaryletherketone sind beständig gegen nichtoxidierende Säuren, Wasser und Wasserdampf bis 180 °C, konzentrierte Alkalien und den meisten Lösungsmitteln und Fetten. Sie sind spannungsrissbeständig (jedoch nicht gegenüber Aceton), werden aber von Oxidationsmitteln angegriffen. Schwefelsäure vermag PAEK aufzulösen. PAEK sind schwer entflammbar, im Brandfall ist die Rauchgasdichte gering, dabei sind die Brandgase auch nur wenig korrosiv. Bei Außenanwendungen sind UV-Absorber (z. B. Ruß) oder Lackierungen erforderlich.

PAEK werden in der Luft- und Raumfahrt als Ersatz für Metallteile verwendet, etwa für Flügelklappen und Nasenkappen sowie in anderen Industriezweigen, beispielsweise für Zahnräder, Ventilteller und Beschichtungen. Aufgrund der guten Biokompatibilität findet hochreines PEEK für Implantate in der Medizintechnik Verwendung.

3.5.5 Polyimide (PI)

Die duroplastischen Polyimide besitzen die höchste Wärmeformbeständigkeit aller Kunststoffe und zeigen eine hohe Festigkeit und Steifigkeit, die oberhalb von 150 °C sogar die von Aluminium übertrifft. Ihre Dauergebrauchstemperatur liegt zwischen – 240 und + 260 °C, sie sind im Vakuum dauerhaft bis über 300 °C einsetzbar. Polyimide besitzen ein gutes Gleit- und Verschleißverhalten, insbesondere bei Zusatz von PTFE oder Graphit. Polyimide zeigen gute elektrische Isoliereigenschaften und sind selbstverlöschend. Aufgrund der komplizierten Herstellung werden Halbzeuge direkt vom Rohmaterialhersteller geliefert.

Polyetherimide (PEI) und Polyamidimide (PAI) sind im Gegensatz zu PI thermoplastisch verarbeitbar. Sie ermöglichen Dauergebrauchstemperaturen bis etwa 170 °C (PEI) oder 260 °C (PAI).

PAI ist beständig gegenüber verdünnten Säuren und Basen, aliphatischen, aromatischen und halogenierten Kohlenwasserstoffen, Ketonen, Estern und Ethern. Es ist unbeständig gegen Wasserdampf und Alkalien bei höherer Temperatur. PEI ist beständig gegen Säuren und schwache Alkalien, Alkohole, Treibstoffe, Fette und Öle sowie gegen Heißwasser und Wasserdampf. PEI ist löslich in Methylenchlorid und Trichlorethylen.

Duroplastische Polyimide werden in der Luft- und Raumfahrt für spezielle Dichtungen, Sandwichelemente mit Titanlegierungen und Isolierungen, auch von Raumanzügen, verwendet. Im Fahrzeugsektor und im Maschinenbau findet man Polyimide in Kolbenringen und Ventilsitzen, Rollen und Lagern sowie Gleit- und Führungselementen. Polyetherimide und Polyamidimide werden in der Elektrotechnik für Verbindungselemente und Spulenkörper oder als Basismaterial für Leiterplatten eingesetzt. Für die Herstellung von transparentem Mikrowellengeschirr werden Blends aus PEI mit Polyestercarbonat (PEC) verwendet. Durch Zusatz von bis zu 5 % Polyphenylenether (PPE) lässt sich die Verarbeitbarkeit ohne wesentlichen Einfluss auf die mechanischen Werte verbessern.

3.5.6 Selbstverstärkende teilkristalline Polymere (LCP)

Thermoplaste besitzen üblicherweise im geschmolzenen Zustand keine geordneten Strukturen. Speziell aufgebaute Polymere besitzen jedoch auch in Lösung oder in der Schmelze geordnete, kristalline Bereiche, die als mesogene Gruppen bezeichnet werden. Die Polymere dieser Kategorie werden flüssigkristalline Polymere (liquid crystalline polymers, LCP) genannt.

Polymere, die nur aus mesogenen Gruppen bestehen, sind thermoplastisch nicht verarbeitbar, da sie erst oberhalb der Zersetzungstemperatur (um 400 bis 600 °C) schmelzen, und müssen aus Lösung verarbeitet werden (lyotrope LCP). Sie setzen sich typischerweise aus aromatischen Polyamiden zusammen. Durch gezielten Einbau von Störstellen wie Methylengruppen erhält man thermoplastisch verarbeitbare (thermotrope) LCP.

Bei der Verarbeitung richten sich die mesogenen Zonen in Verarbeitungsrichtung aus, daher besitzen die hochkristallinen LCP im festen Zustand richtungsabhängige Eigenschaften. In Verarbeitungsrichtung sind sie hochfest und biegesteif, ähnlich wie bei glasfaserverstärkten konventionellen Thermoplasten. LCP sind auch bei hohen Temperaturen dimensionsstabil, ihre Dauergebrauchstemperaturen erreichen 185 bis 250 °C. Sie zeigen gute elektrische Isoliereigenschaften und gute Chemikalienbeständigkeit, jedoch nicht gegenüber konzentrierter Salz-, Salpeter- und Schwefelsäure und Alkalien. LCP sind schwer entflammbar, gut witterungsbeständig und weisen eine geringe Rauchgasdichte und -toxizität auf.

Die Hauptanwendungsbereiche finden sich im Bereich Elektrogeräte/Elektronik, etwa für Klemmleisten, Einbrennsockel, Steckverbinder und Faseroptiken. Daneben werden sie im Maschinenbau für Keilriemenscheiben und andere Kraft übertragende Elemente, Dichtungen, Lager und Gleitelemente verwendet. Weiterhin findet man LCP in Flugzeuginnenausstattungen sowie in Komponenten der Chemietechnik. Aus glasfaserverstärkten LCP lassen sich kleine, dünnwandige Bauteile mit guten mechanischen Eigenschaften und hoher Maßhaltigkeit herstellen.

3.6 Spezialkunststoffe

3.6.1 Elektrisch leitfähige Polymere

Da Polymere kovalent aufgebaut sind, fehlt ihren Elektronen die freie Beweglichkeit (Elektronengas), wie sie bei den meisten Metallen vorliegt. Daher besitzen Polymere zunächst nur eine sehr geringe elektrische Leitfähigkeit; in der Regel sind es gute Isolatoren. Die elektrische Leitfähigkeit kann zunächst durch Antistatika oder Oberflächenbehandlungen erhöht werden. Antistatika sollen die Gefahr elektrostatischer Aufladung verringern. Sie werden entweder in das Polymer eingemischt oder direkt auf die Oberfläche aufgetragen. Die an der Oberfläche befindlichen elektrischen Ladungen vermögen dadurch leichter abzufließen. Es wird jedoch noch keine elektrische Leitfähigkeit im Sinne einer Weiterleitung elektrischer Signale oder Energie erzielt. Eine weitere Möglichkeit bieten leitfähige Füllstoffe wie spezielle Ruße (Leitruße), Graphit, Metallflocken oder Kohlenstofffasern. Die Leitfähigkeit hängt dabei vom Füllstoffgehalt ab. Gleichzeitig ist zu berücksichtigen, dass Füllstoffe sich auf die Verarbeitung und die mechanischen Eigenschaften auswirken. Zugemischte Fasern orientieren sich außerdem in Fließrichtung, womit richtungsabhängige (anisotrope) Leitfähigkeiten auftreten. Neuere Entwicklungen beschäftigen sich mit dem Zusatz von Carbon Nanotubes, winzigen Röhrchen auf Basis von Kohlenstoff. Bereits durch kleinere Mengen werden Kunststoffe so weit elektrisch leitend, dass statische Aufladung vermieden werden kann.

Eine wesentlich höhere elektrische Leitfähigkeit erreicht man mit der Metallisierung von Kunststoffoberflächen durch Bedampfen im Vakuumofen oder Galvanisieren (Electroplating). Mit diesen Verfahren lassen sich nicht nur optische Effekte erzielen, sondern auch eine Abschirmung vor elektromagnetischer Strahlung.

Technisch nutzbare elektrische Leitfähigkeiten erfordern Polymere mit ähnlich frei beweglichen Elektronen wie bei Metallen. Dies erreicht man durch sogenannte konjugierte Doppelbindungen. Dabei wechseln Doppelbindungen mit Einfachbindungen mehrfach ab. Zusätzlich werden Fremdatome eingebaut, die Elektronen abgeben oder aufnehmen und damit das Freisetzen von Elektronen aus dem Polymer begünstigen. Dieses als Dotieren bezeichnete Verfahren wird auch bei Halbleitern für die Elektronik auf Basis von Silizium oder Germanium eingesetzt.

Die auf diese Weise erzeugten intrinsisch (von innen) leitfähigen Polymere auf Basis von Polyacrylnitril wurden bereits für Akkumulatoren getestet. Polyacrylnitril ist jedoch unbeständig gegen Sauerstoff und Wasserdampf. Andere intrinsisch leitfähige Polymere basieren beispielsweise auf Polypyrrol, Polyparaphenylenvinylen, Polythiophen oder Polyanilin. Mittlerweile sind bereits Elektrolumineszenz-Systeme, etwa für Leuchtdioden auf organischer Basis (organic light emitting diode, OLED) oder dünne dreidimensionale Folien für Autoinnenraum- oder Tastaturbeleuchtungen im Einsatz. Solche Folien verbrauchen sehr wenig Energie und geben keine Wärme ab.

3.6.2 Biopolymere/Biokunststoffe

Die Bezeichnung Biopolymere wird sowohl für biologisch abbaubare Polymere als auch für Polymere auf Basis nachwachsender Rohstoffe verwendet. Dabei sind letztere nicht zwingend biologisch abbaubar. Biologisch abbaubare Polymere wiederum werden jedoch nicht zwangsläufig aus nachwachsenden Rohstoffen hergestellt. Einige basieren auch auf petrochemischen Rohstoffen, zum Beispiel Erdöl (was in geologischen Zeiträumen wiederum als natürlicher Rohstoff betrachtet werden kann). Auch Copolymere oder Blends, die zum Teil auf Basis nachwachsender Rohstoffe hergestellt werden, zählt man mitunter zu den Biopolymeren. Eine konkrete Definition der Begriffe Biopolymere oder Biokunststoffe gibt es derzeit noch nicht. Es wird vorgeschlagen, die Materialien gemäß ihrer ökologischen Verträglichkeit einzustufen und den Begriff Biopolymere nur für natürlich entstandene Produkte zu verwenden. Biologisch abbaubare Polymere auf biologischer oder petrochemischer Basis sollten als Biokunststoffe bezeichnet werden (Tabelle 3.1).

Tabelle 3.1 Einteilung von Polymeren auf biologischer Basis

Kategorie	Gruppe	Ursprung	additiviert	biologisch abbaubar
1	Biopolymere	natürlich	nein	vollständig (Cellulose, Naturlatex, Seide, Chitin, ...)
2A	Biokunststoffe	nachwachsende Rohstoffe	nein	vollständig (TPS, PHB, PLA
2B		petrochemische Rohstoffe	nein	vollständig (PVAL, PCL)
3	semi-biologische Kunststoffe	fotoabbaubare petrochemische Rohstoffe	nein	partiell (UV)
4A		nachwachsende Rohstoffe	nein	nein (Bio-PE, Bio-PA, ...)
4B		nachwachsende Rohstoffe	ja	nein (Celluloseester, Naturkautschukvulkanisate)
4C		Copolymere oder Blends petrochemischer und nachwachsender Rohstoffe	ja	nein (PET, PU, ...)

Weiterhin impliziert der Begriff Biopolymer, dass entsprechende Produkte grundsätzlich für den Kontakt mit Lebensmitteln oder sogar für die Medizintechnik geeignet erscheinen. Dies ist jedoch häufig nicht der Fall.

Die Forderung nach vollständigem Abbau von Polymeren durch Mikroorganismen, idealerweise zu Kohlendioxid und Wasser, etwa beim Kompostieren, setzt einen entsprechenden Aufbau der Polymere voraus. Die für effektives Kompostieren erforderliche Mindesttemperatur liegt bei etwa 40 bis 45 °C, höhere Temperaturen als 60 bis 65 °C sind ungünstig. Obwohl der Abbau im Wesentlichen durch Mikroorganismen erfolgt, steht eine zu hohe Temperaturbeständigkeit des Polymeren dem biologischen Abbau durch Kompostieren also entgegen. Dies schließt umgekehrt eine Verwendung kompostierbarer Produkte bei hohen Temperaturen, insbesondere in feuchter Umgebung, aus.

Thermoplastische Produkte auf biologischer Basis wurden schon im frühen zwanzigsten Jahrhundert entdeckt. So stellte der französische Mikrobiologe Maurice Lemoigne bereits 1926 Polyhydroxybuttersäure über Bakterien aus Zucker oder Stärke her. Die Polylactide wurden 1932 von Wallace Hume Carothers entdeckt. Gegen Ende der achtziger Jahre des letzten Jahrhunderts gaben steigende Rohölpreise und ein erhöhtes Umweltbewusstsein schließlich den Anstoß zur intensiven Entwicklung von Kunststoffen auf biologischer Basis (zunächst Stärke, 1988) oder mit biologischer Abbaubarkeit. Das Eigenschaftsbild dieser Materialien war jedoch noch nicht zufriedenstellend und den wesentlich günstigeren, auf petrochemischer Basis hergestellten Polyolefinen unterlegen.

Etwa seit Anfang des 21. Jahrhunderts sind neue Materialien verfügbar, die bereits ein ähnliches Leistungsbild wie die Polyolefine aufweisen. Da die überwiegende Menge der Polyolefine für Verpackungen eingesetzt wird, liegt hier derzeit auch der Schwerpunkt für die Anwendung biologisch abbaubarer Polymere. Insbesondere die hohe Wasserdampfdurchlässigkeit vieler Biokunststoffe wirkt sich günstig auf die Reduktion der Schimmelbildung bei Obst aus. Weitere Anwendungen sind Catering-Produkte wie Einwegbecher und -bestecke, Agrarfolien und spezielle Hygieneprodukte.

Mittlerweile zeichnet sich ein Trend zur Entwicklung leistungsfähigerer Kunststoffe auf Basis nachwachsender Rohstoffe ab. Diese Materialien sollen vergleichbare Eigenschaften zu technischen Kunststoffen aufweisen. Sie sind aufgrund der erforderlichen Additive aber nicht oder nur unvollständig biologisch abbaubar. Hierzu zählen auch Blends und Copolymere auf Basis natürlicher und petrochemisch erzeugter Rohstoffe.

Thermoplastische Produkte auf Basis von Stärke (TPS) machen derzeit noch den größten Teil der biologisch abbaubaren Kunststoffe aus. Reine TPS sind spröde und lassen sich nur durch Zusatz von Sorbitol und Glycerin thermoplastisch verarbeiten. TPS erhöht in Blends mit anderen biologisch abbaubaren Polymeren, wie speziellen Polyestern, deren Abbaugeschwindigkeit. TPS zeigt eine hohe Wasserdampfdurchlässigkeit und ist stark hygroskopisch (wasseranziehend). Hauptanwendungen sind Agrarfolien und Bioabfallbeutel.

Weitere biologisch abbaubare Produkte sind Polyhydroxybutyrat (PHB) und Polylactid (PLA). Es handelt sich um transparente und kristalline Werkstoffe. PHB erreicht je nach Typ eine Wärmeformbeständigkeit bis über 100 °C. PHB hat außerdem gute Barriereeigenschaften gegenüber Sauerstoff und Wasserdampf, eine gute Beständigkeit gegen Hydrolyse und UV-Licht, allerdings auch einen sehr hohen Preis. PLA besitzt einen relativ hohen Elastizitätsmodul (über dem Niveau von ABS oder PA6), jedoch eine Wärmeformbeständigkeit noch unterhalb von Polyethylen. PLA hat eine gute Kratzfestigkeit und ist zugelassen für den Kontakt mit Lebensmitteln. Neben dem Verpackungssektor findet PLA vor allem Anwendung für Nahtmaterial in der Medizintechnik und vom Körper resorbierbare Implantate. PLA zeigt eine hohe Wasserdampfdurchlässigkeit und ist hydrolyseempfindlich.

Schließlich seien noch die synthetisch gewonnenen Polyvinylalkohole (PVAL) sowie Polycaprolacton (PCL) erwähnt. Je nach Aufbau ist PVAL schon oberhalb von 40 °C vollständig wasserlöslich; in trockener Umgebung wird es jedoch nicht rasch abgebaut, es ist also nicht kompostierbar. PVAL wird aufgrund seiner geringen Gasdurchlässigkeit für Barrierefolien eingesetzt; allerdings zeigt es eine hohe Wasserdampfdurchlässigkeit. Weitere Anwendungsbereiche finden sich in der Papierbeschichtung sowie in Klebstoffen, speziell für cellulosehaltige Stoffe wie Holz oder Papier.

PCL ist aufgrund seiner sehr niedrigen Glastemperatur bei Raumtemperatur wachsartig und wird als Weichmacherkomponente in Blends mit anderen Biopolymeren sowie als medizinischer Klebstoff und für Abdruckmassen verwendet.

Ein vielversprechender Rohstoff für neue Biokunststoffe ist Bernsteinsäure. Das hieraus hergestellte Polybutylensuccinat (PBS) zeichnet sich durch gute mechanische Eigenschaften aus und wird als Ersatz für PET diskutiert. Dieses lässt sich bisher nur zum Teil auf biologischer Basis herstellen.

Zu den natürlichen Polymeren zählen beispielsweise Cellulose und Naturkautschuk, die bereits seit Mitte des 19. Jahrhunderts chemisch modifiziert werden. Reine Cellulose ist sehr gut biologisch abbaubar, lässt sich aber nicht thermoplastisch verarbeiten. Sie wird durch chemische Reaktion zu Estern wie Celluloseacetat (CA), Celluloseacetobutyrat (CAB) oder Celluloseacetopropionat (CAP) umgesetzt. Durch Zumischen von Weichmachern lassen sich diese Produkte thermoplastisch verarbeiten. Je nach Aufbau und verwendetem Weichmacher sind Celluloseester zumindest teilweise biologisch abbaubar. Anwendungsgebiete sind Griffe, Kämme, Schreibgeräte, Knöpfe, Brillenfassungen, Lichtkuppeln, Werbeschilder, Hohlfasern für die Dialyse sowie Filme, Klebstoffe und Lacke.

Celluloseregenerate sind dagegen gut kompostierbar. Sie weisen eine hohe Feuchtigkeitsaufnahme und eine gute Wasserdampfdurchlässigkeit aus und lassen sich leicht zu Folien mit guter Beständigkeit gegen Öle und Fette verarbeiten. Folien aus

Cellulosehydrat ("Zellglas/Cellophan") werden für die Verpackung von Lebensmitteln oder für Klebestreifen verwendet.

Naturkautschuk als solcher ist biologisch abbaubar und zersetzt sich durch die enthaltenen Enzyme im Laufe der Zeit, sofern keine Stabilisatoren zugesetzt werden. Es sind verschiedene Zusätze wie Vernetzungssystem, Füllstoffe, Weichmacher und Alterungsschutzmittel erforderlich, um aus Naturkautschuk Elastomere (Gummi) herzustellen. Diese Zusatzstoffe sind in der Regel nicht biologisch abbaubar; nach der erforderlichen Vernetzung sind sie außerdem physikalisch oder chemisch mit dem Polymer verbunden. Elastomere aus Naturkautschuk (oder anderen ungesättigten Polymeren, etwa Polybutadien) werden zwar langfristig unter dem Einfluss von UV-Licht und Ozon durch Spaltung der Polymerketten zerstört, jedoch dauert dieser Prozess wesentlich länger als bei den hierfür gezielt hergestellten fotoabbaubaren Polymeren. Naturkautschuk wird hauptsächlich für Autoreifen und verschiedene technische Artikel wie Förderbänder verwendet. Aufgrund des immer noch weiter steigenden Bedarfs ist langfristig auch mit einer Verknappung von Naturkautschuk zu rechnen. Der Kautschukbaum, Hevea brasiliensis, wächst nur in einem bestimmten tropischen Klima. Außerdem kann Naturkautschuk in vielen Anwendungen nicht durch Synthesekautschuk ersetzt werden. Daher werden gegenwärtig Versuche durchgeführt, Naturkautschuk aus anderen Pflanzen, wie etwa Löwenzahn, zu gewinnen.

Eine eher etwas exotisch anmutende Variante ist eine Folie, die im Jahr 2011 an der Harvard Universität in Boston, USA, entwickelt wurde. Das Shrilk genannte Material besteht aus Chitin und Fibroin. Das Polysaccharid Chitin ist der Baustoff für die Exoskelette von Insekten; das Protein Fibroin ist der Hauptbestandteil der Insektenseide. Daher verwendeten die Forscher am Wyss Institut der Harvard Universität Extrakte aus Krabbenschalen und Naturseide. Shrilk hat etwa die Widerstandsfähigkeit von Aluminiumlegierungen, ist aber nur halb so schwer und vollständig biologisch abbaubar.

Im Vergleich zu technischen Thermoplasten wie ABS oder PA weisen fast alle Biokunststoffe etwas kleinere Elastizitätsmoduln bei etwa vergleichbarer Schlagzähigkeit auf. PLA übertrifft hier einige konventionelle Thermoplaste aufgrund seiner hohen Kristallinität, ist jedoch auch relativ spröde. Die größte Hürde ist jedoch die unzureichende Wärmeformbeständigkeit der Biokunststoffe, die derzeit allenfalls das Niveau von PE oder PP erreicht. Polyhydroxybutyrat (PHB) und Cellulosederivate liegen geringfügig darüber. In Teilbereichen, speziell bei Verpackungen, lassen sich petrochemisch erzeugte Thermoplaste also durch Biokunststoffe ersetzen; ein gleichwertiger und vollständiger Ersatz von technischen Thermoplasten ist jedoch derzeit nicht möglich. Auch die teilweise etwas schwierige Verarbeitung spielt hier eine Rolle.

Ein weiteres wichtiges Kriterium ist der Preis; Biokunststoffe kosten derzeit ein Mehrfaches gegenüber petrochemisch gewonnenen Kunststoffen, unter anderem auch aufgrund der noch relativ geringen Produktionsmengen.

Grundsätzlich ist auch bei Polymeren auf Basis natürlicher Rohstoffe der Einsatz von Glasfasern oder Additiven wie Weichmacher, Flammschutzmittel oder Stabilisatoren zur Verbesserung des Eigenschaftsbilds möglich. Allerdings lassen sich die meisten Additive nicht biologisch abbauen und würden daher selbst nach dem Zerfall des Polymeren in der Umwelt verbleiben. Andererseits ist die Forderung nach biologischer Abbaubarkeit bei gleichzeitiger Langlebigkeit auch ein Widerspruch: biologisch abbaubare Polymere, die zwangsläufig ein ungünstiges Alterungsverhalten aufweisen, müssten durch Additive stabilisiert werden, die nicht biologisch abbaubar sind. Vollständig biologisch abbaubare Kunststoffe haben deshalb natürliche Leistungsgrenzen und lassen keine langfristigen oder technisch anspruchsvollen Anwendungen zu.

Eine Alternative zum rein biologischen Abbau stellt die Zersetzung durch UV-Licht dar. Sogenannte fotoabbaubare Kunststoffe, beispielsweise mit einem Polyethylen-Grundgerüst, enthalten gezielt eingebaute UV-empfindliche Bereiche und zerfallen zu kurzkettigen Polymerfragmenten, die jedoch biologisch nicht weiter abbaubar sind. Dieser Effekt wird bei Agrarfolien, Müllbeuteln und Tragetaschen ausgenutzt.

Nicht alle Biokunststoffe lassen sich also problemlos durch Kompostieren entsorgen, insbesondere wenn sie durch Additive aufgewertet wurden oder Bestandteile von Blends mit petrochemischen Kunststoffen sind. Wie diese, lassen sich weder natürliche Polymere noch Biokunststoffe rückstandsfrei verbrennen; die Emissionen sind teilweise wie bei petrochemischen Kunststoffen gesundheitlich bedenklich.

Da die Biokunststoffe den konventionellen Kunststoffen technisch unterlegen sind, besteht ein zweiter Ansatz darin, die bisher petrochemisch erzeugten Rohstoffe für technisch hochwertige Kunststoffe zumindest teilweise auf natürlicher Basis herzustellen. Hier steht also die technische Leistungsfähigkeit im Vordergrund; aufgrund der Ähnlichkeit zu den konventionellen petrochemisch erzeugten Kunststoffen lassen sich diese Materialien ebenfalls nicht biologisch abbauen. Sogenanntes Bio-Polyethylen wird bereits großtechnisch erzeugt. PA11 ist bereits vollständig, PA610 teilweise auf biologischer Basis verfügbar. Die Evonik Industries AG betreibt seit Anfang des Jahres 2013 eine Pilotanlage zur Herstellung von ω-Amino-Laurinsäure aus Palmkernöl. Auf diese Weise lässt sich PA12 auf biologischer Basis herstellen. Bei der Lanxess AG wurde bereits PBT auf Basis erneuerbarer Rohstoffe hergestellt, das vergleichbare Eigenschaften zu Erdöl-basiertem PBT aufweist.

Polyurethane basieren auf einer geeigneten Kombination von Isocyanaten und Polyolen. Während Isocyanate immer noch synthetisch hergestellt werden müssen, sind Polyole auf Basis von Industriezucker, Glycerin und Sorbit schon verfügbar. Solche natural oil polyols (NOP) werden bereits seit mehreren Jahren von der Bayer MaterialScience AG hergestellt. Fettsäuren aus Rizinusöl, Soja oder Sonnenblumen sind auch Bausteine für Polyester oder Polyamide.

Die Lanxess AG plant für Ende des Jahres 2013 die Herstellung des weltweit ersten EPDM-Kautschuks unter Verwendung von Ethylen auf Basis erneuerbarer Rohstoffe. Über die Fermentierung von Zucker lassen sich möglicherweise auch Butadien oder Isopren für die Herstellung weiterer Synthesekautschuke auf biologischer Basis gewinnen.

Eine neue Rohstoffquelle ist das bisher nur als "Klimakiller" verschrieene CO_2. Mehr als 30 vom Bundesministerium für Bildung und Forschung (BMBF) geförderte Projekte beschäftigen sich derzeit mit der Nutzung von CO_2 als chemischem Rohstoff. So plant die Bayer MaterialScience AG nach einer bereits erfolgreich abgeschlossenen zweijährigen Testphase ab dem Jahr 2015 den Betrieb einer kommerziellen Produktionsanlage für Polyole auf Basis von CO_2. Die Grundlagen dafür wurden im Rahmen des Forschungsprojektes „Dream Production" gemeinsam mit der RWTH Aachen erforscht. In einem gemeinsamen "CAT Catalytic Center" wurde ein neuer Katalysator gefunden, der die Umsetzung von CO_2 zu Polyetherpolycarbonatpolyolen erst ermöglicht. Der Energieversorger RWE Power AG stellt das benötigte CO_2 aus der Abgaswäsche des Kraftwerks Niederaußem bereit. Auch die Siemens AG und die BASF AG haben gemeinsam ein Verfahren zur Herstellung von aliphatischen Polycarbonaten auf Basis CO_2 entwickelt. Allerdings dienen aliphatische Polycarbonate nur als Zwischenprodukte; ihre mechanischen und thermischen Eigenschaften sind denen der aromatischen Polycarbonate deutlich unterlegen.

Die chemische Synthese aromatischer Verbindungen aus aliphatischen erfordert derzeit noch einen extrem hohen Aufwand. Ganz neue Möglichkeiten eröffnen sich mittlerweile jedoch durch gezielten Einsatz biochemischer Methoden. Es ist hiermit bereits möglich, aromatische Verbindungen über das Bakterium Escherichia coli aus Glucose zu erzeugen.

Ein dritter Weg besteht darin, petrochemische Kunststoffe mit natürlichen Materialien oder solchen biologischen Ursprungs zu mischen. Wie eingangs erwähnt, werden auch solche Blends als Biopolymere bezeichnet, obwohl der ökologische Nutzen strittig ist. Weiterhin werden bereits seit längerer Zeit mit Naturfasern verstärkte Kunststoffe großmaßstäblich für verschiedene Verkleidungen in Fahrzeugen verwendet.

Das Thema nachwachsende Rohstoffe wird zukünftig immer weiter an Bedeutung gewinnen, insbesondere, da die hierfür benötigten Nutzpflanzen in Konkurrenz mit Grundnahrungsmitteln treten. In einigen Regionen hat dieser Trend bereits zu einer Nahrungsmittelknappheit und drastischer Verteuerung der Lebensmittel geführt.

Im Jahr 2011 wurden weltweit etwa 1,2 Millionen Tonnen Biokunststoffe hergestellt, was einem Anteil von etwa 0,4 % der gesamten Kunststoffproduktion entspricht. Für das Jahr 2016 wird eine Gesamtproduktion von etwa 6 Millionen Tonnen vorhergesagt. Optimistische Schätzungen gehen davon aus, dass langfristig bis zu 70 % der Verpackungen oder etwa 10 % der bislang petrochemisch erzeugten Kunststoffe durch Biokunststoffe ersetzt werden.

Allerdings ist die Energiebilanz von biologisch erzeugten Polymeren nach wie vor strittig. Weiterhin tragen die erforderlichen Düngemittel zu einer zusätzlichen Belastung des Grundwassers mit Nitraten bei. Die Umstellung aller petrochemischen Kunststoffe auf solche aus biologischer Basis würde auch kaum zur Schonung der Erdölreserven beitragen, da nur etwa 5 % des Erdöls zur Erzeugung von Kunststoffen benötigt wird.

Die Verwendung von biologisch abbaubaren Polymeren ist nicht zuletzt auch eine philosophische Frage. Ihre Eigenschaften erlauben nur Anwendungen mit relativ geringen Anforderungen, insbesondere hinsichtlich der maximalen Gebrauchstemperatur. Dem gegenüber stehen immer anspruchsvollere Anforderungen, etwa der Trend zum Leichtbau in der Fahrzeugindustrie. Der hieraus resultierende zunehmende Ersatz von Metallen durch Polymere erfordert jedoch wesentlich höherwertige Materialien. Gleichzeitig steigt deren Temperaturbelastung aufgrund von Maßnahmen zur Schalldämmung, insbesondere in kompakten oder besonders leistungsstarken Fahrzeugen. Technisch anspruchsvolle Teile oder solche, die eine hohe Temperaturbeständigkeit und/oder Langlebigkeit aufweisen sollen, erfordern also entsprechend leistungsfähige Basispolymere, die nicht biologisch abbaubar sind. Letztendlich muss sich der Konstrukteur die Frage stellen, auf welche Materialeigenschaften er zugunsten ökologischer Verträglichkeit verzichten kann.

Literatur

1 Bayer MaterialScience AG: "Green" raw materials for foam insulation, http://www.pu-systems.bayermaterialscience.com, aufgerufen am 19.8.2013

2 Bayer MaterialScience AG: Kunststoffe aus Treibhausgas, http://www.bnc.bayer.de, aufgerufen am 19.8.2013

3 Bundesministerium für Bildung und Forschung: CO_2: Vom Klimakiller zum Rohstoff, Pressemitteilung vom 9.4.2013, http://www.bmbf.de, aufgerufen am 19.8.2013

4 Endres, H.-J.; Siebert-Raths, A.: Technische Biopolymere. München: Hanser 2009

5 European Bioplastics, http://en.european-bioplastics.org, aufgerufen am 19.8.2013

6 Evonik Industries AG: Alternativer Rohstoff für Polyamid 12, http://corporate.evonik.de, aufgerufen am 19.8.2013

7 Fraunhofer-Institut für Systemtechnik und Innovationsforschung ISI, http://www.isi.fraunhofer.de/isi-de/, aufgerufen am 25.8.2013

8 Gesamtverband der Deutschen Versicherungswirtschaft e. V.: Kunststoffe - Eigenschaften, Brandverhalten, Brandgefahren. Köln: VdS Schadenverhütung 2000

9 Harvard University, Wyss Institute: Inspired by Insect Cuticle, http://wyss.harvard.edu, aufgerufen am 19.8.2013

10 Hellerich, W.; Harsch, G.; Haenle, S.: Werkstoffführer Kunststoffe. München: Hanser 2004

11 Kaiser, W.: Kunststoffchemie für Ingenieure. München: Hanser 2006

12 Lanxess AG: First production of bio-based polybutylene terephthalate (PBT), http://www.lanxess.com, aufgerufen am 19.8.2013

13 Lanxess AG: LANXESS to produce first bio-based EPDM rubber in the world, http://www.lanxess.com, aufgerufen am 19.8.2013

14 RWTH Aachen, Lehrstuhl für Technische Thermodynamik: Dream Production - Technische Erschließung von CO2 als Synthesebaustein für Polymere, http://www.ltt.rwth-aachen.de, aufgerufen am 19.8.2013

15 Saechtling, H.-J.: Kunststoff-Taschenbuch. München: Hanser 2007

16 Siemens, AG: Nachhaltiger Kunststoff mit COhttp://www.siemens.com, aufgerufen am 26.7.2013

4 Kunststoffadditive

Kunststoffe werden oft mit Additiven modifiziert, um die an sie gestellten Anforderungen zu erfüllen. Übliche Additive sind Flammschutzmittel, Farbmittel, Weichmacher (insbesondere bei Elastomeren und PVC) sowie Füllstoffe und Fasern. Je nach Art und Menge wirken sich Additive in unterschiedlicher Weise auf die mechanischen, thermischen und elektrischen Werte sowie das Brandverhalten von Kunststoffen aus.

4.1 Füllstoffe

Füllstoffe wurden bereits vor der Entwicklung synthetischer Kunststoffe verwendet. Der wichtigste polymere Rohstoff des 19. Jahrhunderts, Kautschuk, wurde aufgrund rasch wachsender Nachfrage und der Monopolstellung Brasiliens und später Großbritanniens immer teurer. Daher versuchte man mit Füllstoffen als Streckmittel den immer weiter steigenden Preis auszugleichen. Nachdem man die verstärkende Wirkung bestimmter Füllstoffe erkannt hatte, wurden Füllstoffe für die Herstellung von Elastomeren unverzichtbar. Auch in modernen Thermoplasten werden heute Füllstoffe eingesetzt, um bestimmte Eigenschaften zu erzielen. Formmassen auf Basis von Phenol-, Harnstoff- oder Melaminharzen werden erst durch Füllstoffe verarbeitbar.

Werden mechanische Eigenschaften wie Festigkeit und Steifigkeit eines Polymeren durch Füllstoffe verbessert, spricht man von verstärkenden Füllstoffen. Auch eine höhere Wärmeformbeständigkeit, bessere elektrische Leitfähigkeit, höhere Schlagzähigkeit und verbesserte Maßhaltigkeit sowie geringere Wärmeausdehnung lassen sich durch geeignete Füllstoffzusätze erzielen.

Historisch zählen spezielle Ruße zu den ersten Verstärkerfüllstoffen. Sie stellen aufgrund des hohen Bedarfs in der Kautschuk verarbeitenden Industrie heute noch die mengenmäßig bedeutendste Gruppe dar. Das Einmischen verstärkender Füllstoffe in Kautschuk führt zu einem deutlichen Anstieg der Viskosität, daher werden in der Regel Weichmacher und auch nicht verstärkende Füllstoffe zugefügt, um die Scherkräfte zu verringern und eine Überhitzung zu vermeiden.

Gemahlenes Calciumcarbonat aus Kreide, Kalkstein oder Marmor dient als preiswertes Mittel zur Verbesserung der Wärmeformbeständigkeit von PP, PVC, Polyestern und thermoplastischen Elastomeren, außerdem reduziert es den klebrigen Griff von Weich-PVC. Zu diesem Zweck wird auch Kaolin (hydratisiertes Aluminiumsilikat) eingesetzt. Es ist jedoch auch ein wichtiger Füllstoff für Elastomere. Wie bei Rußen lässt sich je nach Teilchengröße und spezifischer Oberfläche die Härte von Elastomeren in einem großen Bereich einstellen, allerdings ist der verstärkende Effekt bei Kaolinen deutlich geringer ausgeprägt. Kaoline sind ein bedeutender Füllstoff für die Kabelindustrie, da sie den Isolationswiderstand erhöhen. Feinverteilte Kieselsäuren dienen in Natur- und Synthesekautschuken als helle, verstärkende Füllstoffe, oft zusammen mit Rußen.

Talkum (hydratisiertes Magnesiumsilikat) erhöht den Elastizitätsmodul und die Biegefestigkeit von Polyolefinen, allerdings wird die Schlagzähigkeit reduziert. Talkum ist außerdem ein Streckfüllstoff für duroplastische Formmassen.

Aluminiumhydroxid (manchmal auch als Aluminiumtrihydrat, ATH, bezeichnet), ist ein nur wenig verstärkender Füllstoff, dient aber durch die Freisetzung von Wasser bei hohen Temperaturen als Flammschutzmitttel.

Graphit oder Molybdänsulfid erhöhen die Gleitreibungseigenschaften von Thermoplasten. Neben den traditionellen Füllstoffen wie Holzmehl, Baumwollfasern und Gesteinsmehl werden bei Formmassen auf Basis von Epoxid- und Phenolharzen Mischsilikate wie Glimmer eingesetzt, um die Verarbeitbarkeit und die mechanischen und thermischen Eigenschaften zu verbessern.

Wollastonit, ein Calciumsilikat, erhöht die Steifigkeit und Biegefestigkeit von PP, Polyamiden und Polyurethanen. Sein Haupteinsatzgebiet ist jedoch die Keramikindustrie, wo es die mechanischen Eigenschaften weißer Keramikwaren verbessert.

■ 4.2 Faserwerkstoffe

Der Zusatz von Faserwerkstoffen bewirkt eine deutliche Verbesserung von Festigkeit und Steifigkeit. Damit lassen sich viele Anwendungen realisieren, die ansonsten Metalle als Werkstoff erfordern.

Glasfasern stellen die bei weitem wichtigste Gruppe dar. Sie bewirken bei Thermoplasten eine deutliche Erhöhung des Elastizitätsmoduls, verringern jedoch gleichzeitig die Schlagzähigkeit. Auf der anderen Seite kann die Schlagzähigkeit spröder Werkstoffe wie gehärteter Harze durch Glasfasern sogar verbessert werden. Die Einarbeitung von Glasfasern in Thermoplaste bewirkt durch die Ausrichtung der Fasern in Fließrichtung anisotrope Eigenschaften. So werden längs zur Fließrichtung beispielsweise deutlich höhere Zugfestigkeiten erzielt als quer dazu. Die Glasfasergehalte betragen zwischen 15 und 50 %; übliche Matrixpolymere sind PA, PP, PBT, PC und andere. Typische Einsatzgebiete sind Teile im Automobilbau, die eine hohe Steifigkeit aufweisen sollen, wie etwa Pedale, Luftansaugrohre, Armaturentafelträger, Zahnräder sowie verschiedene Sportartikel.

Auch glasfaserverstärkte Duroplaste haben eine große Bedeutung erlangt. Sie werden üblicherweise mit der Abkürzung GFK (glasfaserverstärkte Kunststoffe) bezeichnet. Typische Matrixwerkstoffe sind Epoxidharze oder ungesättigte Polyesterharze. Verbundwerkstoffe (Composites) aus Duroplasten verwenden Glasfasergewebe oder Glasfasermatten.

Neben Glasfasern haben Kohlenstofffasern immer größere Bedeutung erlangt; sie werden durch Carbonisierung aus Polyacrylnitril hergestellt. Bei diesem Verfahren werden alle Elemente außer Kohlenstoff vom ursprünglichen Polymergerüst entfernt, es verbleibt eine Graphitstruktur. Die Festigkeit der stark anisotropen Kohlenstofffasern übertrifft sogar die von Stahlfasern. Kohlenstofffasern und die daraus hergestellten Laminate erlauben hohe dynamische Belastungen, sie zeigen eine gute Abrieb- und Korrosionsbeständigkeit sowie eine relativ hohe elektrische und thermische Leitfähigkeit. Nachteilig sind ihr hoher Preis und der hohe Verschleiß der zur Bearbeitung benutzten Maschinen. Die bevorzugte Matrix für Kohlenstofffasern sind Epoxidharze, gelegentlich auch Hochleistungsthermoplaste wie PEEK. Solche kohlenstofffaserverstärkten Kunststoffteile (CFK-Teile) werden bevorzugt in der Luft und Raumfahrt, im Automobilbau (Dach- und Trägerstrukturen, Rennwagencockpits) sowie im Maschinensektor (Rotoren für Windkraftanlagen) eingesetzt. Auch verschiedene Hochleistungssportgeräte werden aus CFK hergestellt. Umgangssprachlich werden CFK-Teile oft als "Carbon" bezeichnet (C = carbon für Kohlenstoff).

Aramidfasern setzen sich aus aromatischen Polyamiden zusammen. Sie besitzen hohe Festigkeiten, gute Schlagzähigkeit und Bruchdehnung, sind jedoch wie Kohlenstofffasern stark anisotrop und nicht für biegebeanspruchte Teile verwendbar. Typische Matrixwerkstoffe sind Epoxid- und ungesättigte Polyesterharze. In PA, POM, PBT und PC verbessern Aramidfasern die Gleitreibung. Die UV-empfindlichen Aramidfasern sind schwierig zu verarbeiten und werden hauptsächlich für ballistische Schutzausrüstungen wie Panzerungen und kugelsichere Westen verwendet. Weitere Anwendungen sind Sportgeräte, Verstärkungen für Hochleistungsreifen sowie Trag- und Spannseile.

4.3 Weichmacher

Weichmacher dienen als Verarbeitungshilfsmittel für PVC, Celluloseester und Kautschuke. Bei PVC werden hauptsächlich Phthalatweichmacher eingesetzt, um die Flexibilität zu erhöhen. Bei Kautschuken sind Mineralölweichmacher am meisten verbreitet; spezielle Ether- und Esterweichmacher erhöhen auch die Flexibilität in der Kälte durch Senkung der Glastemperatur. Die im Vergleich zu den Polymer-Makromolekülen winzigen Weichmachermoleküle ermöglichen ein leichteres Abgleiten der Polymerketten voneinander. Gleichzeitig sind sie jedoch durch ihre hohe Beweglichkeit relativ flüchtig, was die Wärmeformbeständigkeit im Vergleich zu nicht weichgemachten Produkten herabsetzt. Weichmacher werden relativ leicht durch Lösungsmittel und Treibstoffe aus dem Polymer herausgelöst, hierdurch steigen Härte und Steifigkeit.

Besonders in Kontakt mit fetthaltigen Lebensmitteln stellen Weichmacher ein Problem dar, da sie in diese hineinwandern. Auch bei Weich-PVC, insbesondere für Kinderspielzeuge, sind Weichmacher deshalb sehr umstritten. Der Einsatz von Weichmachern in transparenten Polymeren führt aufgrund unterschiedlicher Brechzahlen zu Lichtstreuung, was eine mit steigendem Weichmacheranteil zunehmende Eintrübung bewirkt.

4.4 Flammschutzmittel

Als Kohlenwasserstoffe sind fast alle Kunststoffe brennbar. Daher müssen sie in kritischen Anwendungen wie im Verkehrswesen oder Bauwesen mit Flammschutzmitteln ausgerüstet werden. Nur wenige Kunststoffe sind auch ohne Zusatz von Flammschutzmitteln selbstverlöschend, etwa Polysulfone, Polyethersulfone, Polyaryletherketone und Polytetrafluorethylen (das keinen Wasserstoff enthält und somit streng genommen kein Kohlenwasserstoff ist) sowie Produkte auf Basis von Silizium anstelle von Kohlenstoff, wie etwa Silikonkautschuk.

Die Verbrennung von Kunststoffen kann auf verschiedene Weise verzögert oder unterbunden werden. So kann man durch Zusatz unbrennbarer Stoffe einen Verdünnungseffekt erzielen. Produkte wie Aluminium- oder Magnesiumhydroxid führen daneben zur Freisetzung von Wasser, das gleichzeitig durch seine Verdunstung abkühlend wirkt. Eine Verbrennung ist eine chemische Reaktion mit Sauerstoff, bei der Radikale (Atome oder Verbindungen mit einzelnen, ungepaarten Elektronen, die sehr reaktionsfreudig sind) freigesetzt werden. Halogene wie Chlor und Brom, oft unterstützt durch Antimonverbindungen, verbinden sich mit diesen Radikalen und erlangen dadurch eine vollbesetzte Valenzelektronenschale. Auf diese Weise wird die Verbrennungsreaktion unterbunden. Allerdings sind solche Flammschutzmittel mittlerweile aufgrund ihrer Toxizität sehr umstritten. Da Flammschutzmittel auch relativ kleine Moleküle haben, wandern sie ähnlich wie Weichmacher nach und nach an die Oberfläche der Kunststoffe und verdunsten in die Umgebung. Der Einsatz von polybromierten Biphenylen (PBB) und polybromierten Diphenylethern (PBDE) ist durch die EU-Verordnung 2002/95/EG (RoHS - restriction of hazardous substances) auf maximal 0,1 % beschränkt.

Alternativen zu halogenhaltigen Flammschutzmitteln bieten spezielle Phosphorsäureester, die keine toxischen Gase freisetzen und durch Verkohlung eine Schutzschicht bilden. Allerdings sind diese Produkte nicht in allen Kunststoffen anwendbar. Flammschutzmittel führen wie Weichmacher in höheren Konzentrationen zur Eintrübung transparenter Polymere.

4.5 Stabilisatoren

Kunststoffe sind organische Werkstoffe und daher je nach Aufbau mehr oder weniger empfindlich gegen die Einwirkung von Wärme, Sauerstoff, Ozon, Witterungseinflüssen und UV-Licht. Längere Verweilzeiten bei zu hohen Temperaturen begünstigen Kettenspaltung und Oxidation, was neben einem Abfall der mechanischen Eigenschaften auch zu einer deutlichen Verfärbung (meist gelb bis braun) führt. Eine gut fließfähige Thermoplastschmelze wird jedoch erst bei Temperaturen weit über der Gebrauchstemperatur erhalten. Daher muss die Verarbeitung möglichst rasch erfolgen, um eine Zersetzung zu vermeiden. Aus dem gleichen Grund lassen sich Produktionsabfälle von Thermoplasten nur begrenzt recyceln. Insbesondere PVC ist besonders wärmeempfindlich und erfordert grundsätzlich den Einsatz von Stabilisatoren. Ursprünglich wurden für PVC Stabilisatoren auf Basis von Schwermetallen wie Blei und Cadmium verwendet. Aktuelle Stabilisatoren basieren zunehmend auf Calcium, Zinn oder Zink.

Auch Kautschuke sind aufgrund ihres hohen Gehalts an Doppelbindungen anfällig gegen übermäßige Wärme. Da bei der Verarbeitung von Kautschuken hohe Scherkräfte mit entsprechender Wärmeentwicklung auftreten, ist bei Synthesekautschuken der Einsatz organischer Stabilisatoren (z. B. substituierte Phenole in Konzentrationen zwischen 0,05 und 1 %) erforderlich. Bei Naturkautschuk wirken die enthaltenen Fettsäuren zwar als natürliche Stabilisatoren, allerdings kann auch hier nicht ganz auf synthetische Stabilisatoren verzichtet werden.

Aufgrund der Vielzahl vorhandener reaktionsfähiger Doppelbindungen sind insbesondere Elastomere auf Basis von Polybutadien empfindlich gegenüber Sauerstoff und Ozon. Die hier eingesetzten Antioxidantien basieren auf speziellen Phenolen und Aminen sowie auf organischen Phosphiten und Thioestern. Die Antioxidantien bilden zunächst eine dünne Schutzschicht auf der Oberfläche und reagieren relativ rasch mit dem angreifenden Sauerstoff/Ozon ab, zusätzlich entsteht ein gewisser Verlust durch Abrieb. Durch spezielle Wachse werden unverbrauchte Moleküle an Antioxidantien an die Oberfläche transportiert; diese Bewegung wird durch dynamische Belastung gefördert. Da auf diese Weise die Antioxidantien permanent verbraucht werden, ist für einen längerfristigen Schutz also eine relativ hohe Dosierung (bis zu etwa 3 %, bezogen auf Kautschuk) erforderlich.

In Elastomeren zeigen insbesondere Paraphenylendiamine eine gute Schutzwirkung, obwohl sie auf hellem Untergrund starke, nicht abwaschbare Kontaktverfärbung verursachen. Da Amine generell die Vulkanisation von Kautschuken beschleunigen, und Antioxidantien wie alle anderen Additive vor der Formgebung und Vernetzung in den Kautschuk eingemischt werden, müssen Kautschuke, Vernetzungssystem und Antioxidantien sorgfältig aufeinander abgestimmt werden. In der Regel werden mehrere Produkte gleichzeitig eingesetzt, um die Alterung durch Wärme, Ozon und dynamische Belastung (Ermüdung) zu verzögern. Man bezeichnet die verschiedenen Produkte zusammenfassend daher als Alterungsschutzmittel.

Das energiereiche UV-Licht führt bei entsprechend empfindlichen Kunststoffen (insbesondere bei nicht stabilisierten, ungesättigten Polymeren) zu einem fortwährenden Abbau von Polymerketten, wodurch ungebundene Elektronen freigesetzt werden. In Verbindung mit Sauerstoff führt diese sogenannte Photooxidation zunächst zu Farbveränderungen, Vergilbung, Auskreidung von Füllstoffen und schließlich zur Rissbildung und Zerstörung. Die für transparente und farbige Artikel verwendeten speziellen Lichtschutzmittel basieren auf komplexen aromatischen Produkten und werden in Größenordnungen zwischen 0,1 und 2 % eingesetzt. Die Valenzelektronen der Kohlenstoffatome dieser Produkte sind gleichmäßig über das gesamte Molekül verteilt, daher sind solche Verbindungen in der Lage, zusätzliche Elektronen aufzunehmen. Die auf diese Weise entstehenden Radikale sind relativ stabil.

Bei besonders hohen Anforderungen werden Lichtschutzmittel zusätzlich in Form spezieller Lacke auf die Oberfläche von Formteilen aufgetragen. Bei Extrudaten werden dünne Schichten aus Absorberkonzentrat mittels Coextrusion aufgebracht. Bei schwarz eingefärbten Kunststoffen dient der dazu üblicherweise eingesetzte Ruß in Mengen bis zu 2,5 % gleichzeitig als UV-Absorber. Wie bei Antioxidantien ist die Wirkung von Lichtschutzmitteln zeitlich begrenzt. Allerdings führen sie auch dazu, dass Kunststoffe in der Umwelt nur langsam oder unvollständig abgebaut werden.

4.6 Farbmittel

Als Farbmittel kommen sowohl anorganische und organische Pigmente als auch organische Farbstoffe zur Anwendung. Einfärbungen mit Pigmenten sind aufgrund der Lichtstreuung opak (undurchsichtig). Organische Farbstoffe erlauben auch transparente Einfärbungen, sind aber in der Regel weniger temperaturstabil. Die verwendeten Produkte müssen also auf das jeweilige Polymer und die zu erwartenden Verarbeitungstemperaturen abgestimmt werden. Neben Einfärbungen im optischen Bereich des Spektrums werden auch Farbmittel für spezielle Anwendungen angeboten. So gibt es beispielsweise Farbmittel, die nur für Infrarotlicht transparent sind, und im sichtbaren Licht schwarz oder dunkelrot bis violett erscheinen. Solche Einfärbungen verwendet man für Infrarotschnittstellen an Mobiltelefonen oder Fernsteuerungen. Andere Farbmittel begrenzen das elektromagnetische Spektrum nach einer Seite, etwa um ultraviolettes Licht bei Sonnenbrillen oder Infrarotlicht bei Schweißerschutzbrillen auszufiltern. Laserschutzbrillen blockieren enge Wellenlängenbereiche und müssen daher auf die entsprechenden Laser abgestimmt werden. Spezielle Pigmente tragen dazu bei, den Kontrast bei Laserbeschriftung zu verbessern. Die Farbgebung bei der Laserbeschriftung beruht also nicht nur auf der thermisch induzierten Farbreaktion des Polymers, sondern auch auf entsprechende Reaktionen des Pigments.

Weitere Anwendungen sind optische Aufheller bei einigen von Natur aus gelblich erscheinenden transparenten Polymeren (etwa durch gezielten Zusatz blauer Farbmittel) sowie Ruße als UV-Absorber (passend zur derzeitigen Modefarbe schwarz).

Während Thermoplaste und Duroplaste in einer Vielzahl von Farben auftreten, sind lediglich etwa 5 % der Elastomere farbig eingestellt, da die allermeisten Elastomere Ruß als Füllstoff verwenden. Bei farbigen Elastomeren werden mineralische Füllstoffe, wie etwa Kieselsäure, Kreide oder Kaolin eingesetzt, die teilweise deutlich abweichende mechanische Eigenschaften bewirken.

Die Konzentration der als Pulver oder in Form von Farbmittelkonzentraten (Masterbatch auf Basis des jeweiligen Kunststoffs) zugesetzten Farbmittel liegt bei etwa 0,5 bis 5 %. Organische Farbmittel lösen sich in der Polymermatrix und haben bei den üblichen relativ geringen Dosierungen in der Regel keinen signifikanten Einfluss auf die Produkteigenschaften. Anorganische Farbstoffe, wie das nicht nur in der Farbindustrie eingesetzte Weißpigment Titandioxid, beeinflussen dagegen auch schon in geringen Konzentrationen die mechanischen Eigenschaften, insbesondere die Schlagzähigkeit, ungünstig. Dies gilt ebenfalls für die neuerdings auch in Kunststoffen eingesetzten Metallpigmente zur Erzielung von Metallicfarben.

4.7 Weitere Additive

Treibmittel

Diese werden insbesondere bei Polyurethanen zur Herstellung von Schaumstoffen eingesetzt. Die Bildung der Schaumstruktur ist auf die Freisetzung von Gas durch das Treibmittel zurückzuführen. Hierzu verwendet man Verbindungen, die sich bei höherer Temperatur unter Gasfreisetzung aufspalten, wie etwa Azodicarbonamid. Physikalische Treibmittel sind niedrig siedende Kohlenwasserstoffe, wie Pentan oder Cyclopentan. Diese werden den Polymeren zugesetzt und verdampfen bei den üblichen hohen Verarbeitungstemperaturen, wodurch sich das Polymer unter Bildung von Hohlräumen ausdehnt. Neben der Gewichtsersparnis bewirken die gasgefüllten Hohlräume aufgrund ihrer geringen Wärmeleitfähigkeit eine ausgezeichnete Wärmeisolation. Weiterhin dienen Treibmittel zur Vermeidung von Einfallstellen bei Spritzgussteilen mit großem Volumen oder hohen Wanddicken (Thermoplast-Schaumspritzgießen, TSG).

Gleitmittel

Reduzieren die Reibung von Thermoplastschmelzen an der Metallwandung der Verarbeitungsmaschinen. Sie werden hauptsächlich in PVC, PE, PP sowie PS und ABS eingesetzt.

Antistatika

Reduzieren die elektrische Aufladung. Sie werden entweder direkt in das Polymer eingearbeitet oder durch Tauchen oder Sprühen auf die Oberfläche aufgetragen.

Schlagzähmodifikatoren

Die Schlagzähigkeit von Polymeren lässt sich durch Blends mit Butadien- oder Acrylesterkautschuken erhöhen. In großem Maßstab wird dies bei der Herstellung von ABS aus SAN und Polybutadien ausgenutzt. Bei einigen Polymeren, etwa bei Hart-PVC, kann die Schlagzähigkeit auch über eine Pfropfcopolymerisation, beispielsweise mit EVAC, deutlich verbessert werden.

5 Die Verarbeitung von Thermoplasten

Die weite Verbreitung der Thermoplaste ist nicht zuletzt auch auf ihre rationelle Verarbeitbarkeit zurückzuführen. Amorphe Thermoplaste beginnen oberhalb ihrer Glastemperatur, teilkristalline Thermoplaste oberhalb der Kristallit-Schmelztemperatur zu erweichen und schließlich zu schmelzen. Wird die Temperatur weit genug erhöht, lassen sich Schmelzen mit einer für die Verarbeitung günstigen Viskosität erhalten, die unter Druck in entsprechende Formen ("Werkzeuge") gefüllt werden. Nach Abkühlung besitzt der Kunststoff bereits seine endgültige Gestalt.

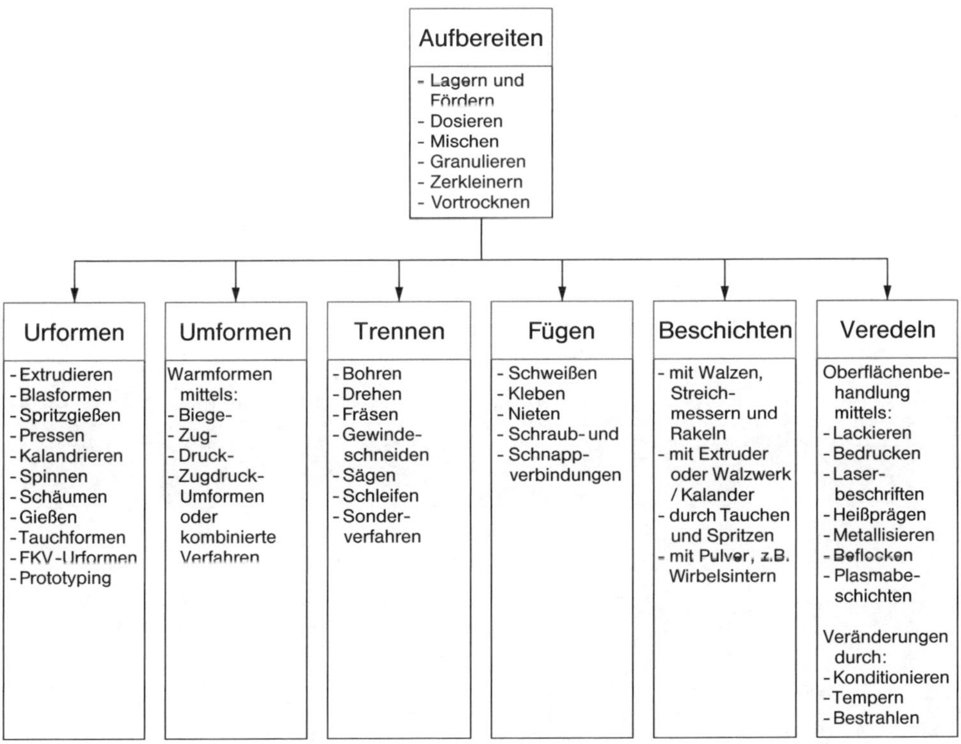

Bild. 5.1 Einteilung der Fertigungsverfahren in der Kunststofftechnik [6]

Aufgrund der guten Fließfähigkeit von Thermoplasten lassen sich auch komplizierte Geometrien in nur einem Arbeitsgang fertigen. Damit sind Thermoplaste anderen Werkstoffen wie Metallen oder Keramiken weit überlegen. Nur Verfahren, wie sie beispielsweise für die Verarbeitung von Polyurethanen verwendet werden, sind stellenweise noch einfacher. Bei Elastomeren ähnelt die Formgebung der von Thermoplasten, allerdings werden die Werkzeuge auf hohen Temperaturen gehalten, um die erforderliche Vernetzung zu ermöglichen. (Hinsichtlich der Verarbeitung von Elastomeren und Duroplasten wird auf das Literaturverzeichnis verwiesen). Das Bild 5.1 zeigt die Einteilung der Fertigungsverfahren in verschiedene Haupt- und Untergruppen.

■ 5.1 Aufbereiten

Hierunter versteht man alle Arbeitsgänge, die vor der eigentlichen Verarbeitung ablaufen. Das Einarbeiten von Füll- und Farbstoffen, Verstärkungsfasern und anderen Additiven sowie die Herstellung von Blends erfolgt in der Polymerschmelze in speziellen Mischextrudern. Es hat sich als günstig erwiesen, bei entsprechendem Bedarf fertig compoundierte Produkte direkt vom Polymerhersteller zu beziehen, um möglichst niedrige Temperaturbelastung für das Polymer und höchste Homogenität zu erzielen. Außerdem werden auf diese Weise Inkompatibilitäten durch unverträgliche Additive ausgeschlossen.

Dagegen liegt die korrekte Trocknung von Thermoplasten im Verantwortungsbereich des Kunststoff verarbeitenden Betriebs. Thermoplaste nehmen bei Lagerung mehr oder weniger Feuchtigkeit auf. Wird diese nicht vollständig entfernt, treten Oberflächenfehler oder Dampfblasen im Material auf. Bei hydrolyseempfindlichen Produkten kann ein zu hoher Feuchtegehalt bei den üblichen hohen Verarbeitungstemperaturen bereits eine Schädigung durch Polymerabbau hervorrufen. Daher sollten die vom Polymerhersteller vorgegebenen Trocknungsbedingungen exakt eingehalten werden, um sowohl möglichst niedrigen Feuchtegehalt zu erzielen als auch thermische Überbelastung des Produktes im Trockner zu vermeiden.

■ 5.2 Urformen

5.2.1 Spritzgießen

Das Spritzgießen ist das bei weitem wichtigste Verarbeitungsverfahren für Thermoplaste, da sich Formteile in großen Mengen wirtschaftlich herstellen lassen. Im Gegensatz zur kontinuierlichen Extrusion handelt es sich beim Spritzgießen um ein diskontinuierliches Verfahren, das in Zyklen abläuft. Ein Zyklus besteht aus Füllen, Plastifizieren und Einspritzen. Aufgrund der hohen Kosten für die verwendeten Werkzeuge ist das Spritzgießen allerdings bei geringen Stückzahlen unwirtschaftlich. Trotzdem hat es das früher übliche einfache Pressverfahren, wie es heute noch bei Duroplasten angewendet wird, verdrängt. Spritzgießmaschinen sind in horizontaler und vertikaler Bauweise verfügbar. Der schematische Aufbau einer Spritzgießmaschine ist in Bild 5.2 dargestellt.

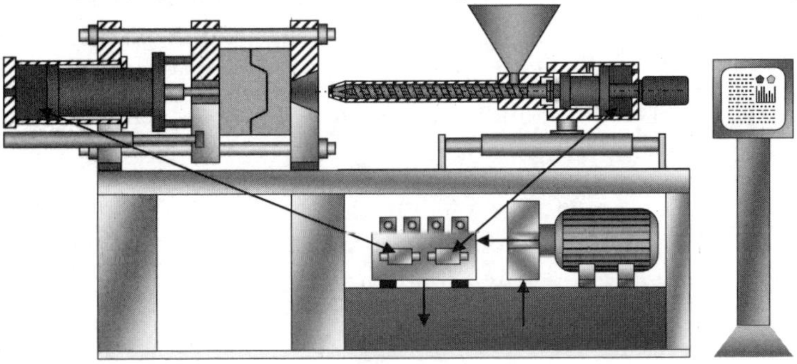

Bild. 5.2 Aufbau einer Spritzgießmaschine [5]

Spritzgießmaschinen erlauben die Herstellung von Formteilen in Größenordnungen von wenigen Milligramm bis zu über 10 kg. Die Zykluszeiten reichen dementsprechend von unter einer Sekunde bis hin zu mehreren Minuten. Bei kleinen Formteilen werden oft Werkzeuge mit mehreren Nestern verwendet. Hierunter versteht man identische Hohlräume (Kavitäten) mit der Geometrie des herzustellenden Formteils.

Charakteristische Kenngrößen von Spritzgießmaschinen sind der maximale Einspritzdruck, die Schließkraft, also die maximale Kraft, die aufgebracht werden kann, um ein Werkzeug zu schließen, und der Durchmesser der Plastifizierschnecke. Typische Werte sind Einspritzdrucke zwischen 500 und 2.500 bar, Schließkräfte zwischen 10^2 und 10^5 kN sowie Schneckendurchmesser zwischen 20 und 200 mm.

Zunächst wird das getrocknete Granulat durch entsprechende Dosiervorrichtungen in den Plastifizierteil gebracht. Durch die Reibung an der rotierenden Förderschnecke und gleichzeitiger Erwärmung der Plastifiziereinheit wird das Granulat für den folgenden Einspritzvorgang aufgeschmolzen. Die Schmelze bildet vor der Schneckenspitze ein Polster; sobald dessen Menge zur Füllung des Werkzeugs ausreicht, wird die Schmelze unter Drücken von mehreren hundert bis weit über 1.000 bar durch Verschieben der mittlerweile still stehenden Plastifizierschnecke eingespritzt. Durch die Temperierung des Werkzeugs auf geeignete Entformungstemperatur beginnt das Formteil zu erstarren. Die Entformungstemperatur wird so gewählt, dass sich zwar das Bauteil ohne Deformation entformen lässt, gleichzeitig aber noch so hoch ist, dass möglichst wenig Eigenspannungen durch die Abkühlung auftreten. Mit der Abkühlung der Schmelze ist eine Volumenkontraktion verbunden, die zu Einfallstellen führen kann. Daher wird bis zum Erreichen der Siegelzeit (wenn das Material im Angusskanal erstarrt ist und damit das Werkzeug versiegelt) ein Druck zwischen etwa 600 und 1.500 bar aufrechterhalten (Nachdruck). Anschließend wird die Schnecke zurückgezogen und neu befüllt, dann beginnt wieder die Plastifizierung. In der Zwischenzeit kühlt das Formteil ab, bis es schließlich beim Öffnen des Werkzeugs durch Stifte, Platten oder Druckluft ausgestoßen wird. Das durch die Abkühlung im Angusskanal des Werkzeugs verbleibende erstarrte Material verbleibt als sogenannter Anguss zunächst am Formteil und muss mechanisch entfernt werden.

Moderne Werkzeuge verwenden beheizte Angusskanäle (Heißkanäle); das hierin befindliche Material wird bis zum nächsten Zyklus in Schmelze gehalten. Heißkanäle vermeiden somit das Regranulieren und Rückführen der Angüsse in den Produktionsprozess, sind aber kostenintensiv.

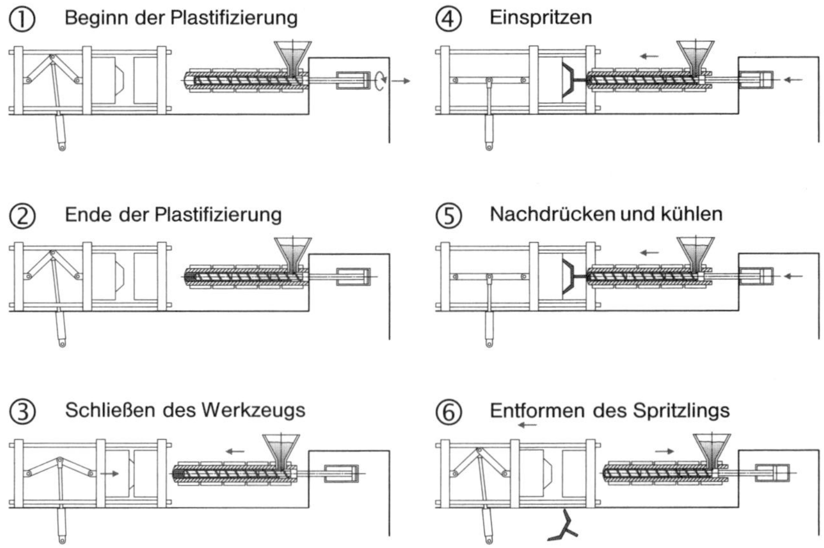

Bild. 5.3 Prinzipieller Verfahrensablauf beim Spritzgießen [6]

Die Verfahrensparameter Massetemperatur, Werkzeugtemperatur, Einspritzdruck, Nachdruck und die jeweiligen Zeiten sind für jeden Thermoplasten verschieden, ihre optimale Einstellung ist für die Herstellung fehlerfreier Formteile unabdingbar. Die Bilder 5.3 und 5.4 zeigen den prinzipiellen Verfahrensablauf.

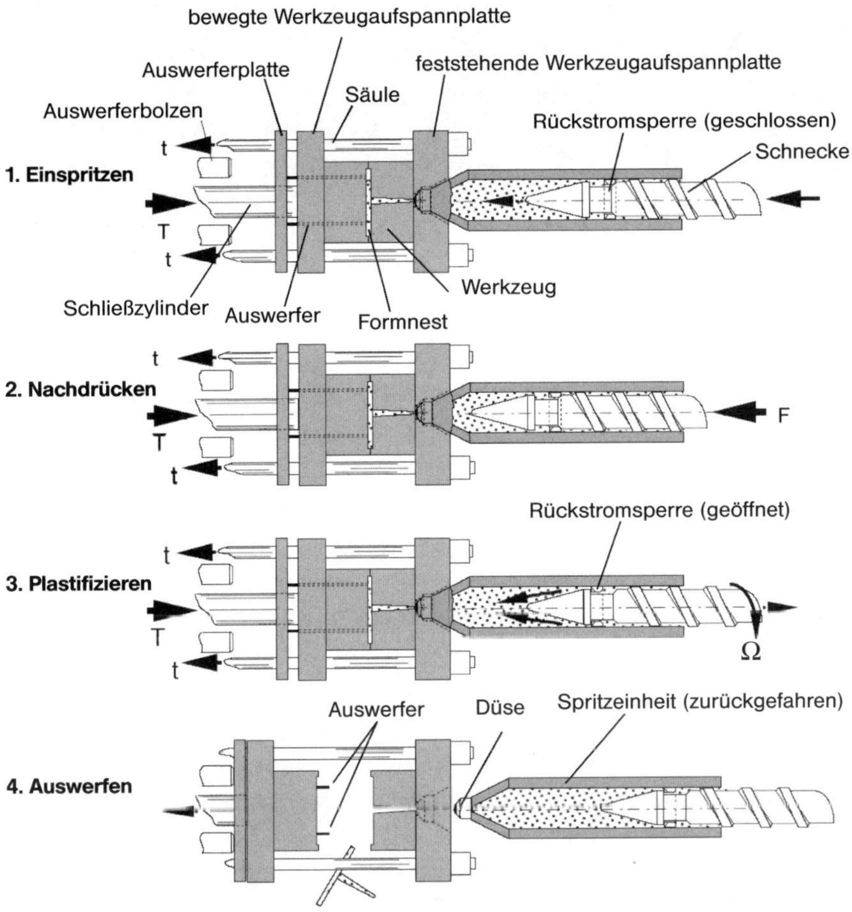

Bild. 5.4 Grundoperationen beim Spritzgießen [9]

Die Auslegung von Thermoplastbauteilen und den zugehörigen Spritzgießwerkzeugen, insbesondere die Gestalt und Lage der Angüsse, ist ein weiterer entscheidender Faktor, denn durch den Angusskanal fließt die Schmelze in die Kavitäten. Oft werden hierzu Füllsimulationen mit spezieller CAD-Software verwendet. (CAD – Computer Aided Design, Auslegung von geometrischen Formen durch computergestützte Berechnung). Dabei sind grundlegende Konstruktionsregeln zu beachten. Einige Beispiele seien im Folgenden erwähnt.

Möglichst geringe Wandstärken:

Ziel ist es Material- und Gewichtseinsparungen und kürzest mögliche Kühlzeiten zu erhalten (Faustregel: Kühlzeit in Sekunden = 2 × Wanddicke^2, also braucht ein Formteil mit 2 mm Wandstärke geschätzt etwa 8 Sekunden Kühlzeit, bei 3 mm beträgt die Kühlzeit bereits 18 Sekunden).

Möglichst konstante Wandstärken im gesamten Formteil:

Durch konstante Wandstärken werden Lufteinschlüsse, Oberflächenstörungen (z. B. Einfallstellen) und Verzug vermieden. Da eine gleichmäßige Abkühlgeschwindigkeit enorm wichtig ist, kann es erforderlich werden, an Ecken und Kanten die Wanddicke zu verringern.

Vermeidung von Bindenähten:

Bindenähte entstehen dort, wo die Schmelze im Werkzeug zusammenfließt. Sie bilden grundsätzlich mechanische Schwachstellen und sollten durch die Gestaltung der Fließwege möglichst an wenig belastete Stellen verlegt werden.

Vermeidung von Massenanhäufungen:

Treffen Wände gleicher Stärke senkrecht aufeinander, etwa bei Versteifungsrippen, entstehen oft Einfallstellen, da die Schmelze an Masseanhäufungen langsamer abkühlt. Die bei der Abkühlung immer auftretende Volumenkontraktion führt dann zu Vertiefungen, die besonders bei glänzenden oder lackierten Oberflächen erkennbar sind. Daher sollen Versteifungsrippen, insbesondere quer zur Fließrichtung, nur etwa die Hälfte (amorphe Thermoplaste) oder nur ein Drittel (teilkristalline Thermoplaste, höhere Schwindung) der Wanddicke der Hauptwand haben. Andere Möglichkeiten sind bewusst konstruierte Designriefen (entlang der Einfallstelle) oder Aussparungen am Fuß der Versteifungsrippen.

Verwendung von Radien an Ecken, Rändern und am Fuß von Versteifungsrippen und Schraubdomen:

An spitzkantigen Ecken besteht die Gefahr von Kerbspannungen. Die Radien sollen allerdings so klein wie möglich gehalten werden, um Einfallstellen zu vermeiden. Als Daumenregel gilt ein Radius von etwa 0,25 mm.

Großflächige ebene Bereiche vermeiden:

Große, ebene Bereichen lassen sich relativ leicht verformen und sind sehr verzugsempfindlich. Auch kleine Unebenheiten fallen, insbesondere bei glänzenden Oberflächen, sofort auf. Sind ebene Flächen erforderlich, empfiehlt es sich, sie mit Rippen zu versteifen.

Hinterschneidungen vermeiden:

Enthält das Formteil Hinterschneidungen (Kerben, Rillen und andere reliefartige Strukturen), kann dies in Abhängigkeit von deren Größe und Lage beim Entformen zu unzulässig hohen Dehnungen führen. Teile mit großen Hinterschneidungen lassen sich aus einem einfachen Werkzeug nicht entformen. Lassen sich Hinterschneidungen nicht vermeiden, sind bewegliche Teile (Schieber) im Werkzeug erforderlich, die die Werkzeugkosten beträchtlich steigern.

Verwendung von Entformungsschrägen:

Um die bei der Entformung auftretenden Reibungskräfte gering zu halten, sollten die entsprechenden Wände des Formteils leicht (je nach Polymer und Oberflächenrauhigkeit zwischen 0,5 und bis über 5 °) abgeschrägt werden. Die Winkel müssen empirisch ermittelt werden.

Ausgleich für unterschiedliche Wärmeausdehnung schaffen:

Werden Kunststoffteile an mehreren Stellen beispielsweise mit Metallschrauben befestigt, ist aufgrund der unterschiedlichen Ausdehnungskoeffizienten ein Spannungsausgleich erforderlich. Da Kunststoffe weit größere Ausdehnungskoeffizienten als Metalle haben, muss durch Langlöcher entsprechend Spielraum geschaffen werden.

Spreizwirkung durch Schrauben vermeiden:

Kunststoffe dürfen nie mit Senkkopfschrauben befestigt werden, da hierdurch zu große Spannungen auftreten, die zum Versagen führen. Flachkopfschrauben sorgen beim Anziehen für eine gleichmäßigere Spannungsverteilung. Auch bei den Schraubdomen ist eine Massenanhäufung zu vermeiden, sie werden bevorzugt über Rippen angebunden

Bei der Gestaltung von Spritzgießwerkzeugen ist auch die Verarbeitungs- und Nachschwindung des jeweiligen Polymeren zu berücksichtigen. Aufgrund der Volumenkontraktion beim Erstarren haben Formteile grundsätzlich etwas kleinere Abmessungen als die Kavität im Werkzeug. Bei teilkristallinen Thermoplasten führt die Kristallisation zu einer weiteren Volumenverringerung. Während sich die Verarbeitungsschwindung relativ schnell einstellt, kann aufgrund von Nachkristallisation, Retardation oder chemischen Reaktionen auch noch nach längerer Zeit eine Nachschwindung auftreten.

Durch Wärmebehandlung (Tempern) kann diese Nachschwindung beschleunigt werden. Die Schwindung, insbesondere bei teilkristallinen und faserverstärkten Thermoplasten, ist eine der Ursachen für den Verzug von Formteilen, der durch korrekte Formteilgestaltung minimiert werden muss. Auch bei Kombinationen verschiedener Kunststoffe ist die genaue Kenntnis der Schwindung wichtig. Die

Verarbeitungsschwindung liegt bei amorphen Thermoplasten im Bereich von 0,2 bis 0,8 %, bei teilkristallinen zwischen 0,2 und 3 %. Bei amorphen Thermoplasten ist die Nachschwindung meist vernachlässigbar, teilkristalline erreichen Werte von 0,2 bis 2 %. Die Schwindung ist anisotrop, d. h. quer zur Fließrichtung ist sie höher als in Fließrichtung (Bild 5.5).

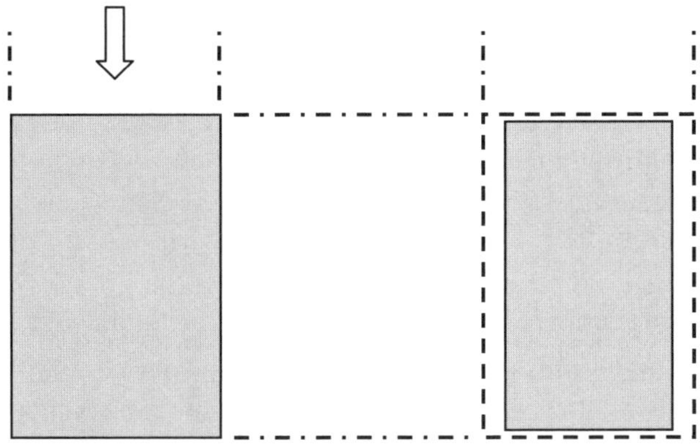

Bild. 5.5 Schwindung (überzeichnet dargestellt)

Material und Oberflächenbehandlung des Werkzeugs müssen ebenfalls den Polymeren (möglicher Abrieb und Korrosion) und den Anforderungen (Glanz) des Fertigproduktes angepasst werden. Im Allgemeinen werden Werkzeuge aus speziellen Stählen mit nachbehandelten Oberflächen (z. B. gehärtet oder verchromt) verwendet. Durch Ätzen lassen sich Formteile mit genarbten Oberflächen (Lederstruktur) herstellen. Die Lage und die Geometrie der Kühlkanäle müssen so gewählt werden, dass eine gleichmäßige Kühlung über die gesamte Formteiloberfläche gewährleistet wird und somit keine Eigenspannungen oder Verzug auftreten.

Neben dem klassischen Spritzguss sind verschiedene Sonderverfahren in Gebrauch. Beim Mehrkomponentenspritzguss werden zwei oder mehrere Thermoplaste aneinander oder übereinander gespritzt (auch Hart/Weich-Kombinationen). Bei der Hinterspritztechnik wird eine vorher in das Werkzeug eingelegte Dekorfolie mit dem Thermoplast verbunden, der für die notwendige Steifigkeit des dekorierten Formteils verantwortlich ist. Bei langen und/oder dickwandigen Formteilen wird mittels der Gas- oder Fluidinjektionstechnik ein Inertgas, meist Stickstoff oder Wasser eingespritzt. Neben einer Materialeinsparung führt dies zu Bauteilen mit geringen Eigenspannungen und guter Abformgenauigkeit. Eine andere Methode zur Herstellung von Präzisionsteilen ist das Spritzprägen. Zunächst wird bei nicht ganz geschlossenem Werkzeug (Prägespalt) eine genau dosierte Menge an Schmelze eingespritzt. Beim vollständigen Schließen des Werkzeugs wird dann die

Formteilstruktur geprägt. Das Spritzprägen stellt also eine Kombination aus Spritzgießen und Pressen dar und zeichnet sich durch das Auftreten von besonders geringen Eigenspannungen auf.

Ein weiteres Verfahren zur gezielten Erzeugung von Hohlräumen in komplexen Geometrien ist die Schmelzkerntechnik. Hierbei wird ein Kern aus einer niedrig schmelzenden Metalllegierung (etwa Zinn-Wismut) mit Thermoplast umspritzt und anschließend wieder ausgeschmolzen.

Formteile mit langen Fließwegen, die keine Bindenähte aufweisen dürfen, werden über Kaskadenspritzgießen hergestellt. Hierbei wird der Schmelzezufluss durch Nadeldüsen im Werkzeug so gesteuert, dass nur eine Fließfront existiert. Die einzelnen Heißkanaldüsen im Werkzeug öffnen erst dann, wenn die Fließfront bereits über sie hinweggewandert ist. Das Verfahren ähnelt dem sequentiellen Spritzgießen, das auch mit Nadeldüsen arbeitet, aber nicht bindenahtfrei ist.

Die beim Einspritzen verwendeten Temperaturen liegen meist im Bereich zwischen 200 und 300 °C, manchmal sogar noch darüber. Aufgrund der schlechten Wärmeleitfähigkeit der Thermoplaste führt dies beim Abkühlen zu Eigenspannungen und Orientierungen (Anisotropie). Hohe Verformungsgeschwindigkeiten im Werkzeug und hohe Abkühlgeschwindigkeiten wirken sich hier ungünstig aus. Spritzgießartikel mit Wandstärken unter einem Millimeter sind kaum herstellbar, da der Thermoplast durch die intensive Wandberührung sehr schnell abkühlt und das Werkzeug möglicherweise nicht vollständig gefüllt werden kann. Neben dem dadurch bedingten hohen Spannungshaushalt weisen solche Formteile ungünstige mechanische Eigenschaften auf.

5.2.2 Extrusion

Die Extrusion ist ein kontinuierliches Verfahren zur Herstellung von Platten, Profilen, Rohren oder Folien. Die Polymergranulate werden durch eine rotierende Förderschnecke in einem beheizten Zylinder aufgeschmolzen. (Obwohl bei der Förderung Reibungswärme entsteht, ist in der Regel eine zusätzliche Heizung erforderlich, um eine homogene Schmelze zu erzielen). Die Schmelze wird durch eine Düse gepresst und schließlich durch Abkühlen wieder verfestigt. Bei Extrudern mit einwandfrei arbeitender Entgasung kann auch auf das Vortrocknen verzichtet werden. Schneckenextruder wurden ursprünglich für die Gummiindustrie entwickelt und später für die Thermoplastverarbeitung adaptiert. Heutige Thermoplastextruder erreichen Ausstoßleistungen bis über 1.000 kg/h. Das Bild 5.6 zeigt den schematischen Aufbau eines Extruders, Bild 5.7 das Schema einer Extrusionsanlage.

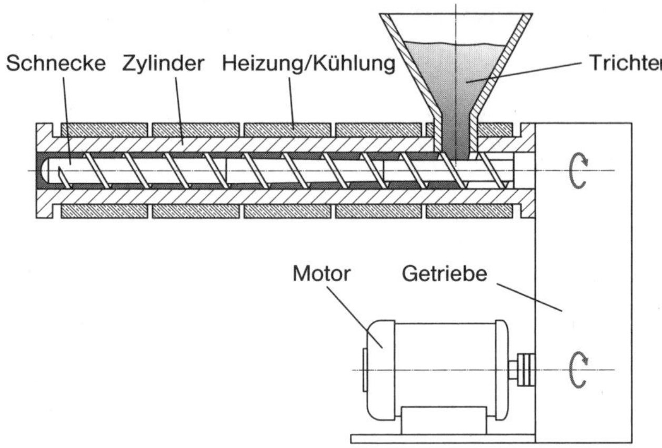

Bild. 5.6 Schema eines Extruders [6]

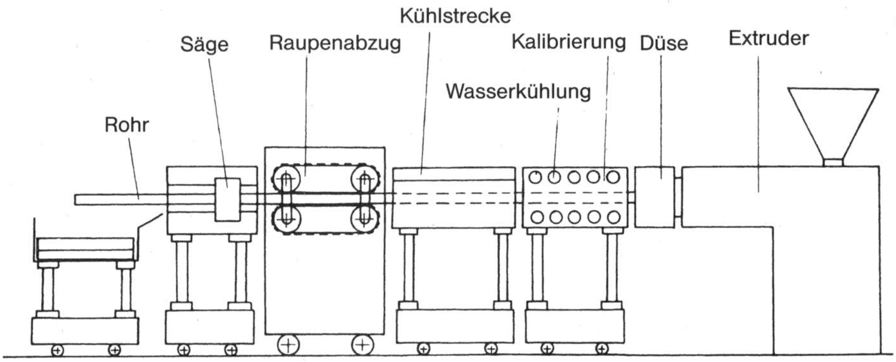

Bild. 5.7 Schema einer Extrusionsanlage zur Fertigung von Rohren [2]

Förderschnecken haben verschiedene Bauarten, die am weitesten verbreitete ist die Dreizonenschnecke. Nach der Einzugszone durchläuft das Granulat die Kompressionszone, wo es aufgeschmolzen und verdichtet wird. In der Ausstoßzone (Meteringzone) wird die Schmelze homogenisiert und auf die gewünschte Temperatur gebracht (Bild 5.8).

Die Formgebung (Rohre, Profile, Platten, Folien) erfolgt in einem dem Extruder unmittelbar nachgeschalteten Werkzeug. Das Bild 5.9 zeigt verschiedene Werkzeugarten.

Hohlprofile, Folien und Schläuche werden mit Druckluft gestützt, bis ihre endgültige Form sich durch Abkühlen stabilisiert hat ("Stützluft"). Das noch heiße und plastisch verformbare Material wird durch einen Kalibrator gezogen. Mittels Vakuum werden die Außenkonturen exakt kalibriert. Danach wird das Extrudat soweit gekühlt, dass es seine Geometrie beibehält. Auf den Kalibrator folgen eine weitere Kühlstrecke und danach die Abzugvorrichtung, die mit profilierten Rollen,

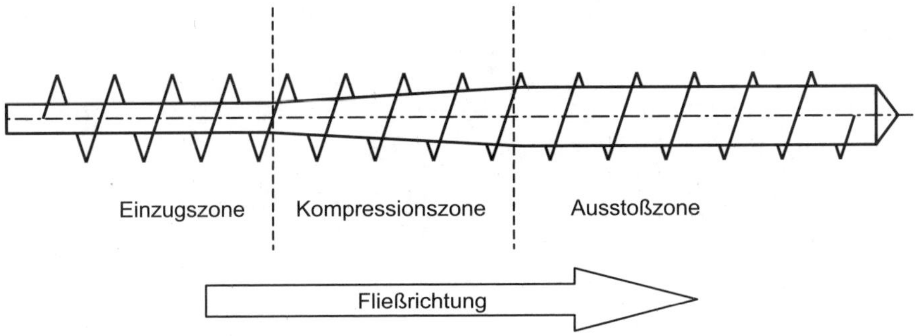

Bild. 5.8 Prinzipieller Aufbau einer 3-Zonen-Schnecke

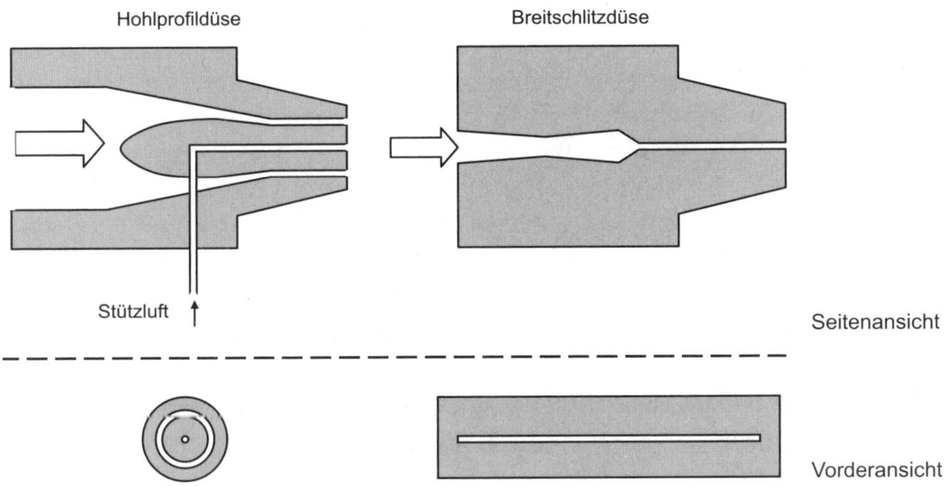

Bild. 5.9 Extrusionswerkzeuge für Hohlprofile und Massivplatten

Bändern oder Raupenketten realisiert werden kann. Während flexible Produkte wie Folien nun aufgewickelt werden, müssen steife Extrudate wie Platten oder Rohre durch Sägen auf praktikable Längen getrennt werden.

Durch spezielle Werkzeuge (Coextrusions-Adapter) lassen sich Extrudate aus mehreren Schichten in einem Arbeitsgang herstellen. Dieses Verfahren findet sowohl für Folien, als auch für die Plattenextrusion Anwendung, wo beispielsweise UV-Absorberkonzentrate als dünne Schicht aufgetragen werden. Das Bild 5.10 zeigt das Prinzip.

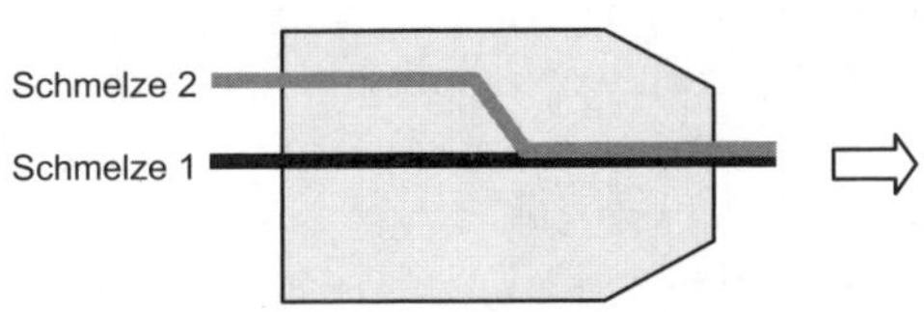

Bild. 5.10 Coextrusions-Adapter (Prinzip)

Aufgrund der geringeren Verarbeitungsgeschwindigkeit und der geforderten hohen Standfestigkeit verwendet man für die Extrusion relativ hochmolekulare oder verzweigte Typen einer Polymerart. Bei entsprechender Temperaturwahl lassen sich auch niedermolekulare Produkte extrudieren, die Extrudate sind jedoch relativ spröde und meistens praktisch kaum verwendbar.

Eine Sonderbauform des Extruders ist der gleichlaufende Doppelschneckenextruder, der zum Einarbeiten von Additiven oder Compoundieren von Blends verwendet wird.

5.2.3 Blasformen

Das Blasformverfahren zählt ebenfalls zu den Extrusionsverfahren. Es wird sowohl zur Herstellung von sehr breiten Folien und Tafeln als auch von Hohlkörpern wie Getränkeflaschen oder Kraftstofftanks verwendet. Man unterscheidet zwischen dem Blasfolien- oder Schlauchfolienverfahren und dem Flachfolienverfahren. Das mit Hilfe dieser Verfahren hergestellte Halbzeug kann zu unterschiedlichen Folienprodukten weiterverarbeitet bzw. konfektioniert werden. Typische Endprodukte sind Beutel, Tragetaschen, Säcke, Trenn-, Bau-, Schrumpf-, Stretch- oder Landwirtschaftsfolien sowie Blisterverpackungen. Ein großer Teil der produzierten Folien wird für Verpackungen verwendet. Hier werden besonders hohe Anforderungen hinsichtlich Festigkeit, Optik, Hygiene, Barriereeigenschaften, Schweiß- und Siegelverhalten gestellt. In vielen Fällen können diese Anforderungen nur durch Kombination verschiedener Rohstoffe erfüllt werden, was auch zur Entwicklung der Coextrusionstechnik geführt hat.

Im Verpackungsbereich stehen die Kunststoffe in Konkurrenz zu Papier und Karton. Ökonomisch, technologisch und ökologisch stellen die Folienverpackungen heute jedoch für die Verpackungsaufgabe eine optimale Lösung dar.

Folien werden zunächst über einen Extruder mit Ringdüse als Schlauch geformt, dann mit Stützluft aufgeblasen und um 90 ° nach oben umgelenkt. Ein Kalibratorring begrenzt den Umfang auf die gewünschte Größe (bis zu 16 m). Schließlich wird der mit Druckluft aufgeblasene Schlauch zusammengelegt (Bild 5.11).

Im Gegensatz zum kontinuierlichen Folienblasformen ist die Herstellung von Hohlkörpern ein diskontinuierlicher Zweistufenprozess, entweder über das Extrusionsblasformen (extrusion blow molding) oder das Spritzstreckblasformen (Streckblasen, injection blow molding). Ein extrudierter Schlauch oder ein spritzgegossener Vorformling wird in das Blasformwerkzeug eingelegt und durch Druckluft aufgeblasen. Hierbei sind auch mehrschichtige Aufbauten, etwa für Kraftstofftanks mit Barriereschichten, möglich (Coextrusionsblasformen). Beim Extrusionsblasformen (Bild 5.12) wird der vorgeformte Schlauch beim Schließen des Werkzeugs einseitig

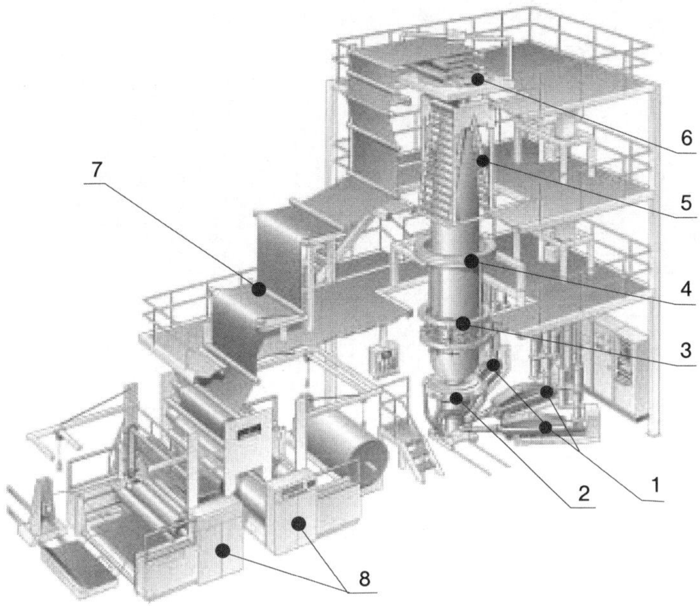

Bild. 5.11 Blasformanlage zur Folienherstellung (Quelle: Fa. Reifenhäuser) [3]
1: Extruder (3-Schicht)
2: Blaskopf
3: Kalibrierung
4: Dickenmessung
5: Flachlegung
6: Abzugseinheit
7: Bahnkantensteuerung
8: Wickler

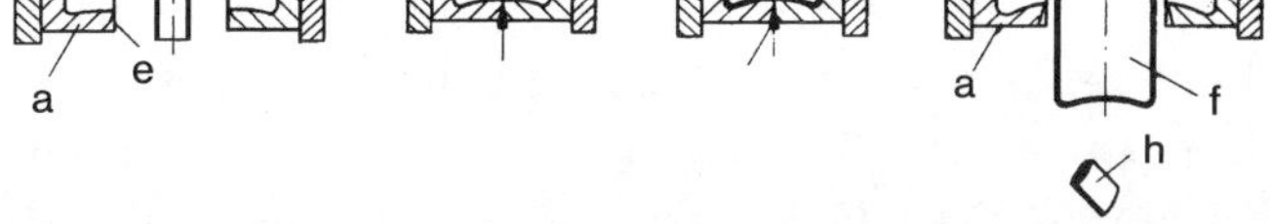

Bild. 5.12 Verfahrensschritte des Extrusionsblasformens (mit Dornhubkalibrierung) [9]
a: Blaswerkzeug (Hälfte), b: Kalibrierblasdorn, c: Vorformling (Schlauch), d: Schlauchkopf, e: Quetschkante, f: Blasteil, g: Halsbutzen, h: Bodenbutzen;
1: Extrusion des Vorformlings;
2: Schließen des Blaswerkzeugs, das untere Ende des Vorformlings wird durch die Quetschkanten des Werkzeugs verschlossen und verschweißt;
3: Einpressen des Kalibrierdorns, Kalibrieren der Flaschenmündung und Aufblasen des Vorformlings zum Blasteil; Kühlen;
4: Entformen des Blasteils, Abtrennen und Halsbutzens und des Bodenbutzens

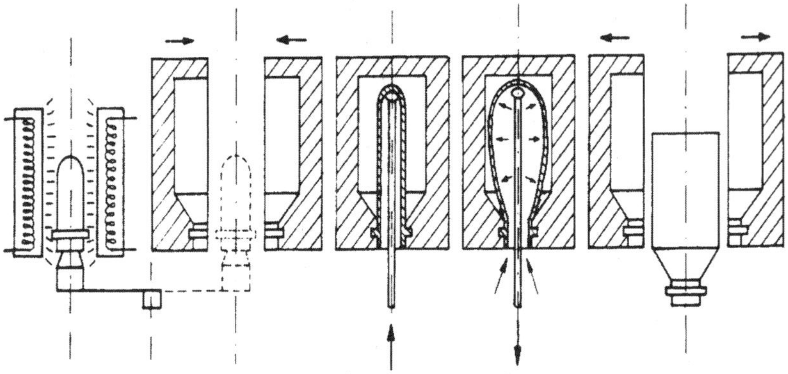

Bild. 5.13 Prinzip des Streckblasens [7]

verschlossen. Auf diese Weise hergestellte Flaschen haben eine sichtbare Bodennaht. Durch Streckblasen erzeugte Flaschen weisen nur eine punktförmige Markierung auf, es handelt sich um den Angusspunkt des Rohlings.

Beim Streckblasen (Bild 5.13) werden Rohlinge aus teilkristallinen Materialien, wie PET, vor dem Aufblasen mechanisch in Längsrichtung gestreckt. Dies führt aufgrund der Orientierung der Makromoleküle zu besseren mechanischen Eigenschaften und besserem optischem Erscheinungsbild. Bei amorphen Materialien, wie PC, entfällt die Längsstreckung. Die spritzgegossenen Rohlinge werden unmittelbar in die Blasformeinheit überführt, sodass sie nur unwesentlich abkühlen. Eine größere räumliche Trennung dieser Einheiten würde erneutes Aufheizen und Abkühlen erfordern. Abgesehen vom zusätzlichen Energiebedarf müssten die abgekühlten Rohlinge vor dem erneuten Aufheizen wieder getrocknet werden, was sich aufgrund der relativ großen Wanddicke schwierig gestaltet.

Vorteile des Streckblasens gegenüber dem Extrusionsblasformen sind bessere Oberflächenqualität, leichtere Einhaltung konstanter Wanddicken und bessere mechanische Eigenschaften. Allerdings lassen sich Flaschen mit Griffen nicht durch Streckblasen fertigen. Da das Blasformen mit hoher Verformungsgeschwindigkeit abläuft, besitzen die auf diese Weise hergestellten Formteile immer Eigenspannungen und müssen nachbehandelt (getempert) werden.

5.2.4 Kalandrieren

Das Kalandrieren dient zur Herstellung von Folien und Bodenbelägen. Das Verfahren ist durch die große maschinelle Ausrüstung sehr teuer, jedoch ist die Wärmebelastung des Polymeren geringer als beim Extrudieren. Dies ermöglicht es, die

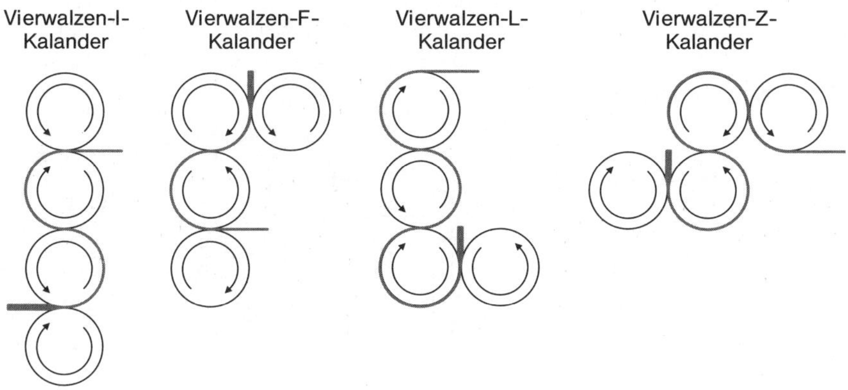

Bild. 5.14 Kalanderbauarten [6]

ansonsten für PVC erforderlichen teuren Hitzestabilisatoren einzusparen, wodurch das Kalandrieren von PVC-Bodenbelägen rentabel wird.

Ein Kalander besitzt mehrere über- und hintereinander montierte Präzisionswalzen, wobei unterschiedliche Bauweisen gebräuchlich sind (Bild 5.14).

Die Walzendurchmesser betragen etwa 900 mm, ihre Längen bis 4.500 mm. Die Verringerung der Foliendicke in Stufen anstelle mit nur einem Walzenpaar erlaubt eine höhere Präzision. Die Polymerschmelze wird aus vorgeschalteten Extrudern oder Walzen zugeführt. Nachgeschaltet sind oft Prägewalzen und Doubliereinrichtungen zur Herstellung größerer Foliendicken. Es erscheint zunächst etwas unlogisch, mit Präzisionswalzen hergestellte dünne Folien anschließend aufeinander zu bringen, um größere Dicken zu erzielen. Die Foliendicke wird zwar am Kalander über die Breite des Walzenspalts eingestellt, zu große Spaltbreiten bergen aber die Gefahr des Einschlusses von Luftblasen. In der Doubliereinrichtung werden die dünnen Folien blasenfrei übereinander gelegt. Auch verschiedene Folienarten lassen sich über einen Kalander verbinden (kaschieren). Kalander werden hauptsächlich in der Kautschuk verarbeitenden Industrie eingesetzt, etwa um Reifencorde mit Kautschukmischung zu belegen.

5.2.5 Rotationsformen (Rotomolding)

Rotomolding erlaubt das Herstellen von großen Hohlkörpern auch mit komplizierter Geometrie, die mit Blasformen nicht herstellbar sind. Hierzu werden PE-Pulver oder PVC-Pasten in ein auf 200 bis 400 °C beheiztes Werkzeug gegeben, das mit etwa 30 min^{-1} um zwei senkrecht zueinander stehende Achsen bewegt wird (Bild 5.15). Das aufschmelzende (PE) oder gelierende (PVC) Pulver verteilt sich gleichmäßig über die Werkzeugoberfläche, bis die gewünschte Schichtdicke erzielt ist. Nach Stillstand und Abkühlen lässt sich der Hohlkörper entformen.

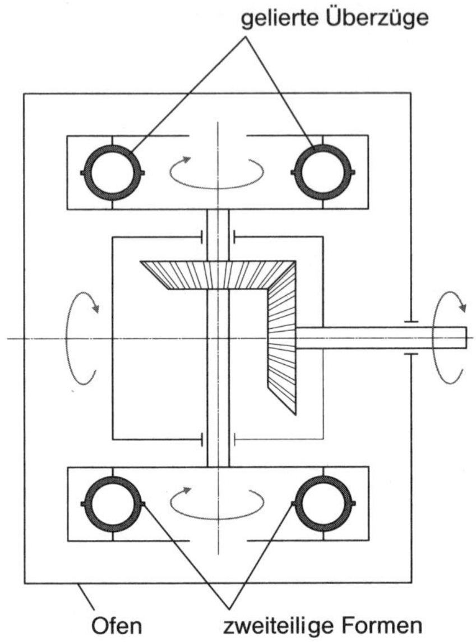

Bild. 5.15 Rotationsformen [6]

Die verwendeten pulverförmigen Thermoplaste müssen eine gute Fließfähigkeit aufweisen, neben PE und PVC-Pasten wurden auch spezielle PA-Pulvertypen für das Rotomolding entwickelt.

Eine einfache Variante des Rotationsformens ist der Schleuderguss. Hierbei werden großvolumige Rohre durch Drehen um nur eine Achse hergestellt.

5.2.6 Wirbelsintern

Das Wirbelsintern dient zum Beschichten von Metalloberflächen und arbeitet mit durch Gas aufgewirbelten pulverförmigen Kunststoffen. Die zwischen 200 und 400 °C aufgeheizten Metalle werden dabei in das aufgewirbelte Thermoplastpulver eingetaucht. In nur wenigen Sekunden entstehen dabei durch Aufschmelzen porenfreie Kunststoffschichten von 75 bis 500 µm (Bild 5.16).

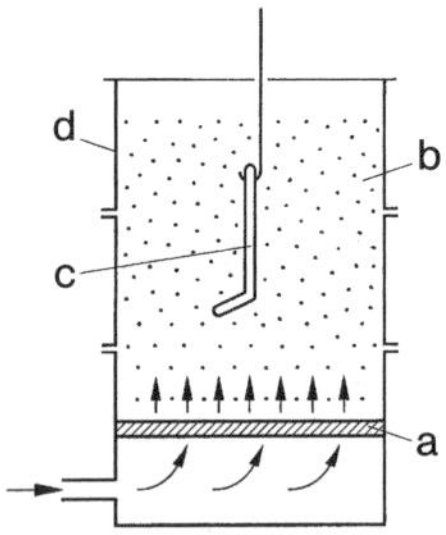

Bild. 5.16 Wirbelsintern,
die Pfeile kennzeichnen die Zufuhr von Druckluft [9]
a: poröse Platte
b: Pulverbad
c: zu beschichtendes Metallteil
d: mehrteiliger Behälter

5.2.7 Schäumen

Durch Schäumen von Kunststoffen erhalten diese eine zellige Struktur. Dabei wird zwischen offenzelligen, geschlossenzelligen und gemischtzelligen Schaumstoffen unterschieden. Bei offenzelligen Schäumen sind die Zellen untereinander verbunden, sie eignen sich am besten zur Schalldämmung. Geschlossenzellige Schaumstoffe haben einzelne, in sich abgeschlossene Zellen. Aufgrund des mangelnden Gasaustauschs zwischen den Zellen ermöglichen sie eine besonders gute Wärmedämmung. Sind beide Arten gemeinsam in einem Kunststoff vertreten, handelt es sich um eine gemischtzellige Schaumstruktur. Die Zellgrößen reichen von 0,5 bis 2 mm.

Darüber hinaus kann die Schaumstruktur entweder über das ganze Formteil konstant gehalten werden, oder beispielsweise von innen nach außen abnehmen, also kompakter werden. Solche Integralschäume (auf Basis Polyurethan) werden beispielsweise für die Polsterung von Fahrzeugsitzen verwendet, um einen bequemen Sitz, aber auch stabilen Seitenhalt zu ermöglichen.

Hartschaumstoffe bieten neben ihrem geringen Gewicht gute Wärme- und Schallisolation, Weichschaumstoffe zusätzlich angenehmen Sitzkomfort. Dabei ist das Schäumen aber nur für wenige Thermoplaste wirtschaftlich. Von größter Bedeutung ist es bei Polyurethanen, die den überwiegenden Teil der verwendeten Schaumstoffe darstellen und aus denen sich sowohl Hart- als auch Weichschaumstoffe herstellen lassen. Hartschaumstoffe aus Thermoplasten basieren auf PS und PVC, Weichschaumstoffe auf Weich-PVC und PE.

Das einfachste Treibmittel ist trockene Luft oder Stickstoff, die in den flüssigen Kunststoff eingeblasen werden (mechanische Treibmittel). Alternativ kann man bereits während der Polymerisation einen leicht flüchtigen Kohlenwasserstoff (in der Regel Pentan) einarbeiten, der bei den zur Verarbeitung der Thermoplaste erforderlichen Temperaturen verdampft und dabei die Thermoplastschmelze schäumt. In der Vergangenheit wurden hierzu die inerten und ungiftigen Fluorchlorkohlenwasserstoffe (FCKW) verwendet; sie dürfen mittlerweile aber aufgrund ihres ozonschädigenden Potentials nicht mehr eingesetzt werden. Das Prinzip der sogenannten physikalischen Treibmittel wird nicht nur bei Polyurethanen, sondern auch bei geschäumtem Polystyrol verwendet und ermöglicht die niedrigsten Dichten aller Schaumstoffe bis hinunter zu etwa 10 kg/m^3.

Chemische Treibmittel wie Azodicarbonamid zerfallen bei höheren Temperaturen unter Gasbildung.

5.2.8 Tempern

Durch Tempern lassen sich aufgrund zu schneller Abkühlung entstandene sowie konstruktiv oder verfahrensbedingte innere Spannungen in Formteilen abbauen. Geschwindigkeit und Ausmaß des Spannungsabbaus steigen mit zunehmender Temperatur; um Deformationen zu vermeiden muss diese aber unterhalb der Wärmeformbeständigkeitsgrenze liegen. Die Temperzeit ist von Wanddicke und Spannungshaushalt abhängig. Eine zu lange Verweildauer kann sich ungünstig auf die mechanischen Eigenschaften auswirken, weiterhin tritt eine Nachschwindung von bis zu 20 % der Verarbeitungsschwindung auf. Getemperte Formteile müssen schonend im Ofen abgekühlt werden, um einen erneuten Spannungsaufbau zu vermeiden. Optimale Temperatur und Zeit werden empirisch ermittelt. Als Faustregel gilt eine Temperatur von etwa 10 K unterhalb der Vicat-Erweichungstemperatur und eine Zeit von etwa 10 Minuten pro Millimeter Wanddicke. So werden beispielsweise die immer beliebter werdenden Polycarbonatflaschen für Wasserspender etwa 30 Minuten bei 125 bis 130 °C getempert. Die Vicat-Erweichungstemperatur der hier verwendeten hochviskosen und verzweigten PC-Blasformtypen liegt bei etwa 150 °C.

Verschiedentlich ist in der Literatur zu finden, dass getemperte Teile erst bei Temperaturen unterhalb von 80 °C aus dem Ofen entnommen werden sollten, dies ist in der Praxis jedoch meist nicht durchführbar. Alternativ zur Ofentemperung werden auch IR-Strahler verwendet. Polycarbonatflaschen lassen sich hierdurch in nur wenigen Minuten bei einem Strahlerabstand von etwa 100 mm tempern. Die Wärmeübertragung erfolgt hier nicht durch Wärmeleitung, sondern durch Absorption der Strahlen, daher erfordern verschiedene Kunststoffe gegebenenfalls IR-Strahler unterschiedlicher Wellenlänge. Obwohl IR-Tempern grundsätzlich materialschonender ist, besteht die Gefahr einer zu hohen Erhitzung der Oberfläche und somit der Deformation.

■ 5.3 Umformen

Thermoplast-Halbzeuge wie Platten lassen sich relativ preisgünstig und auch in geringen Stückzahlen durch Warmformen in Werkstücke mit einfacher Geometrie umwandeln. Das Warmformen wird nicht nur für Verpackungsbehälter, sondern auch für großflächige Formteile wie Kühlschrankinnentüren verwendet. Für Kunststoffbadewannen, Gartenteiche oder kleinere Schwimmbecken stellt das Warmformen die einzige rationelle Fertigungsmöglichkeit dar. Entsprechend große Spritzgießwerkzeuge wären aufgrund der relativ geringen Stückzahlen nicht wirtschaftlich, außerdem wäre aufgrund des für Formteile dieser Größe benötigten

Schließdrucks eine überdimensionale Spritzgießmaschine erforderlich. Komplizierte Geometrien mit Hinterschneidungen lassen sich jedoch durch Warmformen prinzipbedingt nicht herstellen.

Zum Warmformen werden amorphe Thermoplaste knapp oberhalb ihrer Glastemperatur, teilkristalline oberhalb ihrer Kristallitschmelztemperatur erwärmt und durch Biegen oder Prägen in die neue Geometrie umgeformt. Dabei sind Negativ- und Positivverfahren in Gebrauch (Bild 5.17).

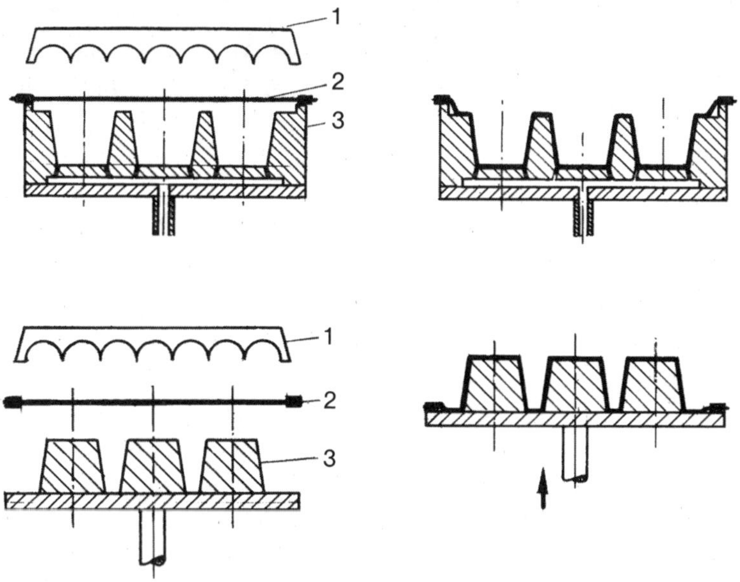

Bild. 5.17 Tiefziehen von Kunststofffolien [2]
oben: Negativformen mit reiner Vakuumtechnik
unten: Positivformen
1: Heizelement
2: Folie im Spannrahmen
3: Werkzeug

Größere Geometrieänderungen erfolgen durch gleichzeitigen Zug oder Druck. Beim sogenannten Tiefziehen bedient man sich eines Vakuums zum Aufbau der benötigten Zugkräfte. In Abhängigkeit vom verwendeten Thermoplasten und den Verfahrensbedingungen treten beim Warmformen Unterschiede in der Wanddickenverteilung auf. Bei modifizierten Verfahren werden daher die Halbzeuge vorgeblasen, umgestülpt und mit einem Stempel vorgestreckt (Bild 5.18).

Gewölbte Scheiben werden hergestellt, indem man Platten durch Infrarotstrahler soweit erwärmt, bis sie erweichen und sich nur durch ihr Eigengewicht der Wölbung einer Metallplatte anpassen. Durch aufgebrachte mechanische Kräfte würde die Planparallelität beeinträchtigt, was optische Verzerrungen zur Folge hätte.

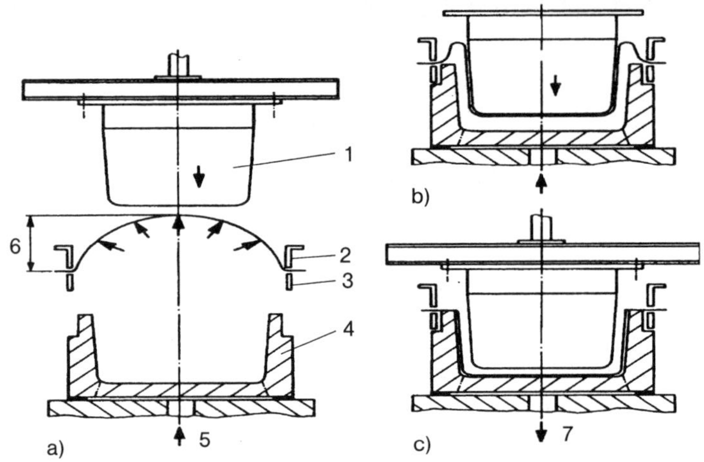

Bild. 5.18 Tiefziehen durch Negativformen mit Vorblasen und Umstülpen [2]
a) bis c) Verfahrensablauf
1: Vorstreckstempel 5: Vorblasluft
2: Oberrahmen 6: Vorblashöhe
3: Unterrahmen 7: Vakuum
4: Werkzeug

Nachteilig beim Warmformen sind die durch das Verstrecken eingefrorenen Spannungen, daher ist die Formstabilität in der Wärme nur gering. Man nutzt dies bei sogenannten Schrumpfschläuchen zur Isolation von Kabelverbindungen praktisch aus: durch Erwärmen ziehen sie sich zusammen und bilden über der Kontaktstelle eine fest sitzende Hülle. Aufgrund des hohen Spannungshaushalts sind warmgeformte Teile im Kontakt mit Lösungsmitteln (z. B. aus Klebstoffen) anfällig für Spannungsrisse. Durch Tempern lassen sich diese Spannungen jedoch reduzieren.

■ 5.4 Fügen

Kunststoffprodukte aus mehreren Teilen oder in Kombination mit Metallen lassen sich oft schon in einem Arbeitsgang, z. B. durch Mehrkomponenten-Spritzguss oder Umspritzen von Metallteilen (Inserts), herstellen. In vielen Fällen ist jedoch das Fügen eine preiswertere oder technologisch bessere Alternative. Beim Fügen wird zwischen lösbaren und unlösbaren Verbindungen unterschieden. Lösbare Verbindungen sind Schrauben und Schnapphaken, unlösbare Verbindungen entstehen durch Schweißen, Kleben und Nieten. Unlösbare Verbindungen sind, wo immer möglich, zu bevorzugen. Schrauben und Nieten erfordern kunststoffgerechtes Konstruieren, um Schäden am Kunststoff zu vermeiden.

5.4.1 Schweißen

Beim Schweißen von Thermoplasten werden die schmelzflüssig gemachten Oberflächen der zu verbinden Teile unter Druck und Scherung zusammengefügt. Hierdurch verknäueln sich die Makromoleküle der miteinander zu verbinden Teile, sodass sie nach der Abkühlung eine sogenannte stoffschlüssige, feste Verbindung bilden. Naturgemäß ist eine solche Verbindungsstelle aufgrund von Eigenspannungen und Orientierungen immer etwas schwächer als eine Stelle in einem homogenen, urgeformten Teil, insbesondere bei faserverstärkten Thermoplasten, da deren Fasern kaum über die Fügefläche hinweggelangen.

Ideale Bedingungen liegen bei chemisch identischen Thermoplasten vor. Man kann jedoch auch verschiedene teilkristalline Kunststoffe miteinander verschweißen, wenn sie Schmelzbereiche bei vergleichbaren Temperaturen haben und die jeweiligen Schmelzeviskositäten nicht zu weit auseinander liegen. Auch die Wärmeausdehnungskoeffizienten und das Schwindungsverhalten spielen hierbei eine wesentliche Rolle. Daher ist es nicht günstig, amorphe und teilkristalline Thermoplaste miteinander zu verschweißen. Elastomere und Duroplaste schmelzen nicht und lassen sich deshalb nicht verschweißen.

Die Wärmezufuhr kann über Heizelemente, Reibung, Ultraschall, Laser oder andere Methoden erfolgen. Heizelemente sind der Form der Fügenaht angepasst und erzeugen hochwertige Schweißnähte aufgrund der relativ langsamen Erwärmung und der damit verbundenen hohen Dicke der geschmolzenen Schichten (Bild 5.19).

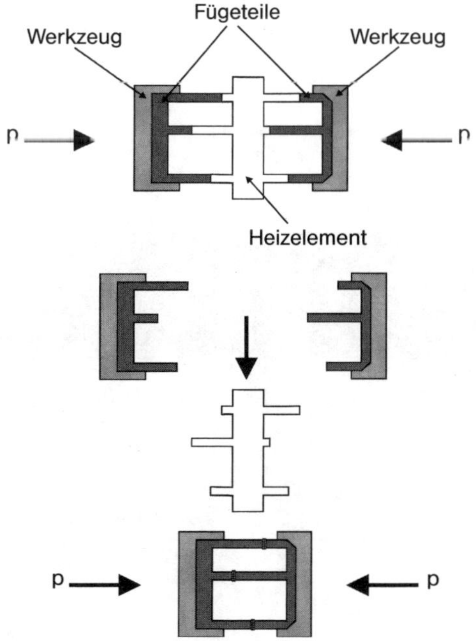

Bild. 5.19 Heizelementschweißen [1]

Bei ebenen Fügeflächen auch größerer Fügeteile kann man die zum Schweißen erforderliche Wärme unmittelbar durch Reibung erzeugen. Dazu ein Fügeteil linear (vor- und rückwärts) oder biaxial (vor-, rück- und seitwärts) gegen das feststehende andere Fügeteil bewegt; einige Verfahren arbeiten auch mit kreisförmiger Bewegung (zirkular). Sobald die erforderliche Temperatur erreicht ist, wird die Bewegung angehalten, die Teile werden unter Druck zusammengefügt. Beim Vibrationsschweißen wird das bewegliche Fügeteil durch induzierte Schwingungen bewegt. Dieses Verfahren erzeugt mechanisch gut belastbare Fügenähte; der verwendete hohe Druck erfordert jedoch steife Fügeteile. Mit dem Vibrationsschweißen prinzipiell verwandt ist das Ultraschallschweißen. Hier werden die Wärme erzeugenden Schwingungen durch Ultraschall über eine sogenannte Sonotrode angeregt. Das Schweißen erfolgt hier nicht nur über äußere, sondern auch über innere Reibung aufgrund der mechanischen Dämpfung der Schallenergie in den Thermoplasten.

Durch Laserschweißen lassen sich Thermoplaste mit hitzeempfindlichen Komponenten, wie etwa elektronischen Bauteilen, verbinden, da die thermische Energie durch Laser hoch fokussiert wird. Mittlerweile hat sich das Laserdurchstrahlschweißen fest etabliert. Hierbei ist ein Fügeteil durchlässig für das Laserlicht, während das andere es absorbiert, wodurch es sich erhitzt und schmilzt. Durch Wärmeleitung schmilzt auch das lasertransparente Fügeteil, somit wird ein fester Verbund erzielt. Allerdings erfordert das Laserdurchstrahlschweißen Spaltmaße unter 0,5 mm. Die Absorption von Laserlicht wird durch spezielle Pigmente eingestellt. Beim Laserschweißen kann die Nahtgeometrie im Unterschied zu allen anderen Verfahren beliebig ausfallen (Bild 5.20).

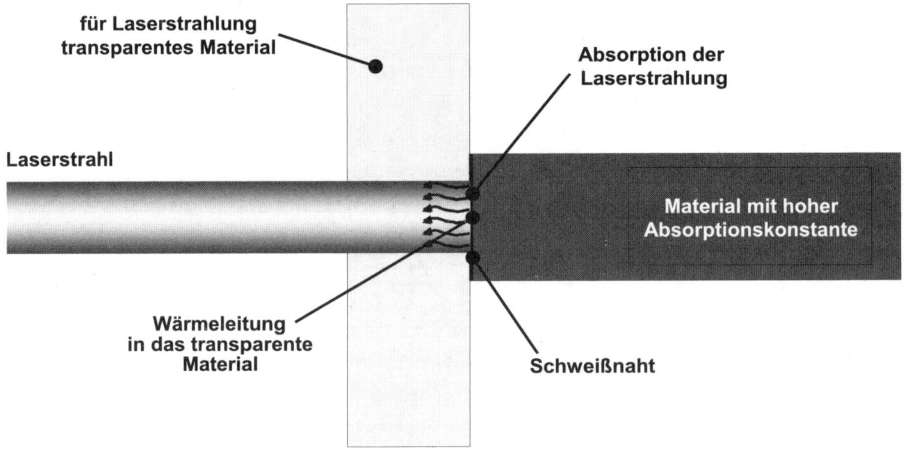

Bild. 5.20 Prinzip des Laserdurchstrahlschweißens [8]

5.4.2 Kleben

Kleben ist ein nicht nur für Thermoplaste, sondern auch für Elastomere und Duroplaste geeignetes Verfahren und gewinnt immer mehr auch für Großserienprodukte an Bedeutung. Es lassen sich auch kleine oder kompliziert gestaltete Formteile verkleben. Die Klebung kann gleichzeitig auch als Abdichtung oder Schwingungsdämpfung funktionieren, insbesondere bei Klebstoffen auf Basis von Kautschuken. Klebverbindungen beruhen auf einer hohen Adhäsion zwischen Klebstoff und Kunststoffoberfläche. Gleichzeitig muss der innere Zusammenhalt des Klebstoffs selbst (Kohäsion) gewährleistet sein. In einigen Fällen werden auch chemische Bindungen zwischen dem Klebstoff und der Kunststoffoberfläche erzielt. Klebstoffe sind üblicherweise flüssig (in Lösungsmittel gelöst oder als Schmelze) oder pastös, um Unebenheiten an den Oberflächen der zu verklebenden Substanzen auszugleichen. Gleichzeitig wird hierdurch die für die Adhäsion oder Reaktion verfügbare Oberfläche maximiert (Bild 5.21).

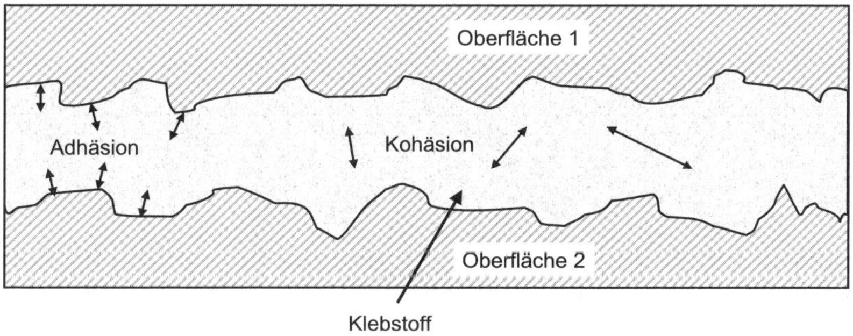

Bild. 5.21 Funktionsprinzip von Kontaktklebstoffen

Zu den sogenannten physikalischen Klebstoffen zählen beispielsweise die kristallisierenden Kontaktklebstoffe auf Basis von Polychloropren, entweder auf Basis von Lösungsmitteln oder von Polychloroprenlatex (wässrigen Kautschukdispersionen). Die Kristallisation des Polychloroprens bewirkt die Kohäsion innerhalb des Klebstoffs. Sie wird so lange verzögert, bis das Lösungsmittel verdunstet ist.

Chemische oder Reaktivklebstoffe basieren beispielsweise auf Epoxidharzen oder Polyurethanen, für kleinflächige Klebverbindungen werden auch Cyanacrylate verwendet. Während ihrer Aushärtung laufen Polymerisations-, Polyadditions- oder Polykondensationsreaktionen ab. Die chemische Reaktion kann dabei durch Zusatz von speziellen Härtern, Temperaturerhöhung, UV-Licht oder andere Einflüsse angeregt werden. Solche Mehrkomponentensysteme erfordern genaues Dosieren und erlauben nach dem Zusammenmischen nur eine relativ kurze Verarbeitungszeit ("Topfzeit").

Fügeteile aus dem gleichen Kunststoff, insbesondere amorphe Thermoplaste, lassen sich auch durch Anlösen mit geeigneten Lösungsmitteln und Zusammenpressen verkleben. Dabei diffundieren (wandern) Makromoleküle über die Grenzflächen der Fügeteile und verknäueln sich dort. Man nennt dieses Verfahren auch Kaltschweißen oder Diffusionsverklebung. Der Nachteil liegt in einer möglichen Bildung von Spannungsrissen. Polare oder lösliche Kunststoffe sind im Allgemeinen besser verklebbar als unpolare und unlösliche. Insbesondere Polyolefine, PTFE und Silikonkunststoffe lassen sich kaum verkleben. In vielen Fällen müssen die Oberflächen vorbehandelt werden, entweder mechanisch (Vergrößerung der Oberfläche durch Aufrauhen) oder chemisch durch Anoxidieren, Beizen oder spezielle Grundierungen (Primer).

5.4.3 Nieten

Kunststoffe lassen sich durch Nieten aus Kupfer, Messing oder Aluminium miteinander verbinden. Es ist hier aber zu berücksichtigen, dass eine zu hohe mechanische Kraft beim Verformen der Nieten die Bruch- und Rissempfindlichkeit des Kunststoffs übersteigen kann. Beim sogenannten Heißnieten erfolgt die mechanische Verbindung über einen Thermoplast. Dieser wird zunächst als Zapfen ausgeformt, erwärmt und durch den Nietstempel plastisch verformt. Insbesondere amorphe Thermoplaste neigen jedoch zur Ausbildung von Fäden, daher muss der Nietstempel kalt sein, um ein Anhaften zu vermeiden. Weiterhin sollte der Nietstempel eine möglichst glatte Oberfläche haben, da sich Unebenheiten auf die Kunststoffoberfläche übertragen und lokale Spannungsspitzen begünstigen (Gefahr der Spannungsrisskorrosion).

5.4.4 Schrauben

Übliche metrische Schrauben erfordern einen für Kunststoffe zu hohen Elastizitätsmodul und würden beim Festziehen die Gewindeflanken im Schraubdom abscheren. Daher werden bevorzugt selbstschneidende Schrauben mit spitzen Flankenwinkeln, kleinen Kerndurchmessern und großen Gewindesteigungen eingesetzt. Allerdings ist bei amorphen Thermoplasten die höhere Kerbempfindlichkeit zu berücksichtigen. Soll eine Schraubverbindung häufig gelöst werden, etwa zu Wartungszwecken, oder sollten aufgrund höherer Anzugsmomente metrische Schrauben erforderlich sein, müssen Metallinserts verwendet werden, z. B. in Form von Hohlzylindern für eine Verbindung über Schrauben und Muttern oder als Metallbuchsen mit Innengewinden. Diese werden oft geringfügig länger als die Dicke der zu verschraubenden Wand ausgelegt, dadurch nimmt das Metall die

Kraft der Verschraubung auf und es entstehen keine Spannungsrisse am Kunststoffteil. Aufgrund der gleichmäßigeren Spannungsverteilung beim Anziehen dürfen bei allen Verschraubungen nur Flachkopfschrauben verwendet werden.

5.4.5 Schnappverbindungen

Bei vielen Bauteilen stellen Schnappverbindungen eine kostengünstige Verbindungsmöglichkeit dar. Hierbei wird ein Haken oder Wulst eines Fügeteils kurzfristig ausgelenkt und rastet in eine entsprechende Vertiefung des anderen Fügeteils ein, die durch eine entsprechende Hinterschneidung im Werkzeug erzeugt wurde. Schnapphaken werden je nach Geometrie sowohl für lösbare als auch unlösbare Verbindungen verwendet. Im eingerasteten Zustand sind sie in der Regel nicht auf Dehnung beansprucht, da Thermoplaste unter mechanischer Belastung zum Fließen neigen. Erst beim Ein- und Aushaken unterliegen Schnappverbindungen einer Dehnungsbeanspruchung. Daher ist bei der Formteilgestaltung und Werkzeugauslegung die Bruchdehnung des jeweiligen Thermoplasten zu berücksichtigen, um bleibende Deformationen oder Bruch zu vermeiden, insbesondere bei glasfaserverstärkten Produkten. Hierzu ist bereits spezielle Software verfügbar. Beispiele verschiedener Schnappverbindungen zeigen die Bilder 5.22 bis 5.24.

Kunststoffbauteile, die durch Schrauben, Nieten oder Schnappverbindungen mit anderen Bauteilen kombiniert werden, sind nicht vollständig dicht. Zur Abdichtung oder zur Dämpfung von Vibrationen werden oft Dichtelemente aus Elastomeren oder thermoplastischen Elastomeren verwendet. Insbesondere die chemisch vernetzten Elastomere enthalten in der Regel verfahrensbedingt Weichmacher und andere Komponenten. Diese sind nicht immer mit den zu verbindenden Kunststoffteilen verträglich und führen gegebenenfalls durch Migration zu Spannungsrissen.

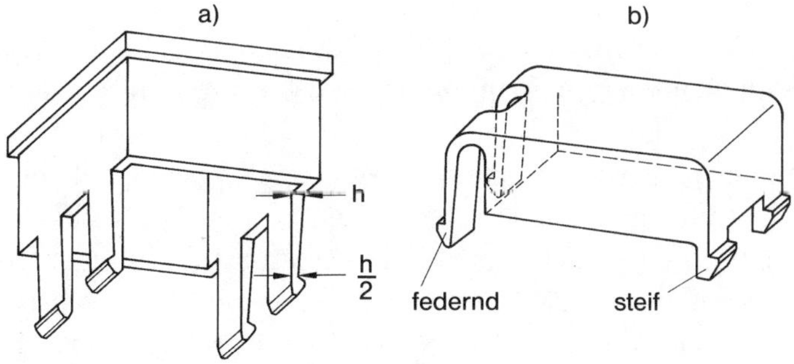

Bild. 5.22 Beispiele für Bauteile mit Schnapphaken [9]

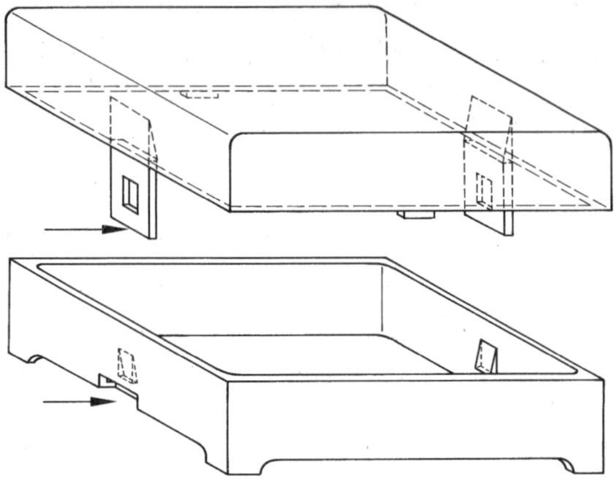

Bild. 5.23 Lösbare Schnappverbindung einer Chassis-Abdeckung [9]

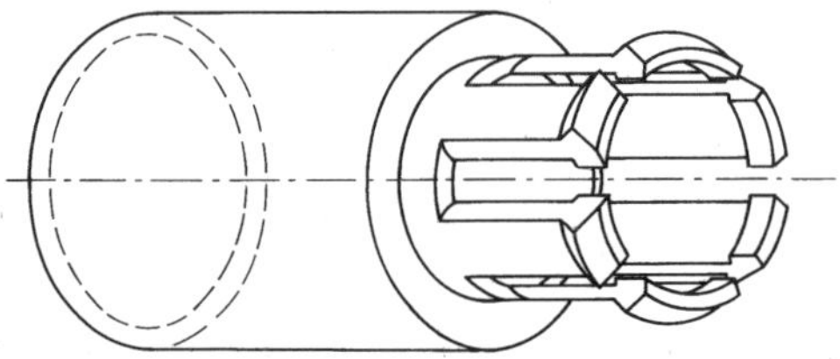

Bild. 5.24 Unterbrochene Ringschnappverbindung [9]

5.5 Veredelung

Das Veredeln von Kunststoffen umfasst einfache mechanische Methoden wie Polieren oder Mattieren, Prägen durch Kalandrieren, weiterhin Bedrucken und Lackieren, Laserbeschriftung, Beflocken sowie Metall- oder Plasmabeschichtungen. Lackierungen dienen nicht nur der Farbgebung, sondern auch zum Schutz vor UV-Licht oder Kratzern; zur Verminderung der elektrostatischen Aufladung verwendet man Leitlacke.

Es ist jedoch zu beachten, dass die in vielen Farben enthaltenen Lösungsmittel den Kunststoff anquellen oder zu Spannungsrissen führen. Außerdem müssen Härte, Dehnung und Temperaturverhalten der Lacke auf die Kunststoffe abgestimmt sein. So reduzieren beispielsweise zu harte Lacke die Schlagzähigkeit von Kunststoffen erheblich. Weiterhin sind die unterschiedlichen Ausdehnungskoeffizienten von Lacken und Kunststoff zu berücksichtigen. Die Oberfläche von unpolaren Kunststoffen wie den Polyolefinen, POM oder PTFE, muss zum Bedrucken oder Lackieren vorbehandelt werden. Hierzu sind verschiedene Technologien im Einsatz, von Oxidation durch Beflammung über elektrische Entladung bis zu chemischer Vorbehandlung.

Dauerhafte Beschriftungen und Gravuren sind mit Nd-YAG- oder CO_2-Lasern erzielbar. Neben einer Absorptionsfähigkeit für die vom Laser ausgesendete Wellenlänge (Nd-YAG: 1.064 nm, CO_2: 10,6 µm) sind für optimale Kontraste spezielle Pigmente erforderlich. Dekorative, textilähnliche Oberflächen lassen sich durch Beflocken mit Natur- oder Kunstfasern erzielen. Hierzu werden die Kunststoffe nach Auftrag eines Klebstoffs elektrostatisch aufgeladen und mit kurz geschnittenen Fasern beschichtet.

Für optische Effekte bis hin zur Lichtreflexion, zur Erhöhung der elektrischen Leitfähigkeit oder zur elektromagnetischen Abschirmung werden Kunststoffe metallisiert. Dazu werden im Vakuum verdampfte Metallpartikel auf speziell vorbehandelte Kunststoffoberflächen abgeschieden. Die auf diese Weise erzielte Metallschicht ist nur etwa 0,1 – 1 µm dick und kratzempfindlich, sie muss durch einen Decklack geschützt werden. Eine wesentlich bessere Haftung und Schichtdicken zwischen 50 und 100 µm bietet das Galvanisieren (Electroplating) von Kunststoffen, das insbesondere bei ABS eine hohe wirtschaftliche Bedeutung erlangt hat. Hierbei werden im ersten Schritt Polybutadienteilchen durch Ätzen aus der Oberfläche herausgelöst; die entstandenen Lücken bieten mechanische Verankerungen für die Metallpartikel. Vor der elektrochemischen Abscheidung müssen die entstandenen Oberflächen jedoch auf nasschemischem Weg mit einer leitfähigen Kupfer- oder Nickelschicht überzogen werden. Die meist verchromten Kunststoffteile lassen sich mit Ausnahme ihres Gewichtes kaum von entsprechenden Metallteilen unterscheiden. Neben ABS (und dessen Blends, vor allem mit Polycarbonat) lassen sich auch PP und PSU galvanisieren.

Durch Plasmabeschichtung lassen sich sehr dünne Glasschichten auf die Oberfläche beispielsweise von Getränkeflaschen auftragen. Solche Flaschen weisen gegenüber unbeschichteten eine deutlich geringere Gaspermeation auf. Dieses Verfahren wird zum Beispiel bei PET-Getränkeflaschen angewendet.

Literatur

1 Bonten, C.: Kunststofftechnik für Designer. München: Hanser 2003

2 Braun, D.: Kunststofftechnik für Einsteiger. München: Hanser 2003

3 Greif, H.; Limper, A.; Fattmann, G.; Seibel, S.: Technologie der Extrusion. München: Hanser 2004

4 Johannaber, F.; Michaeli, W.: Handbuch Spritzgießen. München: Hanser 2004

5 Johannaber, F.: Kunststoff-Maschinenführer. München: Hanser 2004

6 Kaiser, W.: Kunststoffchemie für Ingenieure. München: Hanser 2006

7 Michaeli, W.: Einführung in die Kunststoffverarbeitung. München: Hanser 2006

8 Potente, H.: Fügen von Kunststoffen. München: Hanser 2004

9 Saechtling, H.-J.: Kunststoff-Taschenbuch. München: Hanser 2007

6 Kennwerte von Thermoplasten

Die fehlerfreie Verarbeitung von Thermoplasten erfordert die Kenntnis rheologischer Werte, wie Schmelzindex und Schwindung. Zur Abschätzung der Eigenschaften von Fertigteilen dienen mechanische und thermische Kennwerte sowie Informationen zum Brandverhalten, zur elektrischen Leitfähigkeit und andere. Zur besseren Vergleichbarkeit werden diese Kennwerte an standardisierten Prüfkörpern und unter festgelegten Prüfbedingungen ermittelt. Hierzu kommen nationale und internationale Normen zur Anwendung, wobei viele internationale Normen Eingang in nationale Normen gefunden haben. Für Thermoplaste werden vorwiegend Prüfungen nach ISO (International Organization for Standardization) verwendet. Die wichtigsten Kennwerte wurden in der Norm ISO 10350 international vereinbart und sind üblicherweise in den von den jeweiligen Herstellern publizierten Produktdatenblättern enthalten. Die Datenbank CAMPUS (www.campusplastics.com) bietet Kennwerte und Diagramme für eine Reihe von Thermoplasten verschiedener Hersteller.

Allerdings sind aufgrund der abweichenden Geometrie teilweise deutliche Unterschiede zwischen Messwerten an genormten Prüfkörpern und Fertigteilen möglich. Auch die Gestaltung der Spritzgießwerkzeuge sowie die Verfahrensbedingungen haben wesentlichen Einfluss auf die Kennwerte von Thermoplasten. Es sei darauf hingewiesen, dass sich Angaben in Produktdatenblättern meist auf nicht eingefärbte Produkte beziehen. Je nach Art und Menge der bei eingefärbten Produkten verwendeten Farbmittel sind Abweichungen der Kennwerte gegenüber nicht eingefärbten Produkten möglich. Besonders bei Werkstoffen, die mit Mineralfüllstoffen oder Fasern verstärkt wurden, treten je nach Anteil des Füllstoffs teilweise erhebliche Abweichungen im Vergleich zu nicht gefüllten Produkten auf, daher werden für solche Produkte oft separate Datenblätter erstellt. Eine Auswahl wichtiger Kennwerte soll im Folgenden erläutert werden.

6.1 Rheologische Eigenschaften

6.1.1 Schmelzindex (MVR, MFR), ISO 1133

Der Schmelzindex gibt Auskunft über die Zähigkeit (Viskosität) der Thermoplastschmelze bei gegebener Verarbeitungstemperatur. Niedrige Viskositäten bedeuten hohe Fließfähigkeit und sind für schnelle Verarbeitungsverfahren wie das Spritzgießen günstig. Hohe Viskositäten eignen sich dagegen aufgrund der besseren Schmelzestandfestigkeit für Verfahren wie Extrusion und Blasformen. Da Thermoplaste durch ihre geringe Wärmeleitfähigkeit relativ langsam abkühlen, würden sich aus leicht fließenden Materialien hergestellte Extrudate wie Platten oder Blasformfolien im noch fließfähigen Zustand unter dem eigenen Gewicht verformen. Daher werden für Extrusion und Blasformen besonders hochviskose Typen oder solche mit Verzweigungen der Polymerketten verwendet.

Die Viskosität wird primär über die Kettenlänge der Makromoleküle eingestellt. Mit steigender Kettenlänge nehmen also Viskosität, mechanische Eigenschaften, Spannungsrissbeständigkeit (amorphe Thermoplaste) und Wärmeformbeständigkeit zu. Daher kann bei entsprechenden Anforderungen auch für das Spritzgießen ein relativ hochmolekularer Typ erforderlich sein. Allerdings lassen sich die Makromoleküle in der Praxis nicht beliebig verlängern; bei zu langen Ketten übersteigt die zum Verarbeiten erforderliche Schmelztemperatur die thermische Belastungsgrenze. In solchen Fällen werden oft spezielle Copolymere verwendet.

Die Schmelzeviskosität wird als Schmelze-Masse-Fließrate (MFR) oder Schmelze-Volumen-Fließrate (MVR) ausgedrückt, die allgemeine Bezeichnung lautet Schmelzindex.

Bei der Prüfung wird eine Thermoplastschmelze bei Verarbeitungstemperatur mit definierter Kraft durch eine genormte Düse gepresst. Als MFR oder MVR wird die Masse oder das Volumen angegeben, das innerhalb von 10 Minuten durch die Düse hindurchtritt.

6.1.2 Schwindung, ISO 294

Beim Abkühlen einer Flüssigkeit sowie beim Erstarren steigt die Dichte an, das Volumen verringert sich (Ausnahme: Wasser, größte Dichte bei 4 °C). Die Volumenkontraktion beim Erstarren von Polymerschmelzen sowie die bei teilkristallinen Thermoplasten einsetzende Kristallisation führen zur Verarbeitungsschwindung. Sie ist stark von den Verfahrensparametern abhängig. Durch Nachkristallisation, Retardation oder chemische Reaktionen tritt zusätzlich nach längerer Zeit Nachschwindung auf. Die Schwindung wird anhand einer Prüfplatte mit Messmarkierungen durch Vergleich mit den entsprechenden Abmessungen im Werkzeug ermittelt. Die Schwindung ist anisotrop, quer zur Fließrichtung ist sie höher als in Fließrichtung.

6.2 Mechanische Eigenschaften

6.2.1 Zugversuch, ISO 527

Der Zugversuch ist die klassische Methode zur Bestimmung grundlegender mechanischer Eigenschaften. Dabei wird ein genormter Prüfstab zunehmend bis zum Bruch gedehnt. Kraft und Probenlänge werden kontinuierlich aufgezeichnet und in einem Diagramm wiedergegeben. Die beim Dehnen auftretende Einschnürung führt zu einer Verringerung der Probenquerschnittfläche A, daher werden Zugkraft F und Probenlänge l durch die Zugspannung σ und die Dehnung ε ersetzt. Dabei ist die Spannung σ als Quotient aus der Kraft F und der Fläche A definiert, die Dehnung ε ist das Verhältnis von Messlänge l zur Ausgangslänge l_0.

Aus diesen Spannungs-Dehnungs-Kurven werden charakteristische Kennwerte wie Streckgrenze, Zugmodul (Elastizitätsmodul), Zugfestigkeit und Bruchdehnung ermittelt. Kunststoffe verhalten sich jedoch bezüglich ihres Spannungs-Dehnungs-Verhaltens nicht linear, daher wird definitionsgemäß der Bereich zwischen 0,05 und 0,25 % Dehnung für die Ermittlung des Elastizitätsmoduls verwendet.

6.2.2 Schlag-und Kerbschlagbiegeversuch, ISO 179 (Charpy)/ ISO 180 (Izod)

Schlag-und Kerbschlagbiegeversuche geben Aufschluss über die Zähigkeit von Thermoplasten. Dabei werden die Proben durch ein Pendelschlagwerk auf Biegung beansprucht. Aufgrund unterschiedlicher Anordnung und Geometrien der Probekörper sind die nach den verschiedenen Normen erhaltenen Prüfergebnisse nicht vergleichbar. Wird die Schlag-oder Kerbschlagzähigkeit unterschiedlicher Kunststoffe mit verschiedenen Verfahren geprüft, ergeben sich außerdem nicht identische Reihenfolgen.

Allerdings weisen gekerbte Proben generell eine deutlich geringere Schlagfestigkeit als ungekerbte Proben auf. Dies ist beispielsweise von Bedeutung, wenn Formteile sprunghafte Änderungen der Wanddicke aufweisen, nachträglich mechanisch bearbeitet werden (schrauben, bohren) oder aufgrund nicht optimaler Verarbeitung oder Werkzeuggestaltung Kerben enthalten, die zu Spannungsspitzen führen.

Dies kann auch bei schlagzähen Kunststoffen, wie etwa Polycarbonat, zu Sprödbrüchen führen.

Auch mit immer tieferen Temperaturen nimmt die Sprödigkeit von Kunststoffen zu. Die meist bei Raumtemperatur sowie bei - 30 °C durchgeführten Messungen sind sogenannte Ein-Punkt-Prüfungen und eignen sich in dieser Form daher lediglich für Vergleiche verschiedener Materialien, wobei deren Reihenfolge auch vom Prüfverfahren abhängt. Soll bei einem bestimmten Kunststoff der Übergang von zähem zu sprödem Verhalten genau ermittelt werden, sind Messungen bei verschiedenen Temperaturen erforderlich.

6.3 Thermische Kennwerte

Die Gebrauchstemperatur eines Thermoplasten hängt neben dessen Aufbau und Zusammensetzung von der Höhe der mechanischen Beanspruchung und der Dauer der Temperatureinwirkung ab. Dementsprechend führen niedrige mechanische Belastungen und kurze Beanspruchungszeiten zu höheren Gebrauchstemperaturen als hohe mechanische Belastungen und lange Beanspruchungszeiten. Die bei der Beschreibung der einzelnen Kunststoffe angegeben Gebrauchstemperaturen sind oft Idealwerte, bei denen das jeweilige Produkt keiner wesentlichen mechanischen Beanspruchung ausgesetzt ist und noch seine Formbeständigkeit behält. In der Praxis wird oft als grobe Schätzung eine Temperatur etwa 20 K unterhalb der Glasübergangstemperatur als höchste Dauergebrauchstemperatur angenommen.

Auch die durch verschiedene Prüfmethoden ermittelte Formbeständigkeitstemperatur lässt keine zuverlässige Aussage über die Dauergebrauchstemperatur zu. Zur Bestimmung der Formbeständigkeit in der Wärme werden hauptsächlich die Prüfung nach Vicat (ISO 306) sowie die Heat Distortion Temperature (HDT, ISO 75) herangezogen. Die Formbeständigkeitstemperatur ist dann erreicht, wenn eine Probe unter einer bestimmten Last eine definierte Deformation erreicht hat. So ist die Vicat-Erweichungstemperatur diejenige Temperatur, bei der eine mit einem Gewicht belastete Nadel mit einer Querschnittsfläche von 1 mm^2 um einen Millimeter in eine kontinuierlich aufgeheizte Probe eingedrungen ist. Prüfungsvarianten sind Aufheizgeschwindigkeit und Belastung. Bei der Ermittlung der HDT wird eine ebenfalls kontinuierlich aufgeheizte Probe bis zum Erreichen einer bestimmten Biegung mit definierter Kraft durchgebogen.

Eine spezielle Variante zur Bestimmung der Wärmeformbeständigkeit ist die in der Elektroindustrie häufig spezifizierte Prüfung der Kugeleindrucktemperatur. Hierbei wird die Temperatur ermittelt, bei der eine mit konstanter Last beaufschlagte Kugel einen Eindruck von nicht größer als 2 mm Durchmesser in der

Oberfläche eines Thermoplasten hinterlässt, üblicherweise werden mindestens 125 °C gefordert.

Im Vergleich zu diesen Methoden ergibt der relative Temperaturindex (RTI nach UL 746) deutlich niedrigere Formbeständigkeitstemperaturen. Der RTI gibt die Temperatur an, bei der - auf eine Betriebsdauer von 100.000 Stunden extrapoliert - mechanische und elektrische Materialeigenschaften noch 50 % der ungealterten Werte erreichen.

Die genauesten Angaben zum Gebrauchstemperaturbereich erhält man jedoch aus dem Verlauf des Schubmoduls mit der Temperatur.

6.4 Brandverhalten

Das Brandverhalten von Kunststoffen ist vor allem bei Anwendungen in Gebäuden oder Fahrzeugen sowie in der Elektrotechnik ein wichtiges Kriterium. Bei Gebäuden wird in der Regel die Prüfung nach DIN 4102-1 an Fertigteilen gefordert. Im Fahrzeugsektor und in der Elektrotechnik kommen je nach Einsatzgebiet eine Vielzahl unterschiedlicher Fertigteilprüfungen zum Einsatz. Es ist daher für den Polymerhersteller nicht möglich, für jedes Material alle in Frage kommenden Prüfungen durchzuführen. Stattdessen werden auf Rohmaterialien zugeschnittene standardisierte Prüfungen der Underwriter Laboratories (UL) durchgeführt. So werden nach der Prüfnorm UL 94 Prüfkörper auf verschiedene Weise unter definierten Bedingungen beflammt. Die Einstufung in unterschiedliche Kategorien erfolgt unter anderem über die Brenndauer nach der Beflammung, die abgebrannte Strecke sowie abtropfendem Material.

Eine weitere bei Kunststoffen häufig angewendete Methode ist die Prüfung auf Entflammung durch einen Glühdraht (GWFI - Glow-wire-flammability oder GWIT - Glow-wire-ignitability) bei unterschiedlichen Temperaturen (IEC 60695-2-12 und IEC 60695-2-13).

6.5 Elektrische Prüfungen

Obwohl fast alle Kunststoffe Nichtleiter sind, gibt es doch individuelle Unterschiede, die für die Verwendung als elektrisches Isoliermaterial entscheidend sind. Wichtige Kenngrößen sind daher beispielsweise Oberflächen- und Durchgangswiderstand (IEC 60093). Sie werden durch Anlegen einer elektrischen Spannung an zwei Elektroden, die sich entweder auf der gleichen oder auf unterschiedlichen Seiten einer Probe befinden, gemessen. Eine andere wichtige Prüfung ist die Ermittlung der Kriechstromfestigkeit nach IEC 60112. Hierbei werden spezielle wässrige Prüfflüssigkeiten zwischen zwei unter hoher elektrischer Spannung stehenden Elektroden auf die Prüfplatte getropft. Hiermit wird die Bildung von Erosionspfaden überprüft, da elektrische Entladungen in der Lage sind, Isolierstoffe von der Oberfläche abzutragen. Oft wird auch die Permittivität (früher Dielektrizitätszahl, IEC 60250) ermittelt. Sie ist ein Maß für die vom Kunststoff in einem wechselnden elektrischen Feld umgewandelte Energie und damit für die entsprechende Aufheizung.

In letzter Zeit wird bei elektronischen Geräten die Prüfung auf elektromagnetische Verträglichkeit (EMV) immer bedeutender, da aufgrund ihrer rasch wachsenden Anzahl eine gegenseitige Störung nicht immer auszuschließen ist. Die erforderliche Abschirmung wird traditionell durch Metallgehäuse, zunehmend aber auch durch galvanisierte Kunststoffoberflächen erzielt.

■ 6.6 Sonstige Kennwerte

6.6.1 Härte

Die Härte ist der Widerstand gegen das Eindringen fester Körper in einen Werkstoff. Sie ist ein charakteristischer Kennwert für Elastomere und thermoplastische Elastomere und wird in Shore Einheiten von 0 bis 100 angegeben (ISO 868). Dabei wird entweder ein durch eine Feder belasteter stumpfer Kegel (Shore A) oder eine Nadel mit kugelförmiger Spitze (Shore D) in das Material eingedrückt. Je tiefer der Eindruck, desto niedriger die Härte. Im Prinzip ähnelt die Shore-Prüfung den bei Metallen üblichen Verfahren, etwa der Brinell-Härte, allerdings werden Kunststoffe mit wesentlich geringeren Kräften belastet, da sie weicher sind als die meisten Metalle. Für die Verwendbarkeit von Thermoplasten oder Duroplasten spielt die Härte praktisch keine Rolle. In einigen Fällen wird die Kugeldruckhärte nach Rockwell (ISO 2039-2) angegeben.

6.6.2 Druckverformungsrest (ISO 815)

Unter dem Druckverformungsrest versteht man die verbleibende Änderung der ursprünglichen Probenhöhe nach Entlastung von einer Druckbeanspruchung. Es ist eine charakteristische Kenngröße für Elastomere und thermoplastische Elastomere, bei letzteren jedoch nur bei niedrigen Temperaturen sinnvoll. Geringe Werte (in der Regel unterhalb von 20 %) werden insbesondere für Dichtungen verlangt. Bei den chemisch vernetzten Elastomeren wird die Prüfung üblicherweise bei höheren Temperaturen (meist 70 oder 100 °C) durchgeführt, um Abschätzungen über das Langzeitverhalten zu ermöglichen. Eine weitere Verschärfung stellt die Prüfung in Ölen oder anderen Medien dar.

6.6.3 Dauerschwingversuch (DIN 53442)

Die dynamische Belastbarkeit von Werkstoffen wird im Dauerschwingversuch ermittelt. Dabei wird eine Probe bis zum Bruch wechselnd verformt. In Abhängigkeit von Art und Höhe der Beanspruchung (Zug, Druck, Biegung, Vorlast, Frequenz) und Umweltbedingungen (Temperatur, Luftfeuchte, Chemikalieneinflüsse) ergibt sich eine bestimmte maximale Anzahl von Biegungen ("Schwingspielen") bis zum Bruch, die sogenannte Bruchlastspielzahl. Man trägt sie in der sogenannten Wöhlerkurve gegen die Höhe der Beanspruchung auf und kann so die Lebensdauer von Bauteilen bei dynamischer Beanspruchung abschätzen. Der Dauerschwingversuch ist ein wichtiges Prüfverfahren für Elastomere, wird aber gelegentlich auch bei Thermoplasten nachgefragt, etwa, wenn Bauteile im praktischen Einsatz Schwingungen ausgesetzt sind (z. B. Karosserieteile).

Literatur

1 Grellmann, W.; Seidler, S.: Kunststoffprüfung. München: Hanser 2005

2 Menges, G.; Haberstroh, E.; Michaeli, W.; Schmachtenberg, E.: Werkstoffkunde Kunststoffe. München: Hanser 2002

3 Saechtling, H.-J.: Kunststoff-Taschenbuch. München: Hanser 2007

7 Kunststoffe und Umwelt

Im Fahrzeugbau tragen Kunststoffe, die Bauteile aus Metall ersetzen, durch ihre geringe Dichte zur Einsparung von Kraftstoff und damit reduziertem Ausstoß von Kohlendioxid und anderen Schadstoffen bei. Bei modernen Bauten bewirken Dämmwerkstoffe aus Kunststoff einen geringeren Bedarf an Heizbrennstoffen und damit weniger Emissionen. Verpackungen aus Kunststoff benötigen aufgrund ihres geringen Gewichtes weniger Energie zum Transport als solche aus Metall oder Glas.

Allerdings stellt sich auch die Frage nach der Entsorgung von gebrauchten Kunststoffen. Da die meisten Polymere weder korrodieren noch von Mikroorganismen abgebaut werden, verbleiben sie über lange Zeiträume in der Umwelt, sofern sie nicht fachgerecht entsorgt wurden. Seit mehreren Jahren gibt es bereits UV-empfindliche Polymere für Tragetaschen und ähnliche Einwegverpackungen; der Zerfall durch UV-Licht führt aber nur zur Polymerkettenspaltung und nicht zur vollständigen Umsetzung in Kohlendioxid und Wasser. Während Produktionsabfälle bereits beim Hersteller soweit wie möglich wiederverwertet werden, bleibt für in Verkehr gebrachte Kunststoffe nur das werkstoffliche, rohstoffliche oder thermische Recycling. Hierbei treten jedoch mehrere Probleme gleichzeitig auf: kleine Kunststoffartikel lassen sich kaum wirtschaftlich sammeln und wiederverwerten. Duroplaste und Elastomere lassen sich nicht aufschmelzen und umformen. Viele Artikel sind nicht sortenrein, es handelt sich also um Verbundwerkstoffe aus unterschiedlichen Kunststoffen oder Kunststoffen mit anderen Werkstoffen wie Metall oder Papier (besonders im Verpackungsbereich). Zudem sind viele Kunststoffe eingefärbt oder enthalten Additive wie etwa Flammschutzmittel oder Weichmacher. Diese werden in der Natur nicht abgebaut und stellen eine weitere Belastung dar.

Sortenreine Thermoplaste lassen sich zwar nach Granulieren wieder durch die üblichen Verarbeitungsmethoden zu neuen Artikeln formen (werkstoffliches Recycling), allerdings setzt mit jedem erneuten Aufschmelzen bei den zur Verarbeitung erforderlichen Temperaturen langsam, aber sicher thermische Zersetzung ein, was sich in einer Verfärbung und deutlicher Reduktion der mechanischen Eigenschaften bemerkbar macht. Hinzu kommt, dass auch bei gleichem Thermoplastgrundgerüst die Abfälle hinsichtlich ihrer Schmelzindices inhomogen sind, was sich negativ auf Verarbeitung und mechanische Eigenschaften der Rezyklate auswirkt. Dies lässt eine Verwendung solcher Abfälle nur für Produkte ohne hohe Qualitätsanforderungen zu.

Eine Alternative stellen die Zumischung von Rezyklaten zu Neuware sowie der Zusatz von Füllstoffen und anderen Additiven dar. Hierdurch werden Produkte mit akzeptablem Qualitätsniveau erhalten.

Beim rohstofflichen Recycling werden die Makromoleküle der Kunststoffe über chemische Verfahren wie Hydrierung, Pyrolyse oder Hydrolyse in niedermolekulare Stoffe gespalten, die sich in Raffinerien als Ausgangsprodukte für Treibstoffe verwenden lassen. Die chemische Umwandlung in kurzkettige Kohlenwasserstoffe als Rohstoffbasis für neue Kunststoffe ist derzeit noch unwirtschaftlich. Allerdings lassen sich sortenreine Thermoplaste auf diesem Weg zu neuen Gebrauchsgegenständen verarbeiten. So werden etwa PET-Flaschen zu Polyester-Fleecestoffen aufgearbeitet.

Vor allem bei inhomogenen Kunststoffabfällen bleibt letztendlich oft nur das thermische Recycling, bei dem die Abfälle aufgrund ihres hohen Heizwertes als Brennstoffe beispielsweise für Hochöfen in der Stahlindustrie oder für Zementwerke dienen.

Im Zuge der aufkommenden Diskussion um schwindende Erdölvorräte stellt sich auch die Frage nach der Zukunft der erdölbasierten Kunststoffe. Einfache Polyolefine wie PE und PP stammen in der Tat relativ direkt vom Erdöl ab; die Herstellung der leistungsfähigeren technischen Kunststoffe erfordert aber etliche Zwischenschritte. Ihre rohstoffliche und preisliche Abhängigkeit vom Erdöl ist eher indirekt und hauptsächlich durch die zum Betrieb der Anlagen erforderliche Energie bestimmt. Dazu kommt, dass die chemische Industrie aufgrund der Vielzahl an Reaktionen gerade der organischen Chemie gut rohstoffvernetzt ist, sodass viele Rohstoffe auf verschiedenen Wegen zur Verfügung stehen. Der überwiegende Teil des Erdöls wird schlichtweg verbrannt, nur etwa 5% werden für die Produktion von Kunststoffen benötigt. Derzeit liegt die sogenannte statistische Reichweite der weltweiten Erdölvorräte zwischen 40 und 45 Jahren; andere Prognosen sagen ein Produktionsmaximum um das Jahr 2050 mit anschließendem starkem Rückgang der Förderung voraus. Selbst wenn diese Vorräte zur Neige gehen sollten, bleiben der chemischen Industrie noch andere Rohstoffquellen, etwa die Ausbeutung von Ölsanden oder die Kohleverflüssigung (wie sie in Südafrika bereits heute für die Benzinherstellung benutzt wird).

Bei Erdöl ist auch immer zu bedenken, dass der Preis nicht nur von Angebot und Nachfrage, sondern auch von Spekulanten mitbestimmt wird, die mit einem Preisanstieg durch den zu erwartenden höheren Verbrauch in Staaten wie China rechnen. Steigt allerdings der Preis über eine bestimmte Schwelle, kommen auch andere, in den bisherigen Rechnungen nicht berücksichtigte Erdölvorkommen hinzu, deren Erschließung bisher zu teuer ist. Ähnliches gilt für alternative Verfahren zur Rohstofferzeugung.

Da allerdings die in Erdöl enthaltenen Aromaten wertvolle Rohstoffe nicht nur für die chemische, sondern auch für die pharmazeutische Industrie sind, und sich derzeit nicht im industriellen Maßstab aus anderen Materialien synthetisieren lassen, sollte die Verbrennung von Erdöl (und Erdgas) im bisherigen Stil überdacht werden.

In den letzten Jahrzehnten wurde die Entwicklung von Polymeren auf natürlicher Basis anstelle von fossilen Rohstoffen forciert. Insbesondere die Verpackungsindustrie, die den größten Anteil des Kunststoffbedarfs stellt, baut zunehmend auf Polymere natürlichen Ursprungs.

Literatur

1 Bundesanstalt für Geowissenschaften und Rohstoffe (BGR): Energierohstoffe 2009 Teil 3, http://www.bgr.bund.de, aufgerufen am 19.8.2013

8 Übersichtstabellen

Tabelle 8.1 Kurzzeichen für Kunststoffe

Kurzzeichen	Bezeichnung
ABS	Acrylnitril-Butadien-Styrol
AES	Acrylnitril-Ethylen-Propylen-Dien-Styrol
ASA	Acrylnitril-Styrol-Acrylat
CA	Celluloseacetat
CAB	Celluloseacetobutyrat
CAP	Celluloseacetopropionat
COC	Cycloolefin-Copolymer
EP	Epoxidharz
EVAC	Ethylen-Vinylacetat-Copolymer
EVOH	Ethylen-Vinylalkohol-Copolymer
LCP	Flüssigkristall-Polymer (Liquid-Crystal-Polymer)
MF	Melamin-Formaldehyd-Harz
PA	Polyamid
PAEK	Polyaryletherketon
PAI	Polyamidimid
PBT	Polybutylenterephthalat
PC	Polycarbonat
PE	Polyethylen
PEEK	Polyetheretherketon
PEEKEK	Polyetheretherketonetherketon
PEI	Polyetherimid
PEK	Polyetherketon
PES	Polyethersulfon
PET	Polyethylenterephthalat
PF	Phenol-Formaldehyd-Harz

Tabelle 8.1 Kurzzeichen für Kunststoffe (Fortsetzung)

Kurzzeichen	Bezeichnung
PHB	Polyhydroxybutyrat
PI	Polyimid
PLA	Polylactid
PMMA	Polymethylmethacrylat
POM	Polyoxymethylen
PP	Polypropylen
PPE	Polyphenylenether
PPS	Polyphenylensulfid
PPSU	Polyphenylensulfon
PS	Polystyrol
PSU	Polyarylsulfon
PTFE	Polytetrafluorethylen
PUR	Polyurethan
PVC	Polyvinylchlorid
PVCVAC	Vinylchlorid-Vinylacetat
PVDC	Polyvinylidenchlorid
PVDF	Polyvinylidenfluorid
SAN	Styrol-Acrylnitril
SBS	Styrol-Butadien-Styrol-Block-Copolymer
TPE	thermoplastisches Elastomer
UF	Harnstoff-Formaldehyd-Harz
UP	ungesättigtes Polyesterharz

Tabelle 8.2 Mechanische und thermische Daten von Kunststoffen [1]

Kunststoff	Dichte g/cm³ ISO 1183	Mechanische Kennwerte			Thermische Kennwerte		
		Zugfestigkeit N/mm² ISO 527	Reißdehnung % ISO 527	Zug-E-Modul MPa ISO 527	linearer Ausdehnungskoeffizient K • 10^6	Wärmeleitfähigkeit W/mK	Spezifische Wärme kJ/kg K
PE-LD	0,914-0,928	8-23	300-1.000	200-500	230-250	0,32-0,40	2,1-2,5
PE-HD	0,94-0,96	18-35	100-1.000	700-1.400	120-200	0,38-0,51	2,1-2,7
PP	0,90-0,907	21-37	20-800	1.100-1.300	110-170	0,17-0,22	2,0
PVC-U	1,38-1,55	50-75	10-50	1.000-3.500	70-80	0,14-0,17	0,85-0,9
PVC-P	1,16-1,35	10-25	170-400	-	150-210	0,15	0,9-1,8
PS	1,05	45-65	3-4	3.200-3.250	60-80	0,18	1,3
SAN	1,08	75	5	3.600	80	0,18	1,3
ABS	1,04-1,06	32-45	15-30	1.300-2.700	60-110	0,18	1,3
ASA	1,04	32	40	1.100-2.600	80-110	0,18	1,3
PA 6	1,13	70-85	200-300	1.400	60-100	0,29	1,7
PA 66	1,14	77-84	150-300	2.000	70-100	0,23	1,7
PA 11	1,04	56	500	1.000	130	0,23	1,26
PA 12	1,02	56-65	300	1.600	110	0,23	1,26
PA 612	1,06-1,07	-	-	450-2.500	-	-	-
PA 46	1,10	-	-	1.850-3.300	-	-	-
PMMA	1,17-1,20	50-77	2-10	1.600-3.600	70-90	0,18	1,47
PET	1,37	47	50-300	3.100	40-60	0,24	1,05
PBT	1,31	40	15	2.000	60	0,21	1,30
PC	1,2	56-67	100-130	2.100-2.400	60-70	0,21	1,17
POM	1,41-1,42	62-70	25-70	1.600-3.200	90-110	0,25-0,30	1,46
PPE+PS	1,06	55-68	50-60	2.500	60-70	0,23	1,40

Tabelle 8.2 Mechanische und thermische Daten von Kunststoffen [1] (Fortsetzung)

Kunst-stoff	Dichte g/cm³ ISO 1183	Mechanische Kennwerte			Thermische Kennwerte		
		Zugfestigkeit N/mm² ISO 527	Reiß-dehnung % ISO 527	Zug-E-Modul MPa ISO 527	linearer Ausdehnungs-koeffizient K • 10⁶	Wärme-leitfähigkeit W/mK	Spezifische Wärme kJ/kg K
PTFE	2,15-2,20	25-36	350-550	410	120-250	0,25	1,0
PSU	1,24	50-100	25-30	2.600-2.750	54	0,28	1,30
PPS	1,34	75	3	3.400	55	0,25	-
PES	1,37	85	30-80	2.450	55	0,18	1,10
PAI	-	100	12	4.600	36	0,26	
PEI	1,27	105	60	3.000	62	0,22	
PI	1,43	75-100		3.000-3.200	50-60	0,29-0,35	
PEEK	1,32	90	50	3600	47	0,25	
CA	1,30	38	3	2.200	120	0,22	1,6
CAP	1,19-1,23	14-55	30-100	420-1.500	110-130	0,21	1,7
CAB	1,18	26	4	1.600	120	0,21	1,6
PUR	1,05	70-80	3-6	4.000	10-20	0,58	1,76
TPU	1,20	30-40	400-450	700	10-210	1,7	0,5
PF	1,4	25	0,4-0,8	5.600-1.200	10-50	0,35	1,30
UF	1,5	30	0,5-1,0	7.000-10.500	50-60	0,40	1,20
MF	1,5	30	0,6-0,9	4.900-9.100	50-60	0,50	1,20
UP	2,0	30	0,6-1,2	14.000-20.000	20-40	0,70	1,20
EP	1,9	30-40	4	21.500	11-35	0,88	

Tabelle 8.3 Temperaturkennwerte von Kunststoffen [1]

Kunst-stoff	Glasfaser-gehalt	HDT/A	Gebrauchstemperatur °C			TS/TM	TG
	%	°C	max. kurzzeitig	max. dauernd	min. dauernd	°C	°C
PE-LD	0	ca. 35	80-90	60-75	-50	110	-30
PE-HD	0	ca. 50	90-120	70-80	-50		
PE-UHMW	0	ca. 50	150	100	-260		
PE-X	0	40-60	200	120			
COC	0						60-180
PP	0	55-70	140	100	0-30	160-170	0-10
PP	30	120	155	100	0-30	160-170	0-10
PVC-U	0	65-75	75-90	65-70	-5		85
PVC-C	0		100	85			85
PVC-P	0		55-65	50-55	0-20		ca. 80
PS	0	65-85	75-90	60-80	-10		95-100
SAN	0	95-100	95	85	-20		110
ABS	0	95-105	85-100	75-85	-40		80-110
ASA	0	95-105	85-90	70-75	-40		100
PA 6	0	55-85				220	55
PA 6	30	190-215	140-180	80-110	-30	220	55
PA 11	0	55	140-150	70-80	-70	185	50
PA 610	0	90	140-180	80-110		215	55-60
PA 612	0		130-150	80-100			55-60
PMMA	0	75-105	85-100	65-90	-40		105-115
PET	0	80	200	100-120	-20	255	98
PET	30	200-230	220	150		255	98
PBT	0	65	165	100		255	60
PBT	30	200-210	220	150		225	60
PC	0	125-135	115-150	115-130	-150	220-260	150
PC	30	135-150	115-150	115-130	-150		
PC-TMC	0			150			150-235
PC+ABS	0	105					
PC+ASA	0	109					
POM-H	0	100-115	150	110	-40	175	25
POM-H	30	160	150	110	-60	175	25
POM-Cop.	0	110-125	110-140	90-110		165	
POM-Cop.	30	160	110-150	90-110		165	
PPE mod.	0	135	120-130	100-110			
PPE mod.	30	160					
PPE+PA 66	0		210				

Tabelle 8.3 Temperaturkennwerte von Kunststoffen [1] (Fortsetzung)

Kunststoff	Glasfasergehalt	HDT/A	Gebrauchstemperatur °C			TS/TM	TG
	%	°C	max. kurzzeitig	max. dauernd	min. dauernd	°C	°C
PTFE	0	50-60	300	260	-270	327	127
PVDF	0	95-110		150	-60	140	40
PES	0	200-215	180-260	160-200			225
PES	30	210-225	180-260	160-200			225
PSU	0	170-175	170	160	-100		190
PSU	30	185	180	160	-100		190
PPSU	0						221
PPE+PA 66	0	210					
PPE+PS	0	115-130	120	100	-30		140
PPE+PS	30	137-144	130	110	-30		140
PPS	0	135	300	200-240		285	85
PPS	30	255	300	200-240		285	85
PAEK	0	200				380	170
PAEK	30	320		240-250		380	140-170
PEK, PEKEKK	0	170	300	260		365-380	175
PEEK	0	140	300	250		335-345	145
PEEK	30	315	300	250		335-345	145
PEEEK	0					324	110
PEEKEK	0					345	148
PEEKK	0	103	260	220		365	167
PEEKK	30	165	300	250		365	167
PEKEK	0					384	160
PEKK	0		350	260		391	165
PI	0	280-360	400	260			250-270
PI	30	360	400	260			250-270
PAI	0	280	300	260	-260		240-275
PAI	30	300	300	260	-260		240-275
PEI	0	190-200		170	-170		215
PEI	30	195-215	180	170	-170		215
LCP	0	180-240		185-250		275-330	160-190

Tabelle 8.4 Eigenschaften transparenter Kunststoffe [1]

Werkstoff	Lichtdurchlässigkeit	Brechzahl n_D bei 20 °C	Dichte in kg/m^3
Krongläser	glasklar	1,4-1,6	etwa 2.500
Wasser	glasklar	1,33	1.000
PE	transparent - opak	1,51	915-960
COC	glasklar	1,53	1.020
PP	transparent - opak	1,51	900
PVC-U	glasklar - opak	1,52-4,54	1.370
PS	glasklar	1,58-1,59	1.050
SAN	glasklar -opak	1,57	1.080
ABS	transparent - opak	1,52	1.030-1.070
PA	transparent - opak	1,52-1,53	1.020-1.140
PMMA	glasklar	1,49	1.180
PET-A	glasklar - transparent	1,57	1.340
PC	glasklar	1,58-1,59	1.200
PVDF	glasklar - opak	1,42	1.760-1.780
PSU	transparent - opak	1,63	1.240-1.250
PES	transparent - opak	1,65	1.360-1.370
CA	glasklar	1,47-1,50	1.260-1.320
CAB	glasklar	1,48	1.160-1.220
CAP	glasklar	1,47	1.170-1.240
EP	glasklar - opak	1,47	etwa 1.900
PF	transparent	1,63	etwa 1.400
UP	glasklar	1,54-1,58	etwa 2.000

Chemikalienbeständigkeit von Kunststoffen

In Bild 8.1 wird eine grobe Einteilung der Thermoplaste nach Wärme- und Medienbeständigkeit bei Raumtemperatur versucht. Von links nach rechts steigt die Angriffsschärfe der Agenzien. Die Positionierung der Thermoplaste soll ihre steigende chemische Beständigkeit verdeutlichen, entspricht aber nicht zwangsläufig den angegebenen Medien. Hier blieb ebenfalls unberücksichtigt, dass einige Thermoplaste auch empfindlich gegenüber Säuren und/oder Basen reagieren.

Es sind daher in jedem Fall entsprechende Versuche erforderlich, bevor ein Kunststoff in Kontakt mit einem bestimmten Medium eingesetzt werden soll.

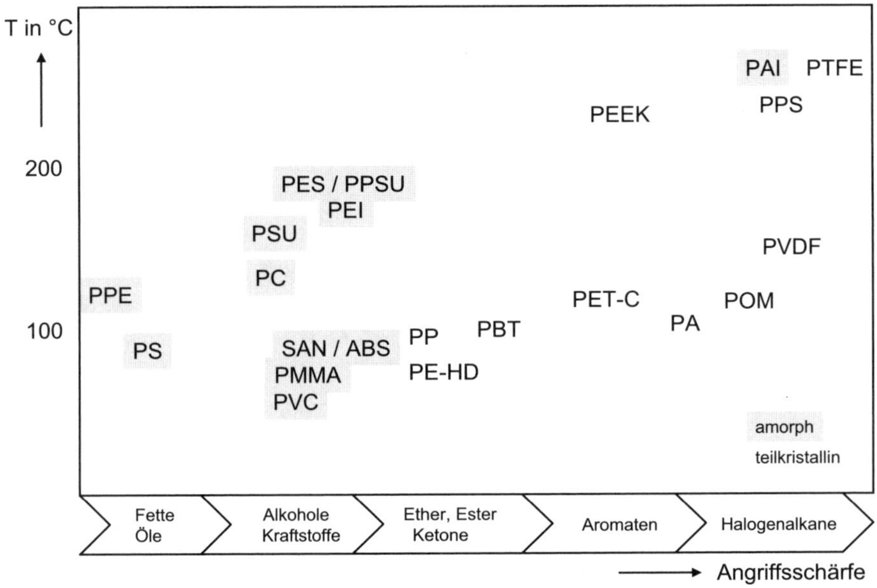

Bild 8.1 Vergleich von Wärme- und chemischer Beständigkeit von Thermoplasten

Literatur

1 Saechtling, H.-J.: Kunststoff-Taschenbuch. München: Hanser 2007

Tabelle 8.5 Chemikalienbeständigkeit von Kunststoffen [1]

Kunststoff-Kurzzeichen		Säuren, Laugen								Lösungsmittel											
	Wasser	schwach	stark	Flusssäure	schwach	stark	anorganische Salze	Halogene	oxyd. Verbindungen	Paraff. Kohlenwasserst.	Halogene-Alkane	Alkohole	Äther	Ester	Ketone	Aldehyde	Amine	org. Säuren	aromat. Verbindungen	Kraftstoffe	Mineralöl	Fette, Öle
PE-LLD	+	+	+	+	+	+	+	-	-	△	-	○	-	○	○			+	-	△	○	●
PE-LD	+	+	+	+	+	+	+	-	-	△	-	+	○	●	●	●	+	+	●	●	●	●
PE-HD	+	+	+	+	+	+	+	-	-		△	+	○	+	+			+	●	●	●	+
PE-C	+	+	+		+	+	+	○	○	●	△	+	○	-	○	△	+	●	△	○	●	○
PP	+	+	●	●	+	+	+	△	-	●	△	+	○	●	●	+	+	●	△	●	+	+
PVC-U	+	+	+	+	●	+	+	○	●	●	△	+	△	-	-	△	●	●	△	△	+	+
PVC-P	+	+	●		+	○	+	○	●		-	△	△	-	-	+	+	●	-	-	○	○
PVCVAC		+	○		+		+		○		-	+		-	-	+	+	●	-	+		+
PS	+	+	●	●	●	+	+	-	○	△	-	+	△	-	-	△	+	●	△	△	○	+
SAN	+	+	●	+	+	+	+	-	-	●	-	●	-	-	-	△	+	●	-	●	+	+
ABS	+	+	●	+	+	+	+	-	△	○	-	●	-	-	-	△	+	+	-	+	+	+
PA 6	+	-	-	-	●	+	+	-	-	●	●	●	+	+	+	●	+	●	●	+	+	+
PA 12	+	-	-	-	●	●	+	-	-	+	●	●	+	+	+	○	+	●	●	+	+	+
PA 66	+	-	-	-	●	+	+	-	-	●	●	●	+	+	+	●	+	●	●	+	+	+
PA 610	+	-	-	-	●	+	+	-	-	●	●	●	+	+	+	●	+	●	●	+	+	+
PA arom.	+	△	△	○	●	+	+		+	+	●	△	+	+	●	○		△	△	+	+	+
PMMA	+	●	△	○	+	+	+	○	○	●	-	○	●	-	○	+	+	△	△	●	+	+
PET		+	●		●		+		+	+	△	●	+	+	+			+	+	+	+	+
PBT		○	△		+	+	+			+	△	+	+	○	△			●	●	+	+	+
PC	+	+	△	●	-	-	●	+	○	●	-	●	-	○	○	-	-	○	-	●	+	+
POM	+	●	-		+	+	+	-	△	+	△	+	+	●	+	●		●	●	+	+	+
PPE + PS	+	+	+		+	+	+											+				
TPU	+	●	○	-	●	●	+	-	△	+	△	●	●	●	+	+	+	○	●	+	+	+
PTFE	+	+	+	+	+	+	+	+	+	+	+	+	+	+	+	+	+	+	+	+	+	+
PSU	●	+	+		+	+	+		+	●	-	+			-				-			
CAB	+	+	-	-	●	○	+	-	△	+	-	△	△	-	-	+	●	●	-	+	+	+
PF	+	○	-		○	-					●	●	●	●	●				●	●	+	+
UF	+	△	-		○	-					●	●	+	●	●				●	●	+	+
MF	+	○	-		●	-					●	+	●	●	●				●	●	+	+
UP	+	●	○	-	●	-	+	△	△	+	△		△	△	△	△	●	△	△	+	+	+
EP	+	●		+	●	●	+	+	-		○	+	+	△	●	△	●	+	△	+	+	+

\+ beständig, ● beständig bis bedingt beständigt, ○ bedingt beständig,
△ bedingt beständig bis unbeständig, – unbeständig

Tabelle 8.6 Anwendungsbereiche verschiedener Kunststoffe

Anwendungsbereich	Thermoplast	Duroplast	Elastomer	Seite
Abdeckungen	TPE-S			130
Agrarfolien	TPS, PE			139, 141
Antihaftbeschichtungen	PTFE			132
Antriebsriemen (ohne Keil- und Zahnriemen)	TPE-E			96, 129
Auskleidungen	PTFE			132
Badewannen	PMMA			119
Bälge	TPE-E, TPE-U		CR, SBR, NBR, HNBR	94, 129, 131
Barrierefolien	EVOH, PVDC, PVAL			53, 110, 139
Baulager			NR	93
Bedienelemente	TPE-S			130
beschichtete Gewebe			CM, CSM	93
Beschichtungen	PAEK			134
Bioabfallbeutel	TPS			138
Blu-ray-Disc	PC			121
Bootsrümpfe		UP (Laminate)		98
Brems- und Kupplungsteile		glasfaserverstärkte PF		97
Brilleneinfassungen	CA, CAB, CAP			140
Chemikalienschläuche			IIR	93
chemischer Apparatebau	PVC-C, LCP	EP		98, 110
Compact Discs (CD)	PC			121
Dachfolien			CM, CSM	93
Dachrinnen	PVC-HI			110
Dämmmaterialien	PP	PUR		98

Dämpfungselemente	TPE-S, TPE-O, TPE-V		NR, CR, HNBR	93, 130
Dehnungsfugenbänder	TPE-S			130
Dichtelemente	TPE-S			130
Dichtmassen	PP			106
Dichtungen	PA, PTFE, PVDF, PI, LCP, TPE-A, TPE-O, TPE-U, TPE-V		diverse, je nach Anforderungsprofil	93, 94, 129, 130, 131, 132, 135, 136
Dichtungsprofile			CR, EPM, EPDM	93
Digital Versatility Disc (DVD)	PC			121
Dübel	PA			118
Elektroisolierfolien	PET			120
Elektroisolierlacke	PA			118
Elektrotechnik	PP, PS, SAN, ABS, PC, PTFE, PVDF, PSU, PES, PPSU, PPS, PI, LCP	UF, EP, MF, MP, PF, UP		97, 98, 106, 111, 113, 122, 132, 133, 135, 136
Faltenbälge siehe Bälge				
Faseroptiken	LCP			136
Federelemente	POM			124
Feinmechanik	PA, POM			117
Fensterprofile	PVC-HI			110
Filtergehäuse	PA			117
Flaschen	PET			120
Folien	PE, PP, PVC, SBS			105, 106, 109, 112
Förderbänder	TPE-U		SBR, CR	94, 140
Formteile	diverse, je nach Anforderungsprofil	PUR	diverse, je nach Anforderungsprofil	96, 98, 121, 122
Fussbodenbeläge	PVC			109
Gartenmöbel	PP			106
Gehäuse für Elektrowerkzeuge	PA			117, 123

Tabelle 8.6 Anwendungsbereiche verschiedener Kunststoffe (Fortsetzung)

Anwendungsbereich	Thermoplast	Duroplast	Elastomer	Seite
Gehäuse für Haushalts- und Elektrogeräte	PP, PS-HI, PA, PET, PC, (PPE+PS)	UF		111, 118, 120, 122, 125
Gleitlager	PA, PTFE, PI, LCP			117, 132, 135, 136
Griffteile	TPE-S, CA, CAB, CAP			130, 140
Hartschaum		PUR		98
Haushaltswaren	PE, PP, SAN, ABS	PF		97, 113
Hebel	POM			124
Heizbälge			IIR	93
Hinweisschilder	PMMA, PC			119, 122
Hybridbauteile	PA			116
Imprägnierungen	PVC, PTFE			109, 132
Integralschaum			PUR	98, 169
Kabel	PE-C, PVC, PVDF, TPE-O, TPE-U, TPE-V		CR, CM, CSM, EVM, VMQ, PVMQ, FVMQ	93, 94, 96, 109, 130, 131, 132
Kajaks	PPTA			118
Kämme	CA, CAB, CAP			140
Keilriemen			CR, HNBR	93, 94
Keilriemenscheiben	LCP			136
Kfz-Armaturentafeln	(PPE+PS)			125
Kfz-Dachmodule	PC			122
Kfz-Gas- und Kupplungspedale	PA			116
Kfz-Heizungssysteme	PVC-C			110
Kfz-Innenraumteile	ABS, (PC+PET), (PC+ABS)			113, 123

Kfz-Karosserieteile	PP, PA, PBT, (PC+PBT), (PC+PET), (PC+ABS), (PPE+PA)	UP (Laminate)		98, 106, 121, 122, 123, 125
Kfz-Kraftstoffbehälter	PE-HD, PA			105, 116
Kfz-Kraftstoffleitungen und -tanks	PA		NBR	116
Kfz-Motorlager			NR	93
Kfz-Motorraum	PA			116, 118
Kfz-Reifen			NR, BR, SBR	93, 94
Kfz-Rücklichter	PMMA			119
Kfz-Scheinwerferstreuscheiben	PC			121
Kfz-Seiten- und Heckscheiben	PC			122
Kfz-Spiegelgehäuse	PBT, (PC+PBT)			121
Kfz-Stoßfänger	PA			117
Kfz-Strukturbauteile	PA			97, 116
Kfz-Unterbodenschutz	PVC			109
Klebebänder	PET			120
Klebstoffe	PVC-C, PMMA, PVAL, CA, CAB, CAP		EVAC	110, 119, 139, 140
Knöpfe	CA, CAB, CAP			140
Kolbenringe	PI			135
Küchenarbeitsplatten	PMMA			119
Kunstleder	PVC			109
Kupplungselemente	POM, TPE-J			124, 131
Lacke	CA, CAB, CAP	EP, PUR		98, 140
Lampengehäuse	PA, PC			116, 122
Leuchtenabdeckungen	PMMA, PC			119, 122

Tabelle 8.6 Anwendungsbereiche verschiedener Kunststoffe (Fortsetzung)

Anwendungsbereich	Thermoplast	Duroplast	Elastomer	Seite
Lichtkuppeln	CA, CAB, CAP			140
Lichtwerbung	PMMA, PC, CA, CAB, CAP			119, 122, 140
Linsen	PC			122
Luft- und Raumfahrt	PSU, PES, PPSU, PAEK, PI, LCP	UP		97, 133, 134, 135, 136
Luftschläuche für Reifen			IIR	93
Massivplatten	PMMA, PC			119, 122
Matratzen			PUR	98
Medizintechnik	PA, PC, PSU, PES, PPSU, PPS, PEEK, PLA, PCL, CA, CAB, CAP		BIIR, CIIR, VMQ, PVMQ, FVMQ	93, 117, 122, 133, 134, 139, 140
Membranen			NBR, ACM, EAM	93
Metallersatz	PA			116
Mikrowellengeschirr				135
Möbelbeschläge	PVC-HI, PET, POM			110, 120, 124
Müllbeutel	PE			141
optische Speichermedien	PC			121
optische Teile	PMMA, PC			119, 122
O-Ringe siehe Dichtungen				
Polster			PUR	98
Prägefolien	PVC			108
Profile (ohne Dichtungsprofile)	PVC, TPE-A			109, 129
Prototypen	PA			117
Pumpengehäuse	PA			117

Raketenbauteile		CFC		97
Reifen (ohne Kfz-Reifen)	PPTA, TPE-E			118, 129, 140
Rohre	PE, PE-X, PP, PVC, PVC-HI, PVC-C, PMMA, PC, PVDF			98, 106, 109, 110, 119, 132
Rohrleitungen für die chemische Industrie		EP		117
Rollen	PA, PET, PI, TPE-E, TPE-U	PUR		98, 117, 120, 129, 131, 135
Rollläden	PVC-HI			110
Ruderboote	PPTA			118
Sanitärteile	ABS, PMMA	UF		97, 119
Schalldämmung	PS-E			111
Schallplatten	PVCVAC			110
Schaumstoffe	PP-E, PVC, PS-E		PUR	22, 30
Schichtpressstofftafeln		MF, MP		97
Schiffbau		UF, UP		97, 98
Schläuche	PVC-P, TPE-A, TPE-E, TPE-U		CR, NBR, HNBR, CM, CSM, EPDM, ACM, EAM, VMQ, PVMQ, FVMQ	93, 94, 96, 109, 129, 131
Schrauben und Muttern	PA, POM			117, 124
Schreibfolien	PET			120
Schuhsohlen	TPU		NBR, SBR	96, 131
Schutzkleidung	PPTA		IIR	93, 118
Sockelleisten	PVC-HI			110
Sportgeräte	PPTA	EP		97, 118
Sportschuhe	TPE-A, TPE-U			129, 131
Sportschutzbrillen	PC			122

Tabelle 8.6 Anwendungsbereiche verschiedener Kunststoffe (Fortsetzung)

Anwendungsbereich	Thermoplast	Duroplast	Elastomer	Seite
Spritzgussartikel siehe Formteile				
Stangen	PMMA, PC			119
Stegplatten	PMMA, PC			119
Straßenleitpfähle	PVC-HI			110
Synthesefasern	PP, PAN, PA, PPTA, PET			23, 106, 113, 114, 118, 119
Trag- und Spannseile	PPTA			118
Trägermaterial für fotografische Filme und Magnetbänder	PET			120
Tragetaschen	PE			141
Unterlagen	TPE-S			130
Ventilsitze	PAEK, PI			135
verchromte Kunststoffteile	ABS, (PC+ABS)			113
Verklebungen für Luft- und Raumfahrt		EP		98
Verkleidungen		UP (Laminate)		98
Verpackungen	PE, PP, PET, PLA, PHB			105, 106, 119, 120, 138
Verpackungen für Lebensmittel	PS, SBS, PET, PHB, PLA			111, 112
Verscheibungen	PC			122
Vibrationsdämpfer siehe Dämpfungselemente				
Visiere	PC			122
Walzenbeläge			NBR	94
Wärmedämmung	PS-E	PUR		98, 111
Waschbecken	PMMA			119

Weichschaum			PUR	98
Zahnräder	PA, PET, POM, PAEK, TPE-A			117, 120, 124, 129, 134
Zahnriemen	TPE-U		CR, HNBR	94, 131

9 Glossar

Aliphatische Verbindungen (Aliphaten)

Kohlenwasserstoffe mit linearen oder verzweigten Ketten.

Anisotropie

Richtungsabhängigkeit von Eigenschaften. Durch die Verarbeitung werden die vorher ungeordnet vorliegenden Makromoleküle in Verarbeitungsrichtung angeordnet; hierdurch wird insbesondere das mechanische Verhalten richtungsabhängig. Festigkeit und Steifigkeit sind längs der Spritzrichtung meist höher als quer dazu. Dementsprechend findet man in Polymerdatenblättern oft gesonderte Angaben (längs und quer). Anisotropie ist besonders ausgeprägt bei faserverstärkten Kunststoffen, da die Fasern sich bevorzugt in Spritzrichtung orientieren.

Anorganische Verbindungen

Alle Verbindungen chemischer Elemente mit Ausnahme der Kohlenwasserstoffe. Es sind etwa 100.000 anorganische Verbindungen bekannt.

Aromatische Verbindungen (Aromaten)

Zyklische (ringförmige) vollkonjugierte ungesättigte Kohlenwasserstoffe. Aromaten zeigen von ungesättigten aliphatischen Kohlenwasserstoffen abweichende chemische Reaktionen. Der Name leitet sich vom angenehmen Geruch der ersten Produkte ab, die aus natürlichen Stoffen extrahiert wurden.

Arylgruppe

Bestandteil von Molekülen auf Basis aromatischer Kohlenwasserstoffe. Die durch Abspaltung eines Wasserstoffatoms aus Benzol erhaltene Phenylgruppe ist die einfachste Arylgruppe.

Bruchdehnung und Bruchspannung

Die Bruchdehnung wird definiert als die beim Bruch eines Probekörpers gemessene Dehnung $\varepsilon_B = \Delta l/l_0$, sofern der Bruch vor Erreichen eines Streckpunktes erfolgt (Sprödbruch). Sie wird über berührungslose Dehnungsaufnehmer gemessen. Bei spröden Werkstoffen verhalten sich Spannung und Dehnung bis zur Streckgrenze proportional, daher ist ihre Bruchdehnung einfach zu bestimmen. Bei Werkstoffen, die ein ausgeprägtes Fließverhalten zeigen, erfolgt der Bruch erst jenseits eines Streckpunktes (duktiler Bruch). Im Streckpunkt tritt dabei ein Zuwachs der Dehnung ohne Erhöhung der Spannung auf. Die hier gemessene Streckspannung σ_Y kann höher sein als die beim Bruch erreichte Spannung (Bruchspannung σ_B). Die Streckspannung σ_Y ist die Spannung beim ersten Maximum der Zug-Dehnungs-Kurve und entspricht der Zugfestigkeit σ_m.

Da Thermoplaste bereits unterhalb der Streckgrenze anfangen zu fließen, ist die exakte Angabe der Bruchdehnung wenig sinnvoll. Man gibt daher nur einen groben Wert an, um die verschiedenen Kunststoffe miteinander zu vergleichen (beispielsweise > 50 %). Bei der Qualitätskontrolle dient die Bruchdehnung auch als Kriterium für die Reinheit oder Homogenität.

Durch das Fließen tritt die Einschnürung des Probekörpers auch im Bereich außerhalb der Dehnungsaufnehmer auf, nämlich im gesamten Bereich zwischen den Einspannklemmen. Daher muss die Länge l (und damit l_0) neu definiert werden, nämlich nicht mehr als Abstand zwischen den Dehnungsaufnehmern, sondern als Abstand zwischen den Einspannklemmen. Die darauf bezogene Bruchdehnung ist die nominelle Bruchdehnung $\varepsilon_{\tau\beta}$. Nach ISO 527-2 beträgt der Abstand zwischen den Dehnungsaufnehmern (Messlänge) 75 mm, die Distanz zwischen den Einspannklemmen 115 mm. Damit ist der Wert der nominellen Bruchdehnung geringer als der Wert für die konventionell gemessene Bruchdehnung. Allerdings hat die Bestimmung der nominellen Bruchdehnung aufgrund des Fließens der Probekörper einen Messfehler von 1 bis 2 % relativ.

Dichte (früher: spezifisches Gewicht)

Diese gibt an, welche Masse ein definiertes Volumen eines Stoffes hat. Die Dichte sinkt mit steigender Temperatur. Eine Ausnahme bildet die sogenannte Anomalie des Wassers, es hat bei 4 °C die höchste Dichte (999,972 kg/m^3). Da Stoffe mit geringerer Dichte auf solchen mit höherer Dichte schwimmen, hat dies zur Folge, dass Seen von oben zufrieren. Unter dem Eis (918 kg/m^3) befindet sich – sofern die Seen tief genug sind – immer genügend Flüssigkeit, die Fischen das Überleben ermöglicht. Die Dichte wird angegeben in kg/m^3, dies entspricht g/cm^3 oder g/ml. Die meisten Kunststoffe haben eine etwas höhere Dichte als Wasser und würden daher als kompakte Stoffe versinken. Die in vielen Kunststoffartikeln wie etwa Flaschen enthaltenen Hohlräume sorgen durch die enthaltene Luft (1,29 kg/m^3) jedoch für genügend Auftrieb.

Dipol

Molekül mit positiven und negativen Ladungskonzentrationen, das nach außen elektrisch neutral ist. Wasser ist das bekannteste Dipolmolekül. Dipole vermögen sich aufgrund der elektromagnetischen Anziehung zwischen den unterschiedlichen Ladungen zusammenzulagern (Wasserstoffbrückenbindung).

Duktiles Verhalten

Plastische Verformung vor dem Versagen (Bruch), tritt bei zähen Werkstoffen, insbesondere bestimmten Thermoplasten, aber auch verschiedenen Stählen, auf.

Durchgangswiderstand, spezifischer

Der elektrische Widerstand R einer Probe steigt generell mit der Länge l; mit wachsender Querschnittsfläche A wird er verringert. Der spezifische Durchgangswiderstand ρ ist eine materialspezifische Kenngröße, die das Isolationsverhalten gegenüber elektrischem Strom charakterisiert. Bei gleichen Abmessungen entscheidet also der spezifische Durchgangswiderstand ρ über den Gesamtwiderstand der Probe. Je höher er ist, desto schlechter leitet das Material den elektrischen Strom.

$$R = \rho \ \frac{1}{A}$$

Es sind noch verschiedene ineinander umrechenbare Einheiten in Gebrauch, bei Kunststoffen wird meist die Einheit Ω·cm verwendet. Man unterscheidet die Werkstoffe in Leiter ($\rho < 10^{-4}\ \Omega\cdot\text{cm}$), Halbleiter ($10^{-4}\ \Omega\cdot\text{cm} < \rho < 10^{12}\ \Omega\cdot\text{cm}$) und Nichteiter oder Isolatoren ($\rho > 10^{12}\ \Omega\cdot\text{cm}$).

Elastizitätsmodul, E-Modul, Zugmodul

Der Elastizitätsmodul ist ein Maß für die zur elastischen Verformung eines Werkstoffs erforderliche Kraft (oder auch: ein Maß für den Widerstand gegen elastische Verformung).

Vereinfacht kann man sagen, je höher der Elastizitätsmodul, desto mehr Kraft ist für eine bestimmte elastische Verformung erforderlich. Der Elastizitätsmodul ist der Quotient aus der anliegenden (Zug-)Spannung σ und der hierdurch erreichten Dehnung im energieelastischen Bereich: $E = \sigma/\varepsilon$.

Da Thermoplaste generell kein lineares Spannungs-/Dehnungsverhalten aufweisen, wird der Elastizitätsmodul ersatzweise aus dem Quotient des Spannungs- und Dehnungsunterschieds zwischen 0,05 und 0,25 % Dehnung ermittelt.

Energieelastisches Verhalten

Verformungsenergie, die vom Werkstoff gespeichert und nach Entlastung als Wärme wieder freigesetzt wird. Im energieelastischen Bereich gehen die Verformungen vollständig zurück. Energieelastisches Verhalten ist nur bei sehr kleinen Verformungen möglich.

Entropieelastisches Verhalten

Elastomere erlauben reversible Verformungen bis zum mehrfachen ihrer Ausgangslänge, die nach Entlastung wieder auf die Ausgangslänge zurückgehen. Entropieelastisches Verhalten beruht auf der Streckung verknäuelter und vernetzter Makromoleküle, die nach Entlastung wieder den verknäuelten Zustand und damit eine höhere Unordnung (Entropie) anstreben.

ESC

Environmental-Stress-Cracking, vergleiche Spannungsrissbildung

Filmscharniere

Dünne und daher flexible Verbindung zwischen zwei Teilen desselben Kunststoffartikels, z. B. Behälterverschlüsse für Kosmetikartikel. Aufgrund der geforderten Biegewechselfestigkeit kommen nur wenige Kunststoffe in Frage, bevorzugt Polypropylen.

Formmasse

Andere Bezeichnung für thermoplastisch formbare Materialien.

FRNC-Kabel

Die Abkürzung steht für Flame-Resistant-Non-Corrosive. Im Brandfall wird durch die Verbrennungswärme aus dem Füllstoff (Aluminiumoxid-Trihydrat) zunächst Wasserdampf freigesetzt, der die Verbrennung verzögert und dadurch eine längere Funktion des Kabels ermöglicht (z. B. für Sicherheitseinrichtungen). Da das Polymer nur aus Kohlenstoff und Wasserstoff aufgebaut ist, wird bei der Verbrennung im Wesentlichen nur Kohlendioxid und Wasser freigesetzt, die Rauchbildung ist extrem gering. Bei den üblichen als flammwidrig bezeichneten Kabeln auf Basis von PVC oder Polymeren mit halogenhaltigen Flammschutzmitteln entstehen dagegen korrosive Gase (etwa HCl).

Gebrauchstemperaturbereich

Gibt die untere und obere Temperatur an, bei der ein Werkstoff seine typischen Eigenschaften im Wesentlichen beibehält. Da die meisten Werkstoffe bei Raumtemperatur und darüber eingesetzt werden, ist vor allem die obere Temperaturgrenze von Bedeutung. Sie liegt in der Regel deutlich unterhalb der Glas- oder Schmelztemperatur, da je nach Materialbeschaffenheit und Belastung auch noch bei wesentlich niedrigerer Temperatur Gefügeänderungen möglich sind, die einen weiteren Einsatz des Werkstoffs nicht mehr zulassen. Bei Elastomeren liegt der Gebrauchstemperaturbereich oberhalb der Glasübergangstemperatur. Minimale und maximale Gebrauchstemperatur von Polymeren hängen nicht nur von der Struktur und der jeweiligen mechanischen Belastung ab, sondern auch von den verwendeten Füllstoffen und Additiven. So erhöhen die nicht schmelzbaren Glas- oder Mineralfasern die obere Temperaturgrenze; erkauft wird dies mit richtungsabhängigen Eigenschaften (Anisotropie), reduzierter Flexibilität und verringerter Schlagzähigkeit. Dagegen erhöhen Weichmacher (bei PVC und insbesondere bei Elastomeren) die Flexibilität, allerdings auf Kosten der Wärmebeständigkeit. Der Gebrauchstemperaturbereich wird üblicherweise aus dem Verlauf der Schubmodulkurve mit der Temperatur abgeschätzt. Einpunktmessungen wie die Vicat-Erweichungstemperatur oder die Wärmeformbeständigkeit (HDT) sind zu ungenau und geben nur an, wann Verformungen durch definierte Belastungen einen bestimmten Wert erreicht haben. Sie sind daher allenfalls zu Vergleichszwecken verwendbar. Die maximale Gebrauchstemperatur wird auch über den Abfall mechanischer und elektrischer Werte bestimmt (relativer Temperaturindex, RTI).

Glastemperatur, Glasübergangstemperatur

Während kristalline Stoffe wie Metalle einen scharfen Schmelzpunkt aufweisen, erfolgt die Umwandlung vom festen, amorphen und kaum verformbaren Glas zu einer viskosen, formfähigen Schmelze allmählich im sogenannten Transformationsbereich. Die Temperatur, bei der die größte Änderung der Viskosität auftritt (mathematisch: der Wendepunkt der Schubmodulkurve), wird Glastemperatur oder Glasübergangstemperatur genannt. Der Begriff wird auch für polymere Werkstoffe verwendet.

Halbzeuge

In der Fertigungstechnik die Bezeichnung für vorgeformte Materialien, häufig in Form von Platten, Stangen oder Rohren. Halbzeuge (Semi-Finished-Products) erlauben für Produkte mit einfacher Geometrie kostengünstige Formgebung durch Warmformen auch bei geringeren Stückzahlen.

Hydrolyse

Chemische Reaktion mit Wasser, durch die bestimmte chemische Verbindungen gespalten werden, oft katalysiert von Säuren oder Basen. Bei Polyestern und Polyamiden führt die Hydrolyse zur Kettenspaltung und schließlich Zerstörung des Polymeren.

Isotropie

Richtungsunabhängigkeit von Eigenschaften (vergleiche Anisotropie).

Kelvin, K

Einheit für die absolute Temperatur und für Temperaturdifferenzen (ohne Grad): In der Physik wird grundsätzlich mit absoluten Temperaturen, bezogen auf den absoluten Nullpunkt (0 K oder – 273,15 °C) gerechnet. Die Kelvin-Skala ist gegenüber der Celsius-Skala um – 273,15 Einheiten verschoben.

Kerbschlagzähigkeit

siehe Schlagzähigkeit

Kohlenwasserstoffe

Verbindungen aus Kohlenstoff und Wasserstoff, manchmal auch weiteren Elementen (Sauerstoff, Schwefel, Chlor...). Kohlenwasserstoffe sind die Bausteine der organischen Chemie und wesentlich für die Polymerchemie. Wichtige Vertreter sind Ethylen, Propylen, Butadien usw.

Massetemperatur (Formmassetemperatur)

Temperatur, bei der die für die Verarbeitung erforderliche niedrige Schmelzeviskosität erreicht wird; sie ist etwa 2- bis 3-mal höher als die maximale Gebrauchstemperatur.

Molmasse, molare Masse

In der Chemie verwendete Größe zur Massenangabe von Atomen und Molekülen. Ein Mol eines Stoffes enthält $6 \cdot 10^{23}$ Moleküle (bei Elementen die gleiche Zahl an Atomen, außer bei den immer als Molekül vorkommenden Elementen wie etwa Wasserstoff [H_2], Sauerstoff [O_2] und Stickstoff [N_2]). Da Atome sehr klein sind, hat sich die Definition der Molmasse als wesentlich praktischer erwiesen als die Angabe der absoluten Massen. Während anorganische und einfache organische Verbindungen einheitlich aufgebaut sind, sind die Makromoleküle von Polymeren auch bei identischer chemischer Zusammensetzung nie exakt gleich lang, sondern um einen Mittelwert (der durchschnittlichen oder mittleren Molmasse) verteilt. Je nach Polymer und Verfahrensablauf treten mehr oder weniger große Abweichungen von der mittleren Kettenlänge auf, somit weisen die entsprechenden Polymere also eine enge oder breite Molmassenverteilung auf. Die Molmassen von Polymeren erreichen bis zu 3.000.000 g/mol. Mechanische und thermische Eigenschaften werden mit zunehmender Molmasse (Kettenlänge) verbessert. Bei Thermoplasten, die in geschmolzenem Zustand verarbeitet werden, ist die maximale Kettenlänge durch die bei zu hohen Schmelztemperaturen beginnende thermische Zersetzung begrenzt. Die Fließfähigkeit steigt mit kürzerer Kettenlänge (vorteilhaft für Spritzguss). Für Verfahren, die eine gute Schmelzestandfestigkeit erfordern (Extrusion, Blasformen) sind dagegen große Kettenlängen vorteilhaft. Die Molmassenverteilung wirkt sich ebenfalls auf die mechanischen und rheologischen Eigenschaften aus: enge Molmassenverteilungen mit nur geringen Anteilen an kurzkettigen Makromolekülen begünstigen eine gute Schlagzähigkeit und verringern die Empfindlichkeit gegenüber Spannungsrisskorrosion. Dagegen zeigen Polymere mit einer breiten Molmassenverteilung ein besseres Fließverhalten, aber gleichzeitig auch höhere Neigung zu Verzug.

Nd-YAG-Laser

Laser auf Basis von Yttrium-Aluminium-Granat-Kristallen, die mit Neodym dotiert sind.

Nebenvalenzkräfte

Physikalische Wechselwirkungen zwischen Molekülen. Während die nach ihrem Entdecker Van der Waals benannten Wechselwirkungen auf temporäre Dipole zu rückzuführen sind, führen hier permanente Dipole zu den wesentlich stärkeren Wasserstoffbrückenbindungen.

Olefine

Früher gebräuchliche Bezeichnung für Alkene (ungesättigte Kohlenwasserstoffe)

Organische Verbindungen

Hauptsächlich Kohlenwasserstoffe, Bezeichnung aufgrund der früher üblichen Annahme, solche Verbindungen seien nur über belebte Stoffe (Pflanzen, Tiere) zugänglich. Es sind bereits schätzungsweise über 40 Millionen organische Verbindungen bekannt. Im Wesentlichen setzen sie sich aus nur sechs chemischen Elementen (Kohlenstoff, Wasserstoff, Sauerstoff, Stickstoff, Schwefel, Phosphor) zusammen. Organische Verbindungen lassen sich aufgrund typischer Reaktionen systematisch in Gruppen zusammenfassen.

Petrochemie

Gewinnung von Kohlenwasserstoffen aus Erdöl und Erdgas, wichtigste Produkte sind einfache Kohlenwasserstoffe wie Alkene (Olefine) sowie aromatische Verbindungen (Benzol und Derivate). Fast alle Kunststoffe werden auf Basis petrochemischer Verbindungen hergestellt.

Phenylgruppe

Bezeichnung für das verbleibende Restmolekül nach Abspaltung eines Wasserstoffatoms von Benzol. Nach Abspaltung eines weiteren Wasserstoffatoms erhält man die Phenylengruppe.

phr = per hundred rubber

Eine aus der Gummiindustrie abgeleitete Einheit für die Dosierung von Zuschlagstoffen, dort bezogen auf 100 Teile Kautschuk. Eine Dosierung von 85 phr Weichmacher in PVC-P bedeutet also den Zusatz von 85 Teilen Weichmacher auf 100 Teile PVC-U. Der Weichmacheranteil beträgt dann etwa 46 %.

Plasmabeschichtung

Abscheidung dünner Schichten von SiO_2, dem Hauptbestandteil von Glas, mittels ionisierter Gase.

Poisson-Zahl, Querzahl, Querkontraktionszahl

Das Strecken eines Werkstoffs im energieelastischen Bereich bewirkt eine Verringerung des Querschnitts. Diese sogenannte Querkontraktion wird durch die Poisson-Zahl μ ausgedrückt und aus dem Verhältnis von Querkürzung zu Längsdehnung berechnet:

$$\mu = -\varepsilon_{\text{quer}} / \varepsilon_{\text{längs}} \quad \left(\varepsilon_{\text{längs}} = \quad l / l_0; \quad d \text{ und damit } \varepsilon_{\text{quer}} = \quad d / d_0 \text{ ist negativ}\right)$$

Bleibt das Volumen beim Strecken konstant, beträgt der Wert für die Poisson-Zahl genau 0,5.

Für $\mu < 0{,}5$ gilt, dass das Volumen des Werkstoffs bei Zug zunimmt und bei Druck abnimmt. Ursache hierfür sind atomare Versetzungsvorgänge (kristalline Werkstoffe) oder Ausrichtung und Dehnung von Makromolekülen (polymere Werkstoffe).

Im Gegensatz dazu bleibt bei plastischer Verformung das Volumen konstant, da hier Platzwechselvorgänge ablaufen. Durch Strecken im plastischen Bereich lassen sich einige Werkstoffe verfestigen (beispielsweise Stahl, aber auch einige Polymere wie etwa Polyethylen und auch Naturkautschuk, bei denen sich durch parallele Anordnung von Makromolekülen teilkristalline Bereiche bilden).

Werkstoffe mit hohem Elastizitätsmodul (wie die meisten Metalle) zeigen im energieelastischen Bereich Querkontraktionszahlen von $\mu = 0{,}3$ bis 0,33. Gummielastische Werkstoffe mit ihren relativ niedrigen Elastizitätsmoduln weisen Werte um $\mu = 0{,}5$ auf. Die Werte der meisten Thermoplaste liegen im Bereich von etwa $\mu = 0{,}35 - 0{,}4$.

Pyrolyse

Thermische Zersetzung organischer Moleküle bei Sauerstoffmangel oder unter Ausschluss von Sauerstoff; im Gegensatz zur Verbrennung, die eine chemische Reaktion mit Sauerstoff darstellt.

Querkontraktion

siehe Poisson-Zahl

Radikale

Atome oder chemische Verbindungen mit einzelnen ungepaarten Elektronen. Da in einem Atom oder Molekül Elektronen bevorzugt paarweise auftreten, sind Radikale äußerst reaktiv. Radikale sind in der Lage, die relativ stabile Bindung zwischen Kohlenstoffatomen zu spalten, und daher Polymere durch Auftrennung der Polymerkette zu zerstören. Dieser Prozess läuft als Kettenreaktion ab, wobei laufend neue Radikale freigesetzt werden. Ungesättigte Polymere werden besonders schnell durch Radikale zerstört, da sich die Doppelbindungen relativ leicht aufspalten lassen.

Rapid Prototyping

Verfahren zu Herstellung von geometrisch identischen Mustern eines späteren Fertigteils. Es sind mehrere Verfahren in Gebrauch, etwa das schichtweise Aufbauen durch Lasersintern von PA-Pulvern.

Relativer Temperatur Index (RTI)

Der RTI erlaubt eine Abschätzung des Alterungsverhaltens über längere Zeiträume. In Kurzzeit-Messungen (100 bis 5.000 Stunden) werden elektrische Durchschlagsfestigkeit, Zug- oder Biegefestigkeit, Schlagzugzähigkeit oder Schlagzähigkeit bei mindestens drei verschiedenen Temperaturen bestimmt. Die erhaltenen Werte werden dann auf eine Betriebsdauer von 100.000 Stunden extrapoliert. Der RTI gibt die Temperatur an, bei der die Materialeigenschaften nach dieser Zeit noch 50 % der ungealterten Werte erreichen. Die mittels RTI bestimmten Formbeständigkeitstemperaturen liegen grundsätzlich unter denen, die durch die Erweichungstemperatur nach Vicat oder HDT bestimmt werden.

Risszähigkeit und Risswiderstand

Materialkonstante, die angibt, ab welcher Kombination aus Spannung und Risslänge eines Materials instabile Rissausbreitung einsetzt, die schließlich zum Sprödbruch führt. Grundsätzlich geht die Bruchmechanik davon aus, dass es keine fehlerfreien Werkstoffe gibt. Mit üblichen Materialprüfungen, wie etwa Röntgenuntersuchungen, kann man Risse nur ab einer bestimmten Größe ermitteln. Wenn die Risszähigkeit des Werkstoffs bekannt ist, kann man die Eignung des Werkstoffs für die vorgegebenen Belastungen abschätzen. Die meisten Metalle weisen aufgrund ihrer Zähigkeit auch eine hohe Risszähigkeit auf. Keramische Werkstoffe haben zwar einen hohen Elastizitätsmodul, jedoch eine geringe Risszähigkeit, daher brechen sie spröde schon bei geringeren Belastungen als Metalle. Kunststoffe besitzen eine Risszähigkeit in der Größenordnung keramischer Werkstoffe, jedoch einen höheren Risswiderstand (es wird mehr Energie benötigt, um einen Riss zu erzeugen), sie brechen daher je nach Aufbau entweder spröde oder durch Verformungsbruch. Zähe Metalle weisen den höchsten Risswiderstand auf und brechen daher nur durch Verformungsbruch.

Schlagzähigkeit

Die Schlagzähigkeit a berechnet sich aus der Schlagenergie E beim Bruch und den Probenabmessungen:

$$a = \frac{E}{h\ b}$$

(a = Schlag- oder Kerbschlagzähigkeit, E = Schlagarbeit, h = Probendicke, b = Probenbreite)

Schubmodul

Maß für den Widerstand gegen das Scheren oder Verdrillen eines Prüfkörpers. Beim Scheren oder Verdrillen eines Prüfkörpers entsteht die vom Scherungs- oder Torsionswinkel (γ bzw. φ) abhängige Schubspannung τ.

Bei der Schiebung berechnet sich der Schubmodul G aus dem Quotient der erforderlichen Schubspannung τ und der erzielten Schiebung ($G = \tau/\gamma$).

Die Verhältnisse bei der Torsion sind etwas komplizierter, für einen zylindrischen Prüfkörper gilt:

$$G' = \frac{2\ 1\ M}{\varphi\ \pi\ r^4}$$

(l = Länge des Zylinders, M = einwirkendes Drehmoment, φ = Auslenkung [Drillwinkel], r = Radius).

Der Schubmodul ist eine charakteristische Größe für Kunststoffe, sein Verlauf mit der Temperatur erlaubt die Bestimmung von Glasübergangstemperatur, Kristallitschmelztemperatur und des Gebrauchstemperaturbereichs. Für die Messung des Schubmoduls im Torsionsschwingversuch wird eine Probe durch eine geringe Auslenkung verdrillt und aus Phasenverschiebung und Amplitude des Antwortsignals der elastische Anteil (Schubmodul oder Speichermodul G') sowie der durch Reibung bedingte Verlustmodul G'' ermittelt.

Streckgrenze

Zugspannung/Zugdehnung, ab der ein Werkstoff plastisch verformt wird. Aufgrund ihrer Fließfähigkeit fällt bei Kunststoffen nach Überschreiten der Streckgrenze die Kraft zur weiteren Dehnung zunächst ab oder bleibt konstant.

Summenformel

Rein rechnerische Auflistung der an einem Molekül beteiligten Atome. Während die wahre Struktur eines Moleküls in der anorganischen Chemie fast immer auch aus der Summenformel bestimmt werden kann, ist dies bei den komplexen organischen Molekülen, insbesondere bei Polymeren, nicht mehr möglich.

Spannungsrissbildung

Halbzeuge und Fertigteile aus Thermoplasten besitzen aufgrund ihrer Herstellung einen gewissen Spannungshaushalt, da die in der Polymerschmelze mehr oder weniger ungeordnet vorliegenden Makromoleküle im Werkzeug von Spritzgießmaschine oder Extruder in eine bestimmte Gestalt gezwängt werden und sich auch in Fließrichtung ausrichten. Teilkristalline Kunststoffe bauen diese Spannungen relativ schnell ab, bei amorphen Kunststoffen mit ihrer geringen Kriechneigung ist dies nur begrenzt möglich. Kommen solche spannungsbehafteten Teile in Kontakt mit niedermolekularen Substanzen wie Lösungsmitteln oder Weichmachern (auch durch Kontakt mit weichmacherhaltigen anderen Materialien wie z. B. Gummidichtungen), dringen diese je nach ihrer chemischen Zusammensetzung und der chemischen Beständigkeit der Thermoplaste in diese ein. Die Lösungsmittel oder Weichmacher agieren wie innere Gleitmittel und erhöhen die Beweglichkeit der Thermoplastmakromoleküle, die nun versuchen, bestehende Spannungen abzubauen. Dadurch entstehen zunächst Mikrorisse, die sich im Laufe der Zeit erweitern und schließlich zur Zerstörung führen. Bei sehr aggressiven Lösungsmitteln kann dies innerhalb weniger Minuten ablaufen: die Teile zerspringen. Dieses unter dem Einfluss von außen einwirkender Substanzen ablaufende Phänomen bezeichnet man auch als Environmental-Stress-Cracking (ESC). Gängige Spannungsrissprüfungen verwenden beispielsweise Gemische aus Lösungsmitteln wie Ethylacetat und Propanol.

Vernetzungsdichte, Vernetzungsgrad

Bei vernetzbaren Makromolekülen wie Elastomeren und Duroplasten die Anzahl vernetzter Monomerbausteine bezogen auf ihre gesamte Anzahl.

Viskosität

Die Viskosität ist definiert als das Verhältnis von Schubspannung zur Schergeschwindigkeit. Sie ist also ein Maß für den Widerstand, den eine Schmelze der Strömung entgegensetzt. Allgemeiner ausgedrückt, ist die Viskosität ein Maß für die Zähigkeit (und damit dem Widerstand gegenüber Verformung) beispielsweise von Thermoplastschmelzen oder Kautschukmischungen. Mit steigender Viskosität erhöht sich die zur Verformung benötigte Energie, gleichzeitig wird jedoch auch die Standfestigkeit verbessert. Daher werden für Spritzgussartikel Thermoplaste mit möglichst niedriger, für Extrudate mit möglichst hoher Schmelzeviskosität verwendet. Bei Thermoplasten wird die Viskosität indirekt als Schmelzindex ermittelt.

Wasserstoffbrückenbindung

Wechselwirkung zwischen Dipolmolekülen über Wasserstoffatome mit positiver Ladungskonzentration und anderen Atomen (z. B. Sauerstoff) mit negativer Ladungskonzentration. Wasserstoffbrückenbindungen zählen zu den Nebenvalenzkräften und erreichen etwa ein Zehntel der Bindungsstärke von kovalenten Bindungen.

Wärmeausdehnungskoeffizient

Kennzahl für die Ausdehnung eines Materials bei gegebener Temperaturänderung.

Der in der Technik häufig verwendete lineare Ausdehnungskoeffizient α berechnet sich aus der Änderung der Länge l eines Materials bezogen auf die Ausgangslänge l_0 bei gegebener Temperaturdifferenz ΔT:

$$\alpha = \frac{\Delta l}{l_0 \ \Delta T}$$

Der Wärmeausdehnungskoeffizient von Stahl beträgt $12 \cdot 10^{-6}$/K, das heißt, bei einer Temperaturänderung von einem Kelvin (z. B. von 22 auf 23 °C) dehnt sich ein Werkstück aus Stahl von einem Meter Länge um $12 \cdot 10^{-6}$ Meter (zwölf Mikrometer oder zwölf millionstel Meter) aus. Ein gleich großes Werkstück aus Polycarbonat (das mit α = 65 • 10^{-6}/K zu den Kunststoffen mit relativ geringem Wärmeausdehnungskoeffizienten zählt) würde sich unter gleichen Bedingungen um 65 Mikrometer ausdehnen. Während diese Unterschiede noch winzig erscheinen, ergibt eine praxisbezogene Rechnung bereits bedenkliche Unterschiede. Soll beispielsweise ein Dach aus Polycarbonatplatten in einem Metallgerüst befestigt oder sogar verschraubt werden, wird sich alleine bei üblichen Lufttemperaturunterschieden in Westeuropa (- 20 bis + 40 °C, also ΔT = 60 K) eine 1 m breite Platte bereits um insgesamt 3,9 mm ausdehnen oder zusammenziehen. Eine Stahlschraube von vielleicht 3 mm Durchmesser wird sich unter gleichen Bedingungen aber nur um 2,16 Mikrometer ausdehnen oder zusammenziehen ($\Delta l = \alpha \cdot l_0 \cdot \Delta T$). Die zusätzliche Erwärmung durch Sonneneinstrahlung ist hier noch nicht berücksichtigt. Daher müssen Befestigungslöcher so groß gewählt werden, dass Raum für die Dehnungs- und Schrumpfungsbewegung der Platte bleibt.

Neben dem linearen Ausdehnungskoeffizient wird die entsprechende Volumenänderung durch den volumenspezifischen Ausdehnungskoeffizient angegeben.

Wärmeformbeständigkeit

Wärmebeständigkeit in Abhängigkeit von der mechanischen Belastung; Grenztemperatur für eine vorgegebene maximale Deformation bei definierter mechanischer Belastung (vergleiche Vicat, HDT). Andere Verfahren, wie der relative Temperaturindex, RTI, definieren einen maximal zulässigen Abfall von mechanischen und elektrischen Kennwerten.

Wärmeleitfähigkeit

Angabe über die Fähigkeit eines Werkstoffs, Wärme zu transportieren. Ein Stück Metall fühlt sich bei Raumtemperatur kalt an, da dessen gute Wärmeleitfähigkeit einen raschen Temperaturausgleich begünstigt. Dies macht sich sogar schon bei galvanisierten Kunststoffteilen bemerkbar, obwohl die Schichtdicke der elektrochemisch abgeschiedenen Metalle nur 50 bis 100 µm beträgt.

Ein Stück Isolierschaum fühlt sich dagegen auch bei kalten Außentemperaturen warm an, da es aufgrund seiner schlechten Wärmeleitfähigkeit die von der Hand abgegebene Wärme reflektiert.

Eisen mit seiner Wärmeleitfähigkeit von λ = 73,3 W/mK leitet Wärme etwa um den Faktor 300 schneller ab als ein Kunststoff mit einem Wert von λ = 0,25 W/mK. Vergleicht man die Wärmeleitfähigkeit keramischer Werkstoffe (λ = 0,13 bis 0,33 W/mK für Lochziegel und 0,46 bis 0,69 W/mK für Vollziegel) mit geschäumten Wärmedämmmaterialien aus Kunststoff (λ = etwa 0,04 W/mK), wird sofort verständlich, wie wichtig geschäumte Materialien für die Wärmedämmung in der Bauindustrie sind.

Yellow Cards

Vom Prüfinstitut Underwriters Laboratories (UL), www.ul.com, herausgegebene Kurzcharakteristika einzelner Kunststofftypen mit Angaben zu Flammwidrigkeit und elektrischen Eigenschaften sowie zum Alterungsverhalten (Relativer Temperatur Index, RTI) bei verschiedenen Materialdicken. Mit einer Zusatzkennzeichnung wird angegeben, ob die Anforderungen auch nach Wasserlagerung und Bewitterung (f1) oder nur nach einer dieser beiden Konditionierungen (f2) erfüllt werden. Hierfür spielen unter anderem Materialdicke und Farbton eine wesentliche Rolle. UL-Prüfungen sind aufgrund der langen Prüfzeit (6 Monate) sehr kostenintensiv.

Yellowness Index

Der Yellowness Index ist ein Maß für die Thermostabilität. Durch zu hohe Temperaturen bei Verarbeitung oder Anwendung, insbesondere bei längerer Verweilzeit, tritt aufgrund des Abbaus der Makromoleküle Vergilbung auf. Die vergilbte Probe wird mit einem farblos transparenten Standard verglichen.

Zugfestigkeit

Bei spröden oder zähen Werkstoffen ohne Streckgrenze entspricht die Zugfestigkeit der Bruchspannung σ_b. Bei zähen Werkstoffen mit ausgeprägter Streckgrenze kann die Bruchspannung unterhalb der Zugfestigkeit liegen. Die Zugfestigkeit σ_m duktiler Stoffe ist als die Spannung beim ersten Maximum im Zugversuch definiert.

Zugmodul

siehe Elastizitätsmodul

Literatur

1 Abts, G.: Einführung in die Kautschuktechnologie. München: Hanser 2007

2 Ashby, M. F.; Jones, D. R. H.: Werkstoffe 1: Eigenschaften, Mechanismen und Anwendungen. München: Elsevier 2006

3 Ashby, M. F.; Jones, D. R. H.: Werkstoffe 2: Metalle, Keramiken und Gläser, Kunststoffe und Verbundwerkstoffe. München: Elsevier 2007

4 Grellmann, W.; Seidler, S.: Kunststoffprüfung. München: Hanser 2005

5 Hellerich, W. Harsch, G. Haenle, S.: Werkstoffführer Kunststoffe. München: Hanser 2004

6 Hollemann, A.F. Wiberg, N.: Lehrbuch der anorganischen Chemie. Berlin: Walter de Gruyter 2007

7 Kuchling, H.: Taschenbuch der Physik. München: Hanser 2004

8 Saechtling, H.-J.: Kunststoff-Taschenbuch. München: Hanser 2007

10 Weiterführende Literatur

Fachliteratur

- Brinkmann, T.: Produktentwicklung mit Kunststoffen (Loseblatt-Sammlung). München: Hanser 2007
- Dolansky, T. Gehringer, M. Neumeier, H.: TPE Fibel – Grundlagen, Spritzguss. Ratingen: Gupta 2007
- Ehrenstein, G. Pongratz, S.: Beständigkeit von Kunststoffen. München: Hanser 2007
- Ehrenstein, G.: Polymer-Werkstoffe. München: Hanser 1999
- Ehrenstein, G.: Mit Kunststoffen konstruieren. München: Hanser 2007
- Ehrenstein, G.: Handbuch Kunststoff-Verbindungstechnik. München: Hanser 2004
- Franck, A.: Kunststoff-Kompendium. Würzburg: Vogel 2006
- Glenz, W. (Hrsg.): A Glossary of Plastics Terminology in 7 languages. München: Hanser 2009
- Heinisch, K.; Heinisch, M.: Kautschuk-Lexikon. Stuttgart: Gentner 1996
- Hofmann, W. Gupta, H.: Handbuch der Kautschuktechnologie. Ratingen: Gupta 2001
- Illig, A.: Thermoformen in der Praxis. München: Hanser 2008
- Jaroschek, C.: Spritzgießen für Praktiker. München: Hanser 2008
- Michaeli, W. Greif, H. Wolters, L. Vossebürger, F.-J.: Technologie der Kunststoffe Lern- und Arbeitsbuch. München: Hanser 2008
- Michaeli, W. Greif, H. Kretzschmar, G. Ehrig, F.: Technologie des Spritzgießens. München: Hanser 2009
- Nagdi, K.: Gummi-Werkstoffe – Ein Ratgeber für Anwender. Ratingen: Gupta 2004

- Röthemeyer, F. Sommer, F.: Kautschuktechnologie. München: Hanser 2006
- Schwarz, O.; Ebeling, F.-W.: Kunststoffkunde. Würzburg: Vogel 2007
- Schwarz, O.; Ebeling, F.-W. Furth, B.: Kunststoffverarbeitung. Würzburg: Vogel 2009
- Stoeckhert, K.; Woebcken, W.: Kunststoff-Lexikon. München: Hanser 1997
- Thielen, M. Hartwig, K. Gust, P.: Blasformen von Kunststoffhohlkörpern. München: Hanser 2006

Internet

Internationale Datenbank für Kunststoffkennwerte (CAMPUS), http://www.campusplastics.com

Kunststoffprüfungen

Thermoplastics Testing Center, http://www.ulttc.com

Intertek Plastics Technology Laboratories, http://www.ptli.com

Portale mit Fachinformationen für die Kunststoff verarbeitende Industrie

http://www.kunststoffe.de

http://www.kunststoffweb.de

http://www.kiweb.de

http://plasticker.de

Sonstige

Gesamtverband Kunststoffverarbeitende Industrie e. V., http://www.gkv.de

Verein kunststoffland NRW, http://www.kunststoffland-nrw.de

PlasticsEurope, http://www.plasticseurope.org

SKZ Süddeutsches Kunststoff-Zentrum, http://www.skz.de

Institut für Kunststoffverarbeitung an der RWTH Aachen, http://www.ikv-aachen.de

Kunststoff-Institut Lüdenscheid, http://www.kunststoff-institut.de

Branchenverband für Biokunststoffe und biologisch abbaubare Werkstoffen (BAW), http://www.european-bioplastics.org

Index

I

K

L

Q

R

S

Namensregister

HANSER

Auch ohne Labor erfolgreich!

Braun

Erkennen von Kunststoffen

5. aktualisierte und erweiterte Auflage

146 Seiten. 29 Abbildungen

Inklusive kostenlosem E-Book

€ 29,90. ISBN 978-3-446-43294-9

Auch einzeln als E-Book erhältlich:

€ 23,99. E-Book-ISBN 978 3 446 43322 9

Dieses Buch beschreibt einfache Analyseverfahren, welche die Identifizierung unbekannter Kunststoffe ermöglichen. Einzelnachweise und einfache Analysengänge, aber auch weiterführende Prüfmethoden wie die Infrarot-Spektroskopie werden anschaulich geschildert. Diese Verfahren haben sich in der Praxis vielfach bewährt.

Aus dem Inhalt:

Kunststoffe und ihre Erscheinungsformen · Allgemeines zur Kunststoff-Analyse · Vorproben · Prüfung auf Heteroelemente · Spezifische Nachweise einzelner Kunststoffe · Hinweise zum Erkennen von historischen Kunststoffobjekten · Weiterführende Analysemethoden · Infrarot-Spektren · Anhang: Kunststoff-Bestimmungstafel

Mehr Informationen zu diesem Buch und
zu unserem Programm unter **www.hanser-fachbuch.de/technik**